高等院校素质教育通选课教材

数学·科学与艺术

张顺燕 编著

U0231131

北京大学出版社
PEKING UNIVERSITY PRESS

图书在版编目(CIP)数据

数学·科学与艺术/张顺燕编著. —北京：北京大学出版社，2014.7
(高等院校素质教育通选课教材)
ISBN 978-7-301-24365-7

Ⅰ. ①数…　Ⅱ. ①张…　Ⅲ. ①数学史—高等学校—教材　Ⅳ. ①O11

中国版本图书馆 CIP 数据核字(2014)第 124864 号

书　　　名：数学·科学与艺术
著作责任者：张顺燕　编著
责 任 编 辑：曾琬婷　潘丽娜
标 准 书 号：ISBN 978-7-301-24365-7/O·0973
出 版 发 行：北京大学出版社
地　　　址：北京市海淀区成府路 205 号　100871
网　　　址：http://www.pup.cn　　新浪官方微博：@北京大学出版社
电 子 信 箱：zpup@pup.cn
电　　　话：邮购部 62752015　发行部 62750672　编辑部 62767347　出版部 62754962
印　刷　者：北京飞达印刷有限责任公司
经　销　者：新华书店
787mm×980mm　16 开本　13.5 印张　300 千字　插页 12 页
2014 年 7 月第 1 版　2014 年 7 月第 1 次印刷
定　　　价：38.00 元

未经许可，不得以任何方式复制或抄袭本书之部分或全部内容。
版权所有，侵权必究
举报电话：010-62752024　电子信箱：fd@pup.pku.edu.cn

内容简介

本书是高等院校大学生素质教育通选课的教材，适合于大学本科不同系别、不同年级的学生，同时也适合于中、小学的数学教师和数学爱好者及数学教育工作者阅读。

本书以纵观古今，面向未来为开篇，点评了数学在人类文明发展史上的重要作用。众所周知，欲流之远者，必浚其源泉。接着介绍了数学文化的起源，数学与近代科学的关系，讲述了代数、几何与数学分析这三大领域的发展史，以及数学的学习方法。在艺术方面讲述了绘画与几何学和音乐与傅里叶分析。从冰冷的美丽，到火热的思考，本书阐述了数学的广阔用场，包括元素周期表的确认、天体的运行规律、无线电波的发现、双螺旋结构的打开等诸多领域。

本书的目的在于，提高读者的数学素养，开拓广阔的科学视野，培养应用数学解决实际问题的能力，追求学术的真、善、美。数学的核心是求真，探索宇宙的内在规律；科学技术的核心是求善，即对社会的广阔应用；艺术的核心是求美，提高读者的美学悟性。

彩图 1　雅典学院

彩图 2　蒙娜丽莎

彩图 3　春

彩图 4　维纳斯的诞生

彩图 5　发现乔托

彩图 6　金门重逢

彩图 7　自画像

彩图 8　丢勒

彩图 9　逐出伊甸园

彩图 10　圣罗马诺之战

彩图 11　耶稣受洗图

彩图 12　耶稣受鞭图

彩图 13　岩间圣母

彩图 14　最后的晚餐

彩图 15　美惠三女神

彩图 16　圣母的婚礼

彩图 17　创造亚当

彩图 18　女预言家利比亚

彩图 19　林荫道

彩图 20　圆的极限

前　　言

作者从 2000 年以来多次在北京大学、清华大学、首都师范大学开设素质教育通选课或文科数学，并应邀为大、中学数学教师，教育工作者和学生作关于素质教育的报告，受到广大师生的欢迎和教育界有关人士的关注。本书以这些讲学的讲义或讲稿为主要内容，并经过进一步的补充、改写、整理而成。

我们知道，通选课必须面对社会现实。那么，现代社会面临的局面其主要特点是什么呢？我们认为主要有两个特点：一个是数量化，另一个是跨领域。

随着信息社会的到来，人类社会数量化的程度正在加深。我们希望大学生在专业知识之外，能具备良好的数学素养、人文素养、美学悟性和跨领域的学习能力。

在学习的过程中，培养学生逐渐将眼光放高、放宽、放远。放高指能居高临下看问题，知道自己所学的理论在人类文明中的地位；放宽指能了解本领域与其他领域的交互作用；放远指能看到科学的起源和发展。

本书第一章是，纵观古今，面向未来。重点指出，数学是人类文明的火车头。从历史和现实两种角度论述了数学的重要性。同时给出了如何学数学的建议。

第二章讲述数学文化的源头。数学科学起源于古希腊。古希腊人对数学的认识、理解和研究对后世数学的发展带来根本性的影响，他们遗留的问题也对后世产生深刻影响。

第三章讲述近代科学的发端.这是人类社会发展史的关键时刻.该章首先讨论科学方法，即培根提倡的归纳法和笛卡儿推崇的演绎法；然后阐述伽利略和牛顿将自然科学数学化的过程，并穿插讲述了哥白尼的日心说、开普勒的天体运动三定律、伽利略的落体定律，由此总结出近代科学成功的三大要素；最后给出牛顿的万有引力定律.

第四章是绘画艺术与几何学。该章论述了绘画艺术与几何学的交互作用。文艺复兴时期的画家们正是借助几何学原理使绘画摆脱了宗教的束缚，面对现实世界的。而透视画的发展与研究引出了一门新的几何学——射影几何学。

澄其源而清其流是本书的基本指导思想之一。要弄清楚什么是数学，如何学习数学，如何研究数学是学习数学的基本目的。我们对数学的几个重要分支分别予以概述。第五章是数的扩充史，第六章是解析几何概要，第七章讲述微积分发展史，第九章讲述非欧几何学的诞生和意义，第十章阐述代数学的演变史。

关于数学与艺术，我们只涉及两个分支。在绘画之后，第八章展示数学与音乐的珠联璧合。

最后一章展现数学与科学的广泛而深刻的联系和相互促进，其中有无线电波的发现、晶体结构的确定、双螺旋疑结的打开、数学与西方政治、诺贝尔奖与数学等诸多内容。

编者

2013 年 8 月

目　录

第1章 绪论——纵观古今，面向未来

会当凌绝顶，一览众山小.

杜甫

诗人对宇宙人生，须入乎其内，又须出乎其外. 入乎其内，故能写之；出乎其外，故能观之. 入乎其内，故有生气；出乎其外，故有高致.

王国维

数学文化是人类文明中的精华部分. 追溯数学文化的发展及其影响是一个重要的课题，内容是丰富多彩的. 追溯的对象不是数学知识的细节，而是数学之意义的历史. 方法是回顾、评价和综观，目的是面向未来. 屈原说，路漫漫其修远兮，吾将上下而求索.

§1 数学的重要性

1. 数学与对知识的探求

人类天性渴望求知.

亚里士多德

我们首先问：有独立于人的物理世界存在吗？答案历来有两种. 唯物主义认为，存在；而唯心主义认为，不存在. 我们是唯物主义者，认为存在一个独立于人的客观世界. 这正是我们研究的起点和探索的对象.

其次，自然要问：我们如何获取关于外部世界的知识呢？为了获取关于外部世界的知识，每一个人都不得不依靠自己的感官知觉. 人类共有几种知觉？共有五种：视觉、听觉、触觉、味觉和嗅觉.

亚里士多德(Aristotle,公元前384—前322)认为,知识是感觉的结果.他说:“如果我们不能感觉任何事情,我们将不能学会或弄懂任何事情;无论我们何时何地思考什么事情,我们的头脑必然是在同一时间使用着那件事情的概念.”

亚里士多德

亚里士多德是古代知识的集大成者.他的著作是古代学术的百科全书.他是归纳法的创始人之一,还是主张进行有组织的研究的第一人.

他还说:“感觉和感官经验是科学知识的基础.”

那么,通过感官获取的知识正确吗?精确吗?要回答这两个问题,就要对我们日常的经验做些认真的考察了.因为我们日常的生活都是在经验的指导下进行的,也并没有出多少错.但是,当我们依着较高原则的标准,来推论,来思考,来反省事物的本性时,我们就会发现问题了.

把一根棒的一部分放在水里,我们能看到什么?我们将看到一根弯曲的棒.如果把一根直棒放在水里,也把一根弯棒放在水里,恐怕你很难辨别哪一个是直的吧?这说明,感官具有粗糙性,有时还具有欺骗性.更令人遗憾的是,许多重大的物理现象根本不是感官所能知觉到的:

有谁感到地球在自转?

有谁感到行星受到太阳的引力,而绕太阳公转?

有谁感到电磁波的存在?

既然许多重大的物理现象不是感官所能知觉到的,那么人类是如何发现这些现象的呢?答案是借助数学这一强大的工具.在探索宇宙的奥秘中,数学是一个本质的、关键的、具有穿透力的工具.

事实上,数学方法的运用是**科学和前科学的分水岭**.例如,静电吸引的现象,虽然古人早就知道,但是直到库仑定律发表的时候,电学才进入科学的行列.

2. 数学的重要性

数学在人类文明中一直是一种主要的文化力量.数学不仅在科学推理中具有重要的价值,在科学研究中起着核心的作用,在工程设计中必不可少;而且,在西方,数学决定了大部分哲学思想的内容和研究方法,摧毁和构建了诸多宗教的教义,为政治学和经济学提供了依据,塑造了众多流派的绘画、音乐、建筑和文学风格,创立了逻辑学.作为理性的化身,数学已经渗透到社会科学、文化艺术等各个领域,并成为它们的思想和行动的指南.

人类历史上的每一个重大事件的背后都有数学的身影:达·芬奇的绘画,哥白尼的日心说,牛顿的万有引力定律,无线电波的发现,三权分立的政治结构,一夫一妻的婚姻制度,孟德尔的遗传学,马尔萨斯的人口论,巴赫的12平均律,达尔文的进化论,巴贝奇的计算机,爱因斯坦的相对论,晶体结构的确定,双螺旋疑结的打开,等等,都与数学思想有密切联系.

3. 两种文化的融合

人类文化可以分为科学文化与人文文化.当前的形势是,随着科学技术的发展、社会的进步、经济的腾飞,世界上许多重大的问题和复杂事件都显示出对文理结合人才的迫切需要.已故著名物理学家吴健雄指出,为了社会的可持续发展,当前一个刻不容缓的问题是消除现代文化中两种文化——科学文化和人文文化——之间的隔阂,而为加强这两方面的交流和联系,没有比大学更合适的场所了.只有当两种文化的隔阂在大学校园里加以弥合之后,我们才能对世界给出连贯而令人信服的描述.

这种要求反映在教育改革上就是,素质教育正在成为当今大学教育和社会公民教育的重要组成部分.目的在于培养学生健全的人格,完善学生的知识结构,造就更多具有创造才能的复合型人才.

数学作为一门基础学科,它的一系列重大发展都是两种文化的融合所创造出的成果.

M.克莱因(M. Kline,1908—1992)指出:

“数学是一种精神,一种理性精神.正是这种精神激发、促进、鼓舞并驱使人类的思维运转到最完善的程度,也正是这种精神试图决定性地影响人类的物质、道德和社会生活;试图回答人类自身提出的问题:努力去理解和控制自然;尽力去探求和确立已经获得的知识的最深刻和最完美的内涵.”

在文化这一更加广阔的背景下,讨论数学的发展、数学的作用以及数学的价值可以使我们对数学本质的认识更清楚、更深刻.

4. 指导思想

首先,**我们把哲学放在指导的地位**.因为哲学可以使我们居高临下、高瞻远瞩地看待问题.它并不告诉我们具体知识,却教给我们如何思考.哲学的要领在正确地设问,而不在正确地回答.正确地思考比正确地回答更重要.

哲学与数学之间的交互影响是人类文化中最深刻的部分.德茅林(B. Demollins)说得好:“没有数学,我们无法看透哲学的深度;没有哲学,人们也无法看透数学的深度;而没有两者，人们什么也看不透."哲学为人类文明提供了理性精神，而对理性精神贯彻最彻底的是数学. 数学中提出的问题又促进了哲学的发展. 数学历史上的三次危机都与哲学难分难解.

其次，**数学史上的重大里程碑是本书的重要组成部分**. 数学史为我们提供了广阔而真实的背景，为数学整体提供了一个概貌，使不同的数学课程的内容互相联系起来，并且与数学思想的主干联系了起来. 这是理解数学的内容、方法和意义，培养学生鉴赏力和创造力的最好方法，它能使学生摸到数学发展的脉搏，而从历史分离出来的教学法深刻地影响着对数学的理解和数学的发展. 这就是数学素养，对中国的数学教育尤为重要. 民族的整体数学素养不提高，就出现不了大数学家.

庞加莱(J. H. Poincare, 1854—1912)说："若想预见数学的未来，正确的方法是研究他的历史和现状."法国人类学家斯特劳斯说："如果他不知道来自何处，那就没有人知道他去向何方."数学史对专业数学家和未来的数学家都有帮助，历史背景很重要. 现代数学已经出现了成百上千个分支，全能数学家已很难出现. 为了能够了解数学的重大问题和目标，从而能对数学的主流作出贡献，最稳妥的办法也许就是要对数学的过去成就、传统和目标有一定的了解，以使自己的工作能进入有成果的渠道，并建立长期的发展路线.

通常数学教科书所介绍的只是数学的片段. 它们给出一个系统的逻辑叙述，使人们产生了这样的错觉，似乎数学家们理所当然地从定理到定理，他们能克服任何困难. 这对于培养真正的富有创造力的数学家是不利的. 讲点数学史，使学生们看到，在科学发展中出现的真相，这样才能学到真知.

再次，**数学文化是人类文化中最深刻的部分之一**. 讲述数学文化对人类文明的影响是本书的重要任务之一. 我们要讲述数学对自然科学、社会科学与艺术的影响. 这个影响正在沿着深度和广度两个方向扩展. 数学在经济学中的应用已是众所周知的事情. 心理学、历史学、考古学、语言学、社会学等学科也正在广泛地使用数学. 学生在大学期间就应当知道，未来的科学将向什么方向进展，这些科学需要什么样的新知识和新工具，数学在他们的学术生涯中将起到什么样的重要作用.

最后，**方法论**. 方法论构成本书的另一个重要内容. 近代方法论起源于培根(F. Bacon, 1561—1626)和笛卡儿(R. Descartes, 1596—1650). 培根提倡归纳法，笛卡儿提倡演绎法. 他们的方法论对近代科学的发展起了重大的推动作用. 数学方法论是一个数学与哲学的交叉领域，其目的在于研究数学发现和发明的原则，并由此领悟其他学科的发明原则. 它既涉及数学内容本身的辨证性质，也涉及人类思维过程的辨证性质. 方法论学得好，可以使人由愚笨变聪明，由弱者变强者，由低水平达到高水平，使思维规范化，从而提高学习和工作效率，走向创新之路.

§2 数学史上的关键时期

1. 五个质不同的时期

数学史大致可以分为五个质不同的时期. 精确地区分这些阶段是不可能的,因为每一个阶段的本质特征都是在前一阶段中酝酿形成的.

第一个时期——数学形成时期. 这是人类建立最基本的数学概念的时期. 人类从数数开始逐渐建立了自然数的概念,简单的计算法,认识了最简单的几何形式,像直线、圆、角、长度、面积等,并逐步地形成了理论与证明之间的逻辑关系的"纯粹"数学. 算术与几何还没有分开,彼此紧密地交错着.

第二个时期——初等数学,即常数数学的时期. 这个时期的最基本的、最简单的成果构成现在中学数学的主要内容. 这个时期从公元前 5 世纪开始,也许更早一些,直到 17 世纪,大约持续了两千年. 这个时期逐渐形成了初等数学的主要分支:算术、几何、代数、三角.

这时的几何学以现实世界中的形的关系为主要研究对象. 它的主要成果就是欧几里得的《几何原本》及其延续.《几何原本》把几何学的研究推到了高度系统化和理论化的境界,使得人们对于空间的认识和理解在深度上和广度上都大大前进了一步,这是整个人类文明发展史上最辉煌的一页.

代数学则研究数的运算. 这里的数指自然数、有理数、无理数,并开始包含虚数. 解方程的学问在这个时期的代数学中居中心地位.

第三个时期——变量数学的时期. 从 17 世纪开始的数学的新时期——变量数学时期,可以定义为数学分析出现与发展的时期.

变量数学建立的第一个决定性步骤出现在 1637 年笛卡儿的著作《几何学》中. 这本书奠定了解析几何的基础,它一出现,变量就进入了数学,从而运动进入了数学. 恩格斯指出:

"数学中的转折点是笛卡儿的变数. 有了变数,运动进入了数学;有了变数,辩证法进入了数学;有了变数,微分和积分也就立刻成为必要的了……"

在这个转折以前,数学中占统治地位的是常量,而在这之后,数学转向研究变量了.

变量数学发展的第二个决定性步骤是牛顿(I. Newton, 1642—1727)和莱布尼茨(G. W. Leibniz, 1646—1716)在 17 世纪后半叶建立了微积分.

微积分的重要性 微积分是人类智慧最伟大的成就之一,现代社会正是从微积分的诞生开始的.

微积分使人类第一次有了如此强大的工具，它使得局部与整体、微观与宏观、过程与状态、瞬间与阶段的联系更加明确. 使我们既可以居高临下，从整体角度考虑问题，又可以析理入微，从微分角度考虑问题.

微积分是人类智力的伟大结晶. 它给出一整套的科学方法，开创了科学的新纪元，并因此加强与加深了数学的作用. 恩格斯说：

“在一切理论成就中，未必再有什么像17世纪下半叶微积分的发现那样被看做人类精神的最高胜利了. 如果在某个地方我们看到人类精神的纯粹的和唯一的功绩，那就正是在这里.”

有了微积分，人类才有能力把握运动和过程；有了微积分，就有了工业革命；有了大工业生产，也就有了现代化的社会. 航天飞机、宇宙飞船等现代化交通工具都是微积分的直接后果. 数学一下子走到了前台.

微积分已成为现代人的基本素养. 解析几何与微积分已部分地进入中学.

第四个时期——公理化数学时期. 19世纪初，数学发生了质的变化，开始了从变量数学向公理化数学的过渡. 主要体现在下面几个方面：

数学的研究对象发生了质的变化. 在19世纪之前，数学本质上只涉及两个常识性的概念：数和形. 此后数学的研究范围大大地扩展了，数学不必把自己限制于数和形，数学可以有效地研究任何事物，例如，向量、矩阵、变换、运动等，而这些事物常常以某种方式与数和形发生关联.

数学与现实世界的关系也发生了质的变化. 这之前，经验是公理的唯一来源，实际上，当时只有一套公理体系——欧氏几何学的公理体系；这之后，数学开始有意识地背离经验. 这之前，数学研究经验世界，那时只存在一种几何学——欧氏几何学；这之后，数学研究可能世界，出现了多种几何学：欧氏几何学、双曲几何学、椭圆几何学、拓扑学等. 人类的思维可以自由创造新的公理体系.

数学的抽象程度进入更高的阶段. 数学常常被看做逻辑过程，并不与哪个特别的事物相关. 这就引出了20世纪初罗素(E. S. Russell，1872—1970)的数学定义：

数学可以定义为这样一门学科：我们不知道在其中我们说的是什么，也不知道我们说的是否正确.

数学家不知道自己所说的是什么，因为纯数学与实际意义无关；数学家不知道自己所说的是否正确，因为作为一个数学家，他不去证实一个定理是否与物质世界相符，他只问推理是否正确.

数学的真理性　在古代，数学被认为是客观真理. 这种真理观一直保持到19世纪.

我们来看看当时的著名哲学家是如何看待这个问题的.英国哲学家霍布斯(T. Hobbes, 1588—1679)说:"数学知识是真理."洛克(J. Lock, 1632—1704)强调,数学知识是普遍的、绝对的、确定不移的和意义重大的.康德(I. Kant, 1724—1804)断言,所有的数学公理和定理都是真理.但是到19世纪,由于非欧几何学的诞生,危机出现了:欧几里得几何学是真理吗?三角形的内角和是不是180°?我们生活的世界是欧氏的,还是非欧的?进而,数学是客观真理吗?此后数学家不再关心数学命题的真理性,而只关心数学理论的相容性.

归因于三大领域的变化 在19世纪30年代到40年代,数学基本上包含三大领域:代数、分析和几何(概率论与数理统计虽已有相当程度的发展,但远不能和这三个领域分庭抗礼).这三个领域都发生了质的变化,开始了向公理化数学的转变.冒着过于简化的危险,我们把变化的起因总结如下:

几何学的解放是由欧氏几何的第五公设引起的;

代数的解放是由四元数的诞生引起的;

分析的严密化是由第二次数学危机引起的.

对物理学的影响 我们生活的世界是欧氏的,还是非欧的?这个问题数学家可以不关心,但是物理学家不能不关心.我们知道,大约在两千四百年中,欧几里得几何学成为任何物理学的必要基础.怀特海(A. N. Whitehead, 1861—1947)说:

"现在我们知道,它是错误的,但这是一个具有伟大意义的错误."

上述错误把物理学推向前进,直到19世纪末.可是到19世纪末,它阻碍了物理学的进步.正是非欧几何学,为新物理学的诞生开辟了道路.没有非欧几何学,就不会有爱因斯坦(A. Einstein, 1879—1955)的相对论.

欧洲人世界观的巨大变化 巧得很,这个年代也正是欧洲人的世界观发生巨大变化的年代.19世纪初,人们还对《创世纪》里上帝创造世界的记载深信不疑,此后这种信仰幻灭了.

头一个挑战来自英国地质学家赖尔(C. Lyell, 1797—1875)的地质学著作.赖尔描述了地球的变动过程并非是一次形成的,完全不是神祇的创造结果.他表明了地质的变动过程发生在亿万年里,形成了高山和峡谷.世界的创造是一个长久的过程,而不是片刻间的奇迹,世界的变化应归因于物理的性质.

第二个挑战来自达尔文(C. R. Darwin, 1809—1882).达尔文石破天惊地宣称:"人类和猿猴有共同的祖先."在一次行动里造出人类的假说突然被荡涤.达尔文的进化论改变了生命的意义.人们曾相信上帝创造人类,并且给人类安排了目的和计划.忽然之间,人类变成了盲目的、随机的、自发的自然过程的结果,这给欧洲人的心理带来极其巨大的震撼.

人类忽然发现自己漂泊在一个漫无目的的小小星球上.

第五个时期——信息数学时期.计算机的诞生和广泛使用使数学进入了一个新的时代.几乎同时,信息论和控制论也诞生了,数学迎来了一个新高潮.

信息时代,就是以计算机来代替原来由人来从事的信息加工的时代.由于计算机的应用,需要数学更加自觉、更加广泛地深入到人类活动的一切领域."数学工作"的含义已经发生深刻的变化.信息加工时代的数学工作包括数学研究工作,数学工程工作和数学生产工作.

数学研究工作有了新的含义.数学模型具有更大的意义.

数学工程是指需要有数学知识、数学训练的人来从事的信息工程.计算机的软件工程就是一类数学工程,但不限于此,机器证明也属于数学工程.

数学生产是实现数学工程,形成产品的工作,就是软件生产.

由于数学工程和数学生产的发展,建立数学模型的工作有了更为广泛的需要.并且,离散数学处于更加重要的地位.

2. 四个高峰期

从前面的论述可以看出,在整个数学史上出现了四个高峰期:

(1) 欧几里得的《几何原本》的诞生.数学从经验的积累变成了一门理论科学,数学科学形成了.

(2) 解析几何与微积分的诞生.这使人们在认识和利用自然规律方面大大地前进一步,使力学、物理学有了强有力的工具.引起了整个科学的繁荣.

(3) 公理化的数学诞生于19世纪末与20世纪初,数学进入成熟期:巩固了自身的基础,并发现了自身的局限性.

(4) 与计算机结合的当代数学进入更加广阔的领域,并影响到人类文明的一切领域,数学进入新的黄金时代.

3. 七次飞跃

数学不只是算法和证明,它分出了层次.数学思想的发展,数学领域的扩大呈现了七次大的飞跃.每次飞跃都是新思想、新概念的诞生,是人类对数学的认识又提高到一个新的阶段.值得注意的是,凡是数学史上的新进展都是数学教学上的难点和重点.

从经验几何到演绎几何的飞跃　从几何学的朴素概念长度、面积和体积到几何定理的出现,再从几何定理到公理体系,这中间有两次大的飞跃.这就是欧氏几何的诞生.

从数字运算到符号运算的飞跃　这就是从算术到代数学的发展,发生在16世纪到17世纪.数学的抽象思维提高到了一个新的高度.数学符号的诞生到今天不到四百年,但是它大大地促进了数学的发展.

从常量数学到变量数学的飞跃 这就是微积分的诞生.这对科学技术的发展带来了根本性的影响.可以说是现代世界和古代世界的分水岭.最突出的是航天时代的到来和信息时代的到来.

从研究运算到研究结构的飞跃 这主要体现在抽象代数学的诞生,发生在19世纪.这使得数学的研究对象超越了数和形的藩篱,从而研究更加广泛的对象.

从必然性数学到或然性数学的飞跃 这就是概率论和统计学的诞生.虽然这两门学科诞生得相当早,但它们的成熟发展却是在20世纪.这个学科促使人们的思考方式发生了新的飞跃,使传统的一一对应的因果关系转变为以统计学做基础.这深刻地影响了理论与经验资料相互联系的方式,它给人类活动的一切领域带来了一场革命,而且改变了我们的思考方法.

从线性到非线性的飞跃 非线性科学的诞生和发展是在20世纪.混沌学的诞生是一个重要标志.混沌是指,由定律支配的无定律状态.数学家梅(K. O. May, 1915—1977)在1976年说:

"不仅学术界,而且在日常的政治学界和经济学界里,要是更多的人认识到,简单的系统不一定具有简单的动力学性质,我们的状况会更好些."

从明晰数学到模糊数学的飞跃 出现在20世纪.

当我们综观数学思想这些飞跃发展的时候,我们会有沧海桑田之感.正像一个修仙人,若干年后回到自己的家乡,发现一切都变了:

惟有门前鉴池水,春风不改旧时波.

我们会感到,旧的课本合上了.我们在学校所学的知识,已经随着新的发明和发现而变得陈旧了."**科学所带来的最大变化是变化的激烈程度.科学所带来最新奇的事是它的新奇程度.**"所以,我们面临的现实是:

请君莫奏前朝曲,听唱新翻杨柳枝.

§3 数学的特点与教育价值

1. 数学的特点

数学区分于其他学科的明显特点有三个:第一是它的抽象性,第二是它的精确性,第三是它的应用的极端广泛性.

抽象性 抽象不是数学独有的特性,任何一门科学都具有这一特性.因此,单是数学概念的抽象性还不足以说尽数学抽象的特点. 数学抽象的特点在于：第一，在数学的抽象中只保留量的关系和空间形式而舍弃了其他一切；第二，数学的抽象是一级一级逐步提高的，它们所达到的抽象程度大大超过了其他学科中的一般抽象；第三，数学本身几乎完全周旋于抽象概念和它们的相互关系的圈子之中. 如果自然科学家为了证明自己的论断常常求助于实验，那么数学家证明定理只需用推理和计算. 这就是说，不仅数学的概念是抽象的、思辨的，而且数学的方法也是抽象的、思辨的.

数学的抽象性帮助我们抓住事物的共性和本质. 维纳(N. Wiener，1894—1964)说："数学让人们抓住本质而忽略非本质的东西. 数学也容许人们在不同的领域提出相同的问题，而不必囿于某一特定专业领域. 对那些视野开阔、敏感严谨的数学家而言，数学无疑是发现和发明的工具."

抽象的点只有位置，没有大小；抽象的线只有长度，没有宽度. 不管我们多么小心地使用圆规，我们也画不出理想的圆. 但是，这并不影响我们对数学进行的研究，我们正是利用粗糙图形进行精确推理的. 在这个意义上：

数学是用粗糙图形进行精确推理的艺术.

关于抽象的作用，数学家辛富(J. Singh)说："数学之所以能够以令人吃惊的程度深入到科学和技术的每一个分支中去，其原因在于数学的思想是纯粹抽象的，而抽象化正是科学和技术的主要动力. 数学越是远离现实(即走向抽象)，它就越靠近现实. 因为不管它显得多么抽象，它归根到底还是从某些现实范围中抽象出来的，一定的本质特征的具体表现."

数学的抽象性帮助我们抓住事物的共性和本质. 正是数学的抽象性使得数学能够处理种类众多的问题，如空间的和运动的，机会的和概率的，艺术的和文学的，音乐的和建筑的，战争的和政治的，食物的和医药的，遗传的和继承的，人类思维的和电脑的，等等.

抽象的另一个作用是不断地对日益扩大的数学知识总体进行简化和统一化.

数学的精确性表现在数学定义的准确性、推理和计算的逻辑严格性和数学结论的确定无疑与无可争辩性. 当然，数学的严格性不是绝对的、一成不变的，而是相对的、发展着的，这正体现了人类认识逐渐深化的过程.

数学中的严谨推理和一丝不苟的计算，使得每一个数学结论都是牢固的、不可动摇的. 这种思想方法不仅培养了科学家，而且它也有助于提高人的科学文化素质，它是全人类共同的精神财富.

爱因斯坦说："为什么数学比其他一切科学受到特殊的尊重？一个理由是，它的命题是绝对可靠的和无可争辩的，而其他一切科学的命题在某种程度上都是可争辩的，并且经常处于被新发现的事物推翻的危险之中……数学之所以有高声誉，还有一个理由，那就是数学给精密自然科学以某种程度的可靠性，没有数学，这些科学是达不到这种可靠性的."

数学应用的极其广泛性也是它的特点之一.正像已故著名数学家华罗庚教授曾指出的:宇宙之大,粒子之微,火箭之速,化工之巧,地球之变,生物之谜,日用之繁,数学无处不在,凡是出现"量"的地方就少不了用数学,研究量的关系、量的变化、量的变化关系、量的关系的变化等现象都少不了数学.数学之为用贯穿到一切科学部门的深处,而成为它们的得力助手与工具,缺少了它就不能准确地刻画出客观事物的变化,更不能由已知数据推出其他数据,因而就减少了科学的预见性.

华罗庚在学习(1983年)

N.布特勒说:"现代数学,这个最令人惊叹的智力创造,已经使人类心灵的目光穿过无限的时间,使人类心灵的手延伸到了无边无际的空间."

2. 数学的教育价值

首先,数学的抽象性使得数学问题的解决伴随着困难.在解决数学问题的过程中,使学生体验到挫折和失败,而这正是砥砺意志和打磨心理品质的绝好时机.愈挫愈奋,百折不挠的良好心理素质不会在温室中形成.如果学生在学校里没有尝尽为求解问题而奋斗的喜怒哀乐,那么数学教育就在一个重要的地方失败了.

其次,数学的严密性和精确性可以使学生在将来的工作中减少随意性.英国律师至今要在大学中学习许多数学知识,并不是律师工作要多少数学,而是出于这样一种考虑:经过严格的数学训练可以使人养成一种独立思考而又客观公正的办事风格和严谨的学术品格.数学教育是培养学生诚信观念的重要渠道之一.在数学课上形成的诚信观是持久的,根深蒂固的.苏联数学家辛钦(A. Y. Khinchin, 1894—1959)说:"数学教学一定会慢慢地培养青年人树立起一系列具有道德色彩的特性,这种特性中包括正直和诚实."

再次,数学是思想的体操.进行数学推导和演算是锻炼思维的智力操.这种锻炼能够增强思维本领,提高抽象能力、逻辑推理能力和辩证思维能力,培养思维的灵活性和批判性.思维的灵活性表现在不受思维定式的束缚,能迅速地调整思维方向,并善于从旧的或传统的思维轨道上跳出来,另辟蹊径.数学中的一题多解是培养思维灵活性的有效途径.思维的批判性是指,对论证和解答提出自己的看法.数学中常用的反证法和构造反例是思维批判性的具体表现.

数学不仅仅是一种工具,它更是一个人必备的素养.它会影响一个人的言行、思维方式等各个方面.一个人,如果他不是以数学为终身职业,那么他的数学素养并不表现在他能解多难的题,解题有多快,数学能考多少分,关键在于他是否真正领会了数学的思想,数学的精神,是否将这些思想融会到他的日常生活和言行中去.日本的米山国藏说:"我搞了多年的数学教育,发现学生们在初中、高中接受的数学知识因毕业了进入社会后,几乎没有什么机会应用这些作为知识的数学,所以通常是出校门不到一两年就很快忘掉了.然而,不管他们从事什么业务工作,唯有深深铭刻于头脑中的数学精神,数学的思维方法,研究方法和着眼点等,都随时随地发生作用,使他们受益终身."

数学还有另外的作用.数学家狄尔曼说:"数学能集中、强化人们的注意力,能够给人以发明创造的精细和谨慎的谦虚精神,能够激发人们追求真理的勇气和信心……数学更能锻炼和发挥人们独立工作的精神."

数学已成为现代人的基本素养.

§4 如 何 学

我们只谈论几个重要方面,而非全面论述.

1. 鉴赏力

鉴别真与假,好与坏,美与丑,重要与不重要,基本与非基本,这本身就非常重要.有鉴别力的学生会区分主次,自然学得好.鉴赏力可以在学习过程中逐渐加以培养.对学生而言,在学习数学的过程中,要使自己做到四理解:

理解数学的概念和原理;

理解数学的探究过程;

理解数学的方法和用场;

理解数学与一般文化的关系.

> 有不少学者努力学习,却没有宏观的看法,终究不能成就大学问.但有些青年学者,谈玄论道,自以为高人一等,却没有踏实功夫,终究也是一场空.
>
> 丘成桐

2. 致广大而尽精微

王国维在《人间词话》中说:"诗人对宇宙人生,须入乎其内,又须出乎其外.入乎其内,故能写之;出乎其外,故能观之.入乎其内,故有生气;出乎其外,故有高致."

任何一门课的学习都要从整体和局部两个方面入手.既重视整体又重视细节,还要重视部分与部分的联系.柏拉图(Plato,公元前427—前347)说:

"我认为,只有当所有这些研究提高到彼此互相结合、互相关联的程度,并且能够对它们的相互关系得到一个总括的、成熟的看法时,我们的研究才算是有意义的,否则便是白费力气,毫无价值."

在学习中,力争做到,既有分析又有综合.**在微观上重析理,明其幽微;在宏观上看结构,通其大意.**

就今天的教育状况而言,**整体观念更为重要**.事实上,对于任何一门科学的正确概念,都不能从有关这门科学的片段中形成,即使这些片段足够广泛.记住:**水泥和砖不是宏伟的建筑**.整体总是大于部分的总和.印度诗人泰戈尔说:

"采摘花瓣,你将无法得到一朵美丽的鲜花."

3. 澄其源而清其流

在整个中小学时代,数学恐怕是我们最花力气的一门学科,许多同学学得很被动,究其原因可能有两条:一是对数学的重要性认识不足,二是对数学缺乏兴趣.弥补的一种办法是学点数学史,明历史之变.明变的方法有三:一曰求因,二曰明变,三曰评价.

求因——上溯以求之,看问题是如何提出的.

明变——重理其脉络,考察概念的演变史,方法的进步史.

评价——作警策精辟之言,评价理论的本质、意义和局限性.我们的教材缺少中肯的评价,而没有评价就没有理解.

还要注意的一点是,历史因素与逻辑因素的配合.没有历史,就不清楚事件的意义;没有逻辑,就不清楚事件的结构.因而,我们要:

析古今之异同,穷义理之精微,明理论之结构.

4. 循序渐进

循序渐进就是按部就班地学,它可以给你扎实的基础,这是做出创造性工作的开始.学习好比爬梯子,要一步一步地来.你想快些,一脚跨四五步,非掉下来不可.特别是学数学,一定要由浅入深,循序渐进.对数学的基本概念、基本原理、基本计算技能,一定要牢固掌握,熟练运用.切忌好高骛远,囫囵吞枣,前面还不清楚就急于看后面,结果是欲速则不达,还得回来补课.要记住,越是基本的东西越重要,越是基本的东西越有用,越要求你花力气.

要勤学,**勤学如春日之草,不见其增而日有所长.**

5. 笛卡儿的方法论

日本物理学家汤川秀树在《人类的创造》中说："在考察关于科学家的创造性时，可知做出创造性工作的科学家有很多.但是，其创造性的工作是如何完成的呢？我们的创造性工作到底是怎样的呢？如何去做的话就能得到创造性的成果呢？迄今为止，对于这些问题进行过深刻的自我反省，并将自己的观察结果留给后人的情况几乎没有.笛卡儿对这些问题的自我思考，都作为非常珍贵的资料保留下来."

笛卡儿的著作是西方中世纪结束的一个标志，显示了近代哲学的开始.笛卡儿想通过检验给人类的知识找出坚实的基础，在这个基础上构筑人类求知的全部框架.他设计了一种方法：怀疑的方法.笛卡儿力图剥去一切事物可能引起质疑的外皮，力图找出确凿的不容置疑的东西.

笛卡儿是法国哲学家和数学家，是近代思想的开山祖师，他还发明了解析几何.他在著名的《方法谈》的开头两章说明了他的思想历程和他在23岁时所达到和开始应用的方法.他所处的时代正是近代科学革命的开始，是一个涉及方法的伟大时期.在这个时代，人们认为，发展知识的原理和程序比智慧和洞察力更重要.方法容易使人掌握，而且一旦掌握了方法，任何人都可以发现或找到新的真理.这样，真理的发现不再属于具有特殊才能或超常智慧的人们.笛卡儿在介绍他的方法时说：

"我从来不相信我的脑子在任何方面比普通人更完善."

笛卡儿的哲学是理性主义哲学，根据他的理性哲学我们可以借助推理达到真理，这对学数学当然是关键的.

经过精心的构思，他列出四条原则，这四条原则是最先完整表达的近代科学的思想方法，其大意是：

(1) 只承认完全明晰清楚，不容怀疑的事物为真实；

(2) 分析困难对象到足够求解的小单位；

(3) 从最简单、最易懂的对象开始，依照先后次序，一步一步地达到更为复杂的对象；

(4) 列举一切可能，一个不能漏过.

笛卡儿确信，仿效数学发现中的成功方法，将会引出其他领域的成功发现.

马克思在《资本论》的第一卷第二版的《跋》中写了他写《资本论》的指导思想：

(1) 排除不可靠的说法；

(2) 将资本分解到最简单的单位——商品，再剖析其中的价值和劳动；

(3) 从此开始一步步引向最复杂的资本主义的社会结构及其运转；

(4) 任何一点也不漏过.

马克思使用的方法正是笛卡儿的方法. 记住:

让复杂的东西简单化,让简单的东西习惯化.

6. 以简驭繁

我们把笛卡儿的方法归结为两步: 第一步是化繁为简,第二步是以简驭繁. 化繁为简这一步最重要,通常用两种方法:

(1) 将复杂问题分解为简单问题;

(2) 将一般问题特殊化.

化繁为简这一步做得好,由简回归到繁,就容易了.

7. 从师、读书与讨论

这是获得真知的必由之路.

从师 韩愈说:"师者,所以传道、受业、解惑也."常言道,名师出高徒. 名师可以迅速地把你领到前沿,让你做出有价值的工作. 这就是为什么人们要考北大清华,上哈佛剑桥.

读书 记住四句话: 精其选,解其言,知其意,明其理.

精其选. 选好书. 培根说:"有些书可供一尝,有些书可以吞下,有不多几部书则应当咀嚼消化."

解其言. 学数学一定要把概念学好,对定义要逐字逐句地理解.

知其意. 知道定理的来源、含义及用途.

明其理. 对定理要会证明,知道它在整个理论中的地位. 对理论要融会贯通.

讨论 人才常常是集体成长. 同学们在一起讨论会共同成长. 历史上最著名的例子是布尔巴基学派.

尼古拉·布尔巴基(Nicolas Bourbaki)不是一个人,而是一群数学家,他们大都是法国人. 这个生动活泼、丰富多彩的群体在 1935 年成立. 他们的主要贡献是通过巨著《数学原理》对数学提供了新视野. 布尔巴基主要是发明"数学结构"的概念,并用它概括过去的大部分数学乃至开创新的数学分支,形成了 20 世纪的数学主流.

8. 验证与总结

最后一步是总结学习的经验和收获. 这是极其重要的一步,但常常被人们所忽略. 笛卡儿说:

"我所解决的每一个问题都将成为一个范例,以用于解其他问题."

他还说:

“如果我在科学上发现了什么新的真理，我总可以说它们是建立在五六个已成功解决的问题上；它们可以看成是五六次战役的结果，在每次战役中，命运之神总跟我在一起.”

请用心琢磨上面引用的笛卡儿的两句话，并向他学习.

成功地解出一个题之后，细心揣摩一下解的方法，回顾一下你所做过的一切. 看看困难的实质是什么？哪一步最关键？什么地方你还可以改进？你能给出另一个解法吗？你能把这里的方法用到其他问题吗？举一反三的本领就是这么练出来的. 如果你没有将它提供的方法加以总结和提高，那么你就只解决了一个具体问题，那是“捡了芝麻，丢了西瓜”. 反过来，如果你做任何问题都能举一反三，你的能力就会明显提高，你的知识会成倍增长.

9. 刻苦努力——不受一番冰霜苦，哪有梅花放清香

人们通过读书获取知识，提高能力，这是读书的目的. 其本身是在一定环境下的自我训练的系统工程，因而必须符合客观规律. 读书讲求方法是为了遵从客观规律，而不是取巧. 要记住，刻苦用功是读书有成的最基本的条件. 古今中外，概莫能外.

马克思说：“在科学上是没有平坦的大道可走的，只有那些在崎岖的攀登上不畏劳苦的人，才有希望到达光辉的顶点.”《中庸》指出：“人一能之，己百之；人十能之，己千之. 果能此道矣，虽愚必明，虽柔必强.”

要爱惜时间. 提高时间利用率就等于延长生命. 俄国诗人马尔夏克关于时间的一首诗写得很好：

我们知道，时间有虚实和长短，
全看人们赋予它的内容怎样.
它有时停滞不前，
有时空自流逝！
多少小时，多少日子，
光阴都是虚度.
纵然我们每天的时间
完全一样，
但是，当你把它放在天平上，
就会发现：
有些钟头异常短促，
有些分秒竟然很长.

> 一定要等到你的课本都丢了，笔记都烧了，为准备考试而记在心中的各种细节全部忘记时，剩下的东西，才是你学到的.
>
> 怀特海

讲求方法，刻苦学习，不断地超越自己.

第2章 数学文化的源头

世界上曾经存在在21种文明，但只有希腊文化转变成了今天的工业文明，究其原因，乃是数学在希腊文明中提供了工业文明的要素.

汤因比

古希腊人屹立于我们大部分学术的最前端，他们的思想至今影响着我们，他们的问题经过延展仍然是我们需要解决的问题.

罗素

希腊的文化是第一个以知识第一——自由探究精神至上为基础的文化.没有任何主题，他们不敢去研究；没有任何问题，他们认为超出理性的范围.对于一个以前从未认识到的范围，理智高于信仰，逻辑和科学高于迷信.

李·拉夫尔等

地理位置与历史分期 古希腊并不构成一个国家，而是一种文明.古希腊的世界(图2-1)并不限于今天称做"希腊"的那部分，而是东部扩展到爱奥尼亚(土耳其的西部)，西部扩展到意大利南部和西西里，南部扩展到亚历山大(埃及).爱奥尼亚地区的一个城市米利都是希腊哲学、数学和科学的诞生地.古希腊受到了巴比伦和埃及文明的巨大影响.米利都是滨临地中海的一个富庶的商业大城，商业与文化交流极其方便.公元前540年左右，爱奥尼亚地区落入波斯人之手，但仍允许米利都保持一些独立性.在公元前494年爱奥尼亚人反抗波斯人的起义被镇压后，爱奥尼亚的地位就衰落了.当希腊人在公元前479年打败波斯后，爱奥尼亚又成为希腊的领土，但文化活动区便移到了希腊本土，雅典则成为其活动中心.在亚历山大称大帝之后(公元前331年)，科学中心转到了亚历山大，一直到公元500年.

数学的进程在很大程度上取决于历史的进程.希腊的历史进程把希腊的数学史分成了两段时期：一段是从公元前600年到公元前300年的古典时期；一段是从公元前300年

图 2-1

到公元500年的亚历山大时期，或称希腊化时期.

§1 数学文化的源头

讲数学文化必须从源头开始，讲述它的源与流.数学作为一个独立的知识体系，起源于古希腊.现代数学取得了不容置疑的巨大进展，远远超过古希腊人当时达到的水平，但是从古希腊人的智慧中，从导致他们产生自己见解的渊源中，我们仍然可以直接得到某些启示.

对于“数学是什么？”“为什么要研究数学？”以及“如何研究数学？”这样一些深层次的问题，我们的思想有没有取得真正的进步，这是一个值得深思和反省的问题.所以我们要不时地回顾历史的进程.

希腊人对人类文明的贡献是什么呢?

一种精神——理性精神.希腊人敢于正视自然.他们摒弃了传统观念、愚昧和迷信,对自然采取了一种全新的态度.这种态度是理性的、批判的和反宗教的.他们深信,自然界是按理性设计的.这种设计虽然不为人的行为所影响,但却能被人的思维所理解.

一种信念——万物皆数也.宇宙是以数学方式设计的,借助数学知识人类可以充分地认识它.这是一个极为大胆的猜测,是一个宏伟的、影响极为深远的猜测.

取得可理解的规律的决定性的一步是数学知识的应用.希腊人言中了后来被证实两条极为重要的信条:第一,自然界是按照数学原理构成的;第二,数学关系决定、统一并显示了自然的秩序.

一个样板——欧几里得几何学.它为人类的科学推理作出了示范,告诉人们,如何以简驭繁、由易到难,一门科学的理论该如何整理.

此后,理性精神就成为人类探索宇宙奥秘的精神支柱,成为人类抗争宗教、迷信的强大动力和源泉.在理性精神的支撑和鼓舞下,人们开始以数学为工具来探索我们生存的世界.

§2 希腊人的哲学观及其影响

1. 数学的真理性

数学是否具有真理性?这种真理性能否被认识?对于这两个问题,希腊人的回答是肯定的.他们的真理观是:数学定理就是客观真理.特别地,欧氏空间就是我们生存的物理空间,欧氏几何的定理就是关于我们生存空间的真理.

这种真理观几乎为当时和其后的所有哲学家、数学家和科学家所接受,并为那个时代的所有理智的人所接受.这种真理观持续了两千多年,直到19世纪上半叶才被动摇.

2. 柏拉图与亚里士多德

我们先看拉斐尔(Raffaello, 1483—1520)的名画《雅典学院》(彩图1).这幅画寓意深刻,它是古希腊"哲学殿堂"的思想体现.殿堂中心的两个人物是柏拉图和亚里士多德.柏拉图左臂的腋下夹着《蒂迈乌斯篇》,而右手的食指指天.正如安·夏泰尔指出的:"柏拉图的手指表明了最终的方向:从数学到音乐,从音乐到宇宙的和谐,再从宇宙的和谐到理念的神圣秩序."而亚里士多德一手拿着《逻辑学》,另一只手指向人间.

"万物皆数也"的思想是公元前6世纪,希腊哲学家毕达哥拉斯(Pythagoras,公元前

584—前 496)提出的. 毕达哥拉斯认为：数学是宇宙的钥匙，数学规律是宇宙布局的精髓. 柏拉图继承和发展了这种思想，但柏拉图的学生亚里士多德却站在他们的对立面. 这种争论一直持续到今天.

柏拉图相信有两个世界：

一个看得见的世界——一个感觉的世界，一个"见解"的世界.

一个智慧的世界——一个感觉之外的世界，一个"真知"的世界.

柏拉图

柏拉图认为，物质世界的事物和联系是不完美的、变化的和衰退的，因此，它们不能代表终极真理. 但是有一个绝对不变的真理的理想世界，正是这个世界为哲学家们所关注. 一匹马，一间房屋，或画在石头上的三角形，随着时间的流逝，总会消灭的，所以，永恒的知识只能从纯粹的理想的形式中获得. 这些知识是稳固的、永恒的.

柏拉图认为，这个世界是数学化的. 只有从理想世界的数学知识中，才能理解现实世界的实在性和可知性. 毕达哥拉斯学派认为，数字是事物内在固有的；而柏拉图认为，数字超越了事物. 柏拉图比毕达哥拉斯学派更进了一步，他不仅希望用数学来理解自然界，而且要用数学取代自然界. 按此观点，数学将取代物理研究. 他认为，只要对物理世界做明察秋毫的观察，从中抽出基本真理，然后就可以凭理性进行研究了. 此后自然界就不复存在，而只有数学了. 他对天文学的态度最明显地表现了这种思想：日月星辰的运行诚然美妙无比. 但仅仅对这些运动做些观察和解释远不是真正的天文学. 要知道真正的天文学，必须先"把天放在一边"，因为真正的天文学是研究数学天空里的真星运动. 这种理论天文学只能为心智所领悟，而不能为肉眼所观察——只能赏心，而不能悦目！

柏拉图认为，数学世界处于感觉的世界和真知的世界之间. 它有双重作用. 数学世界不仅是真实世界的一部分，而且能帮助心灵去认识永恒. 柏拉图在《共和国》第七篇中说："几何会把灵魂引向真理，产生哲学精神……"

亚里士多德是柏拉图的学生，他批判了柏拉图. 他的名言是：吾爱吾师，吾尤爱真理. 他相信物质的东西是实在的主体和源泉. 他是物理学家，主张科学只有研究具体的世界才能获得真理. 他用"常识"的观点代替"理想"的观点. 亚里士多德这样表述：

知识是感觉的结果："如果我们不能感觉任何事情，我们将不能学会或弄懂任何事情；无论我们何时何地思考什么事情，我们的头脑必然是在同一时间使用着那件事情的概念."

自然的世界是一个真实的世界.

感觉和感官经验是科学知识的基础.

亚里士多德认为,不能把"数"看成一种独立于感性事物的真实存在.数学对象只是一种抽象的存在,是人类抽象思维的结果,是我们思想上将它们分离开来进行研究的.

那么,数学摆在什么地位呢?亚里士多德认为,物理科学是研究自然的基本科学,数学是它的工具,帮助物理描述形状和数量方面的性质.他把物理和数学严格地区分开来,给数学以较低的地位.

总之,柏拉图以智慧开路,亚里士多德以对自然的观察开路.柏拉图的领悟是数学式的,摆脱与自然事物的关系,用概念处理问题.亚里士多德的领悟是科学的,建立在知觉、观察和调查的基础上.这两类重要的思想家发展了对世界求知的途径,直到今天同样重要.

3. 柏拉图、亚里士多德与西方文化

柏拉图主张,存在着一个物质世界——地球及其上的万物,通过感官我们能够感觉到这个世界.同时,还存在着一个精神的世界,一个像真、美、正义、善、智慧等的非尘世的理念世界.要想超凡入圣,从物质世界的知识上升到理念世界,人们必须思学兼备,日耕不辍.数学是完成这一目标的理想方法.一方面,数学属于感觉世界,数学知识与地球上的实体有关,它本身是物质性质的一种表示.另一方面,从理念论的角度去考虑,数学的确与它考虑的实体有区别,因为在进行论证时,物质的含义必须剔除,例如,几何学上的点,只有位置,没有大小.数学思维使心灵抛弃对可感知和易失的事物的思考,而转向对永恒事物的沉思.数学就净化了人的心灵,达到了对真、善、美的理解.

柏拉图的理念说对基督教的发展有着极其巨大的影响.早期的基督教思想家使用一个世界在另一个世界之外的概念——理想世界给予我们现实世界以价值和意义——用于发展基督教关于天堂世界的概念.柏拉图对灵魂的肯定,对肉体的漠视,把物质看成低劣的东西,曾是基督教对基督教徒进行重要的思想训练的理论依据,并贯穿于基督教的整个历史.

柏拉图这种理念论也深深地影响了西方的文学.法国著名作家雨果在《克伦威尔》序言中说:

"生命有两种,一种是暂时的,一种是不朽的,一种是尘世的,一种是天国的……就像两条曲线的公切点."

著名文艺理论家泰纳(H. A. Taine, 1828—1893)在《英国文学史》序言中说:

"当你用你的眼睛去观察一个看得见的人的时候,你在寻找什么呢?你是在寻找那个

看不见的人.你所听到的谈话,你所看见的各种行动和事实,例如他的姿势、他的头部的转动、他所穿的衣服,都只是一些外表;在它们的下面还出现某种东西……一个隐藏在外部人的下面的内部的人."

亚里士多德相信"不动的推动者"的存在,它遥远而不变,是它把变化转嫁给世界.世间万物的变化,亚里士多德强调,产生于对"不动的推动者"完美特性的热爱和欲望.基督教会把亚里士多德"不动的推动者"引申为基督教的上帝.若干世纪后,亚里士多德的哲学被当做中世纪神学的奠基石.

§3 古代希腊的天文学

古希腊的天文学是数学的一个分支.

1. 早期的地心说

埃及人和巴比伦人对天空做了周密的观察和记录,积累了许多有用的资料.但他们仅仅是观察者,而超越观察事实,寻求统一的天体运动理论,揭示出现象背后的模式,完全是另一回事.这一步是由希腊人迈出的,这的确是一大进步.毕达哥拉斯已经认识到大地是球形的.柏拉图认为,只有通过数学才能理解现实的世界.

天体现象是壮丽的、迷人的,也是难解的.为什么会出现日食和月食?天空中绝大部分星星是由东往西运行,但也有些"漫游者"由西向东运行,有时会暂停,又由东向西后退一小段距离,又暂停,最后又开始向东运行.这些问题提到了古希腊科学家的面前.

柏拉图向他的学院提出这样的问题:设计一套数学系统,使之既适合行星所有系统的运动,同时也能解释所观察到的不规则的运动.

对柏拉图的问题给出解答的是他的学生欧多克苏斯(Eudoxus,约公元前408—前355).欧多克苏斯的学说是地心说.地球位于宇宙的中心,太阳、月亮和恒星绕地球运动.这个学说虽然粗糙,但却是历史上第一个重要的天文理论.这个理论建立了自然界的数学秩序(图2-2).

公元前4世纪中期,赫拉克利戴斯(Heraclides,公元前388—前315)提出两个具有革命性的建议.其一,他认为地球在运动.他说,看起来天体似乎每天在旋转,其实是错觉;事实上,地球在运动,每24小时围绕其旋转轴自旋一周.另一个建议影响更为深远.欧多克苏斯的同心球不能解释观测到的天体大小和亮度的变化.赫拉克利戴斯指出了另一条路.他提议,金星和水星做以太阳为中心的圆周运动.如果把这一"日心"与太阳自身绕地球的圆形路线结合起来,金星和水星离地球的距离将明显变化,亮度也将明显变化.

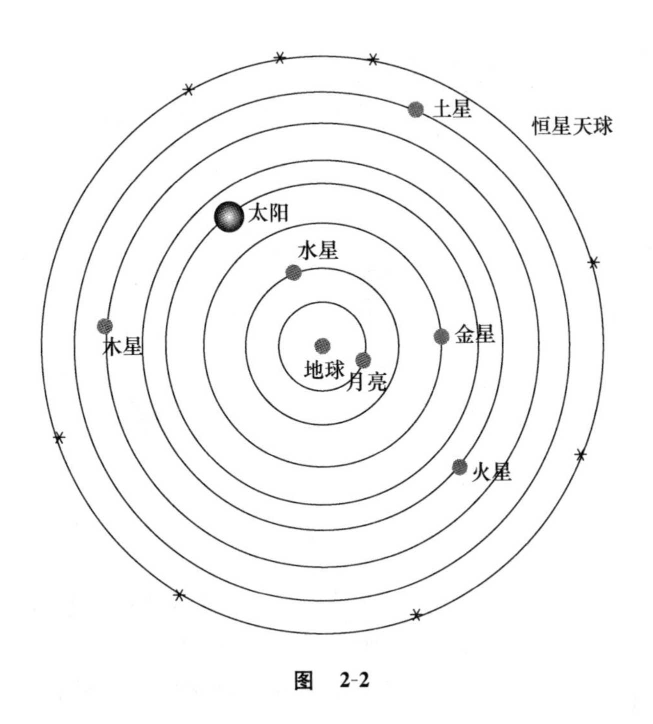

图 2-2

2. 日心说的提出

希腊化时期的杰出贡献是由阿里斯塔克(Aristarchus,公元前 310—前 230 年左右)提出的日心说. 这个学说对于他的时代来说,太超前了,因而获得很少的支持. 阿里斯塔克还是第一个计算太阳和月亮大小的人. 通过问"多远"、"多大",他迈出了测量宇宙的第一步.

3. 第一次科学大综合

希腊天文学在黑帕库斯(Hipparchus,公元前 125 年去世)和托勒密(C. Ptolemy,公元前 168 年去世)的工作中达到了顶峰.

黑帕库斯注意到,欧多克苏斯的方案不能解释许多观察事实. 为替代欧多克苏斯的方案,黑帕库斯假定,一行星 P 沿着一个圆的圆周以恒定的速度运动,这个圆称为**本轮**,而本轮的中心 Q 沿着以地球为中心的另一个圆周以恒定的速度运动,这个圆周叫做**均轮**(图2-3). 适当选取两个圆的半径以及 Q 和 P 的速度,就能得到许多行星的准确描述.

在有些天体的情形中,有必要用三或四个圆,其中一个沿着另一个运转.

托勒密对黑帕库斯理论做了更精密的处理. 这个理论在定量方面非常准确,以致人们

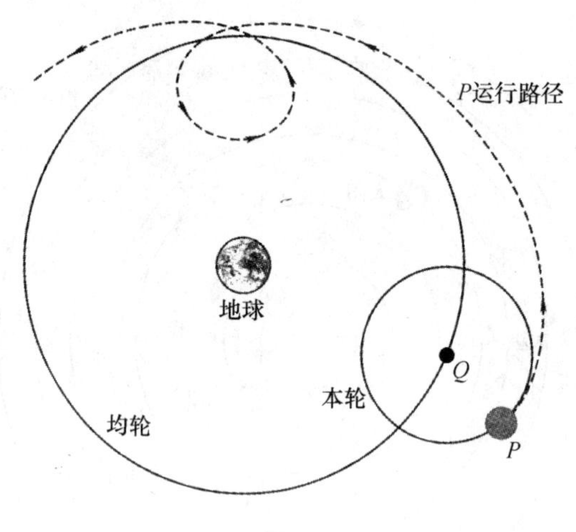

图　2-3

把它当做绝对真理.他的主要著作是《天文学大全》,后来采用阿拉伯语的简称,称为《至大论》.这本书主导了欧洲天文学长达一千四百年之久.

这个理论是希腊人对柏拉图将天体现象理论化问题做出的最后答案.它是第一次真正伟大的科学综合.

托勒密充分认识到他的理论只是一种符合观察资料的方便的数学描述,不一定是大自然的真实设计.他的一条原则:在解释现象的时候,采用一种能够把各种事实统一起来的最简单的假说,乃是一条正路.这条原则后来却成为用来反对托勒密的地心说的主要武器.

然而,托勒密的数学模型被基督教世界接受为真理.

对中世纪来说,人在任何意义上都是宇宙的中心,进而理所当然地认为,人所栖息的地球处于天文学王国的中心.

托勒密用均轮和本轮来解释月球和行星的运动.他前后用了77个圆,这就是一层又一层的大小不同的圆,每一个圆在另一个圆上滚动.托勒密使一切都荒芜了,因为它在细节上都剪裁得与每一个行星观测到的运动相符,无法用观测来推倒它.

§4　从经验数学到演绎数学

1. 经验数学

数学是从观察、实验和归纳的方法走向演绎数学的.数学按照演绎方法进行组织,首先出现在几何学中. 欧几里得(Euclid,约公元前 330—前 275)的《几何原本》是演绎法的第一个里程碑. 相对来说,算术的公理化就晚得多了,到 19 世纪末,才有皮亚诺的关于自然数的五条公理出现,比几何学的演绎化晚了两千二百多年.

几何学是如何从经验几何学演变为演绎几何学的呢?

经验几何学的诞生与人类的生产实践活动密切相关,西方的几何学起源于埃及和巴比伦. 希腊的欧几里得评论家普罗克洛斯(Proclus, 410—485)这样说:"依据很多的实证,几何学是埃及人创造的且发生于土地测量. 由于尼罗河泛滥,经常冲毁界线,测量就变成必要的工作. 无可置疑,这类科学和其他科学一样,都发生于人类的需要. 发生起来的任何知识总是从不完全走向完全. 它起源于感性,并逐渐变成我们研究的对象,最后成为理性的财富."

最近的研究表明,巴比伦人的几何学绝不亚于埃及人.

在经验几何阶段,人们对现实空间的各种物体的形状、性质以及它们之间的相互关系进行观察和实验,逐渐确立了空间的一些基本概念和基本性质. 经验几何学主要有三方面的成就:

(1) 建立了几何学的最基本的概念,其中包括长度、角度、面积、体积等;

(2) 找到了几何学中最基本的计算公式,如面积公式,体积公式. 有些公式还相当复杂,如棱台体积的计算公式、弓形面积的计算公式等;

(3) 发现了几何对象的一些本质联系,如圆的周长与直径的比是常数,即圆周率. 发现了几何学最基本的定理——勾股定理.

这些都成为演绎几何学中用来论证、研究其他的空间性质和解决不同的几何问题的基础. 需要进一步解决的问题是:

(1) 形成证明的思想;

(2) 借助逻辑,将零散的知识整理成严密的体系.

从方法论的角度去看,经验几何学是从直觉和直观出发,通过观察、实验、归纳和分析,发现几何问题,提炼几何思想,从而发现事物内在的本质和联系. 这种治学方法在几何学发展的不同阶段上都起着重要的作用. 即使在今天,它依然是科学研究中不可缺少的法宝.

2. 希腊人对数学思想的贡献

希腊人对数学思想的主要贡献是什么呢? 主要有两条:

(1) 将数和形抽象化;

(2) 建立数学的演绎体系.

数和形的抽象化 希腊人对数学的第一个卓越贡献是,将数和形抽象化. 他们为什么这样做呢? 显然,思考抽象事物比具体事物困难得多,但有一个最大的优点——获得了一般性.一个抽象的三角形定理,适用于建筑,也适用于大地测量.抽象概念是永恒的、完美的和普适的,而物质实体却是短暂的、不完善的和个别的.

关于演绎体系　希腊人确乎认识到知识有加以演绎整理的需要.科学的任务就是发现自然界的结构,并把它在演绎系统里表示出来.柏拉图是第一个把严密推理法则加以系统化的人,而通常认为他的门人按逻辑次序整理了定理.亚里士多德是人类历史上第一个伟大的逻辑家.他的《逻辑学》对后世产生了深远影响.特别地,对欧几里得的《几何原本》的诞生起了奠基的作用.

采用彻底的演绎法是数学与其他科学的分水岭,是数学惊人力量的源泉.科学需要利用实验和归纳得出结论,但科学中的结论经常需要纠正,甚至会全盘否定.而数学结论数千年都成立.例如,勾股定理已有两千多年的历史,它有一点陈旧感吗?

3. 演绎几何的诞生

公元前7世纪,几何学从埃及传到了希腊.在希腊人手里,几何学发生了质的变化.柏拉图说:"无论我们希腊人接受什么东西,我们都要将其改善,并使之完美无缺."他们是这么说的,也是这么做的.他们逐步由观察、实验和归纳推进到演绎推理,把几何学的研究推到了高度系统化和理论化的境界,使得人们对于空间的认识和理解在深度上和广度上都大大前进了一步.古希腊的演绎几何学是整个人类文明发展史上最辉煌的一页,是全人类文明遗产中妙用无穷的瑰宝.

演绎几何学的建立不是一下子完成的,大约经历了三百多年的时间,中间有许多杰出的数学家和哲学家做了大量艰巨的工作,最后才有欧几里得的《几何原本》的出现.

古希腊第一个哲学家和数学家是米利都的泰勒斯(Thales,约公元前624—前547),被他的同时代人尊为"希腊七贤"之一.他曾到埃及旅游,并把埃及的数学知识传到希腊.通过波斯,他也受到印度数学思想的影响.泰勒斯向几何学的系统化迈出了第一步.他是第一个在"知其然"的同时提出"知其所以然"的学者,而被公认为论证数学之父.他极力主张,对几何学的陈述不能凭直觉上的貌似合理就予以接受,相反,必须要经过严密的逻辑证明.他对几何学作出了巨大贡献,他的主要贡献是,第一个证明了下列的几何性质:

(1) 一个圆被它的一个直径所平分;

(2) 三角形内角和等于两直角之和;

(3) 等腰三角形的两个底角相等;

(4) 半圆上的圆周角是直角;

(5) 对顶角相等;

(6) 全等三角形的角-边-角定理.

这些定理,埃及人和巴比伦人都已经知道.泰勒斯不是第一个发现这些定理的人,而是第一个证明这些定理的人.这为建立几何学的演绎体系迈出了可贵的第一步,在数学史上这是一个非同寻常的飞跃.这就是前希腊数学与希腊数学的本质区别.

这样,演绎数学就在希腊诞生了.

接着是毕达哥拉斯学派的贡献.毕达哥拉斯生活在约公元前580至公元前500年期间.据信他曾就学于泰勒斯,接过学术的火炬,他在意大利南部希腊居留地克洛吞成立了自己的学派.数学研究的抽象概念归功于毕达哥拉斯学派,他们把数学变成了一门高尚的艺术.按照普罗克洛斯的说法,只有毕达哥拉斯学派"才赋予几何学以现代的品质,这是由于毕达哥拉斯以高的观点观察了几何学的原理,并且用更理性的而非物质的方式研究了他的定理".下面的发现属于毕达哥拉斯学派:

(1) 把平面分成正多边形(正三角形、正方形、正六边形)的分割法;

(2) 二次方程的几何解法(面积的应用);

(3) 与已知多边形等积,与另一多边形相似的多边形的作法;

(4) 不可通约的线段的存在;

(5) 五种正多面体的存在;

(6) 毕达哥拉斯定理,即勾股定理;

(7) 圆和球的极值性.

最后一个问题是等周问题的萌芽,是现代变分法的萌芽.

下一个关键学派是柏拉图学派.柏拉图学派的思想对欧几里得产生过深刻的影响,欧几里得早年可能就是这个学派的成员.公元前387年左右,柏拉图在雅典创办哲学学园,在这个学园里数学受到特殊的尊敬.他主张通过几何学培养逻辑推理能力,在他的学园的大门口写着"不懂几何者请勿入内".他对几何学的贡献,主要不在于具体内容,而在于他推动了几何学体系的建立.数学史家希别尔克说:"首先可以肯定地说,为使初等数学的系统建设具有精密性和逻辑完善性,他(柏拉图)的逻辑教学有了很大帮助,而这两种性质始终成为数学的特色.此外,从一些定义和几个前提毫无缺陷地展开任何系统,这无疑是归功于柏拉图的."

欧几里得

柏拉图的门徒亚里士多德是形式逻辑的奠基者.他的逻辑思想为日后整理几何学体系创造了必要的条件.

这样一来,从公元前7世纪到公元前3世纪,希腊几何学积累了丰富的材料,公理化的思想渐臻成熟,形成一个严密化的几何学结构已是呼之欲出了.

欧几里得的《几何原本》的出现是数学史上的一个伟大的里程碑.从它刚问世起,就受到人们的高度重视.在西方世界,除了《圣经》以外没有其他著作的作用、研究、印行之广泛能与《几何原本》相比.自 1482 年第一个印刷本出版以后,至今已有一千多种版本.它的内容和形式对于几何学本身以及数学逻辑基础的发展都产生了巨大影响.

经验几何学的研究方法与演绎几何学的研究方法相互配合推动了几何学的发展.

§5　演绎数学

欧氏几何是演绎数学的开始.演绎方法是组织数学的最好方法,它可以极大程度地消除我们认识上的不清和错误.如果有怀疑的地方,都可回归到基础概念和公理.德国学者赫尔姆霍斯说:“人类各种知识中,没有哪一种知识发展到了几何学这样完善的地步……没有哪一种知识像几何学一样受到这样少的批评和怀疑.”

1. 演绎法的结构

演绎法的主要优点是结构简单.演绎体系的构建归结为:

(1) 基本概念的列举;

(2) 定义的叙述;

(3) 公理的叙述;

(4) 定理的叙述;

(5) 定理的证明.

关于定义　对定义我们做如下的说明.在建立定义的时候,我们常用一个概念去定义另一个概念.显然,这个定义的办法不可能无限追求下去,我们总得从某些东西开始.所以,每一个演绎体系必须以一些基本概念为基础,这些基本概念本身不给定义,而通过它们去定义所有其余的概念.在几何学里,下列概念是基本的:点、直线、平面、属于、介于、运动等.

关于公理和定理　它们与定义有别,定义仅仅解释所使用的概念的意义,而公理和定理则是一些判断.

一切判断的基本性质是,它们或者正确,或者错误.尽管公理和定理一样都是判断,但是它们在演绎体系中占有不同的地位:

一切定理归根到底都是从公理引申出来的,公理则是不加证明的判断.

关于证明　这是演绎体系的最后组成部分.

一个定理要从它前面已有的定理推出来,而这些定理本身又要依赖于更前面的定理.

这样，与叙述的顺序相反，依次去检查每一个演绎体系，即从最后和最复杂的定理转向最前和最简单的定理，它们的证明是直接从公理得到的. 由此可见，每一个演绎体系必须从公理，即从不加证明的假定开始.

这就告诉我们，任何一个数学体系都是通过证明而黏合在一起的. 不了解这种证明就无法了解这体系的本质. 学生对逻辑体系概念的形成正是从学习证明开始的.

2. 演绎推理的地位

古希腊的哲学家和数学家最先注意到演绎推理在数学中的重要地位.

演绎方法在数学中的使用是数学科学诞生的标志.

演绎方法的主要优点是什么呢?

(1) 演绎方法能使人们克服技术、仪器等手段的局限性，而进行科学推理和研究. 例如，要测量一棵树的高度，我们不必爬到树梢. 演绎法能使我们测量那些身不能及的地方.

(2) 演绎方法保证了其内在推理的逻辑可靠性，从而保证了数学理论的正确性. 这就使得数学成为古代为数不多的真正具有科学性的学科.

(3) 演绎方法能使我们从有限的、从观察和实验得来的知识推论出未知的、无限的知识.

(4) 演绎方法是组织科学理论的最好方法.

演绎方法带给数学以理性的思维，使得理性思维在数学中占据了主导地位. 希腊数学文化的理性化又影响了希腊人在其他科学领域的研究方式，最终在希腊文化中深深地植下了理性的根基. 这对以后的整个人类文明带来巨大影响.

具体到数学本身，演绎方法的重要性还有如下几条：

(1) 确定一个命题的真或伪，真命题称为定理.

(2) 所有的数学理论都是用演绎推理组织起来的. 每一个数学理论都是一个演绎体系. 演绎方法就是公理化方法，希尔伯特(D. Hilbert，1863—1943)对它很推崇，他在 1918 年说：

“通过探寻公理的每一更深的层次……我们可以洞悉科学思想的精髓，获得知识的统一，特别是借助公理化方法，数学应该在所有认识中起到主导作用.”

(3) 通过演绎体系，我们可以了解一个定理在理论中的地位. 例如，算术基本定理是算术的基石，代数基本定理是代数的基石，微积分基本定理是微积分的基石. 而该学科的其他定理也具有相应的地位.

(4) 通过证明可以了解定理的实质，以及它和其他定理的关系.

但我们还需要提醒读者，不要把演绎法估计太高. 在人类认识自然的过程中，演绎法只有和归纳法交互使用才能发生效果.

3. 合情推理与论证推理

合情推理是这样一种推理，它在观察和试验的基础上进行综合和归纳，依靠的是直觉、猜想和推测.事实上，我们所有的知识都是由一些猜想构成的.合情推理用于扩大我们的数学知识.

论证推理就是数学上的证明.我们借助论证推理来肯定我们的数学知识.

两种推理的差别是：论证推理是可靠的、无可置辩的和终决的，而合情推理是冒风险的、有争议的和暂时的.论证推理有严格的标准，必须遵从逻辑规则，而合情推理的标准是不固定的.

§6　希腊数学的重要成果

《几何原本》之外，希腊数学还有哪些重要成果呢？

1. 毕达哥拉斯学派发现无理数

在数的概念的发展史上，毕达哥拉斯学派的最大成就是发现了“无理数”.毕达哥拉斯学派的学者们直觉地认为，任何两个线段一定有一个公共度量.也就是说，给定任何两个线段，一定能找到第三个线段，也许很短，使得给定的线段都是这个线段的整数倍.事实上，即使现代人也会这样认为.由此可以得到结论，任何两个线段的比都是整数比，或者说，是有理数.我们可以想象，当毕达哥拉斯学派发现存在某些线段的比不是有理数时，他们的心里会引起多么大的震动.这就爆发了**第一次数学危机**.据说，无理数的发现者是毕达哥拉斯学派的希帕苏斯(Hippasus，公元前5世纪).数学基础的第一次危机是数学史上的一个里程碑.它的产生和克服都有重要的意义.

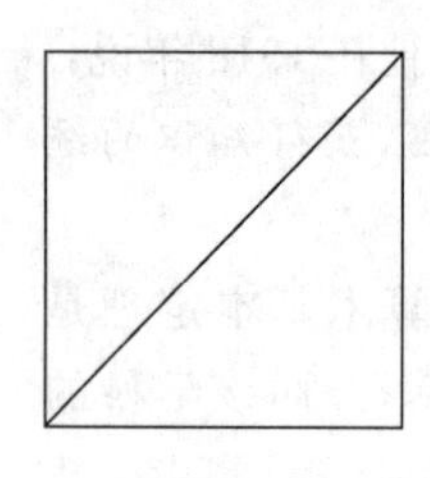

图　2-4

事实上，正方形的对角线与它的一边的比就不是有理数(图2-4).由勾股定理，这个比是$\sqrt{2}$.我们来证明$\sqrt{2}$是无理数.

定理　$\sqrt{2}$是无理数.

在证明定理之前，我们首先指出这样一个简单事实：偶数的平方是偶数，奇数的平方是奇数.事实上，设p是一个偶数，即有

$$p=2m \quad (m\text{ 是整数}),$$

则

$$p^2=4m^2$$

仍是偶数，即能被2除尽.设q是一个奇数，即有

$$q=2m+1 \quad (m\text{ 是整数}),$$

则
$$q^2=(2m+1)^2=4m^2+4m+1$$
仍是奇数,即不能被 2 除尽.这样一来,我们可以断言,若 p^2 是偶数,则 p 一定是偶数.

定理的证明 今用反证法证明,即假定定理的结论不成立,从而引出一个矛盾.

假设$\sqrt{2}$ 不是无理数,而是有理数,即$\sqrt{2}=\dfrac{p}{q}$,其中 p 和 q 没有公因数.这样一来,p,q 不会同时是偶数,不妨设 q 是奇数,于是

$$p=\sqrt{2}q,$$

平方得
$$p^2=2q.$$
因为 p^2 是一个整数的两倍,所以 p^2 必是偶数,从而 p 也是偶数.设 $p=2r$,这时上式变为
$$4r^2=2q^2, \quad \text{即} \quad q^2=2r^2.$$
这样一来,q^2 是偶数,从而 q 也是偶数,这与 q 是奇数的假定相矛盾.假设$\sqrt{2}$ 是有理数导致了矛盾,因此必须放弃这个假设.定理证毕.

希腊人第一次认真考虑了无理数,而无理数的定义要等到 19 世纪末才给出.

对反证法的评论 这个证明可以在欧几里得的《几何原本》中找到,实际上远在欧几里得之前就已经有了.这是间接证明的一个最经典的例子.反证法也称为归谬法.著名的英国数学家哈代(G. H. Hardy, 1877—1947)对于这种证明方法做过一个很有意思的评论.在棋类比赛中,经常采用一种策略是"弃子取势"——牺牲一些棋子以换取优势.哈代指出,归谬法是远比任何棋术更为高超的一种策略;棋手可以牺牲的是几个棋子,而数学家可以牺牲的却是整个一盘棋.归谬法就是作为一种可以想象的最了不起的策略而产生的.但是,现代直觉主义者却反对间接证明.他们认为,从间接证明中只能得到矛盾,别的什么也得不到.

2. 正多边形作图

用直尺与圆规可以作哪些正多边形,这是欧氏几何的一个重要问题.正多边形是这样一种多边形,它的顶点等距离地位于一个圆周上.如果它有 n 个顶点,就称它是正 n 边形.从顶点到圆心的 n 条连线构成 n 个中心角,每个角为 $\dfrac{360^\circ}{n}$.如果能作出这样大小的一个角,就能作出这个正 n 边形.古希腊会作哪些正多边形呢?

(1) 用直尺和圆规可等分一个任意角.通过平分 180°角,可作出正四边形.进而作出正 2^n 边形,$n=3,4,\cdots$;

(2) 会作正三角形,从而会作正 $3\cdot 2^n$ 边形,$n=1,2,3,\cdots$;

(3) 会作正五边形,从而会作正 $5\cdot 2^n$ 边形,$n=1,2,3,\cdots$.

希腊人还会作正十五边形.因为,会作正三角形就会作 60°角,会作正五边形就会作 72°角,它的一半是 36°角,而

$$60^\circ\times2-36^\circ\times3=12^\circ=\frac{360^\circ}{30},$$

这是正三十边形的中心角.因而正三十边形可作.从而正十五边形就作出了.

因为二等分一个角是容易的,所以只需研究奇数就行了.希腊人可以作的奇数边正多边形是正三边形,正五边形和正十五边形,直到高斯的出现才有了新的进展.高斯给出了正十七边形的作图.

3. 圆锥曲线

欧几里得、阿基米德(Archimedes,约公元前 287—前 212)和阿波罗尼(Apollonius,公元前 262—前 190)是公元前 3 世纪的三位数学巨人.阿波罗尼比阿基米德约小 25 岁,大约于公元前 262 年生于小亚细亚的城市珀加.年轻时到亚历山大城,从师于欧几里得.嗣后,他卜居于亚历山大城,并与当地的数学家们合作研究.在解决三大难题的过程中希腊人发现了圆锥曲线.阿波罗尼总其大成,写了《圆锥曲线论》.这是古希腊演绎几何的最高成就.他除了综合前人的成就之外,还含有非常独特的创见材料,而且写得巧妙、灵活,组织得很出色.按成就来说,它是一个如此巍然屹立的丰碑,以致后代学者几乎不能再对这个问题有新的发言权.这确实是古典希腊几何的登峰造极之作.

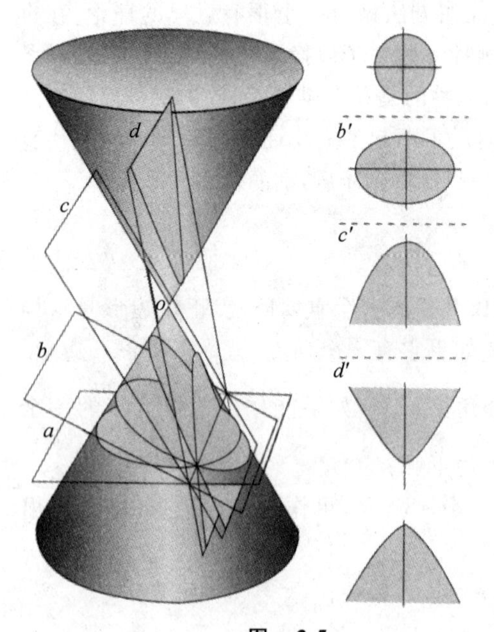

图　2-5

阿波罗尼以前的数学家曾把圆锥曲线看成是从三种正圆锥割出的曲线.或许他们另有追求.但阿波罗尼是第一个依据同一个圆锥的(正的或斜的)截面来研究圆锥曲线理论的人(图 2-5).他也是发现双曲线有两个分支的人."ellipse"(椭圆)、"parabola"(抛物线)和"hyperbola"(双曲线)这些名词也都是阿波罗尼提出来的.

圆锥曲线的发现为千年后伽利略(G. Galilei, 1564—1642)对抛物体的研究和开普勒(J. Kepler, 1571—1630)的天体研究奠定了基础.

4. 阿基米德的数学成就

阿基米德大约于公元前 287 年出生在西西里岛的叙拉古，叙拉古是当时希腊的一个殖民城市. 公元前 212 年罗马人攻陷叙拉古时，阿基米德被害. 城被攻破时，他正在潜心研究画在沙盘上的图形. 一个刚攻进城的罗马士兵向他跑来，身影落在沙盘里的图形上，他挥手让士兵离开，以免弄乱了他的图形，结果那士兵就用长矛把他刺死了. 阿基米德的死象征一个时代的结束，代之而起的是罗马文明.

阿基米德的著作极为丰富，但大多类似于当今杂志上的论文，写得完整、简练. 有十部著作流传至今，有迹象表明他的另一些著作失传了. 现存的这些著作都是杰作，计算技巧高超，证明严格，并表现了高度的创造性. 在这些著作中，他对数学作出的最引人注目的贡献是，**积分方法的早期发展**.

阿基米德的著作涉及数学、力学和天文学等，其中流传于世的有：《圆的度量》，《论球和圆柱》，《论板的平衡》，《论劈锥曲面体和球体》，《论浮体》，《数砂数》，《牛群问题》，《抛物线的求积》，《螺线》，《方法》等.

阿基米德的著作是希腊数学的顶峰.

阿基米德

5. 三角术的创立

亚历山大时期在希腊的定量几何学中产生了一门全新的学科，就是三角术. 这是由于人们想建立定量的天文学的需要而产生的. 其主要奠基人是黑帕库斯、梅内劳斯(Menelaus)和托勒密. 他们的三角术是球面三角，但也包含了平面三角的基本内容. 黑帕库斯生于小亚细亚，活跃于公元前 140 年前后. 他的许多重要著作已经失传，他编制的第一个“正弦表”，被托勒密记录了下来. 约公元 100 年，住在亚历山大的梅内劳斯写过一部三卷的重要著作《球面学》，这部著作在三角学的发展上起了重要的作用. 在大约公元 150 年前后，托勒密继承和发展了黑帕库斯和梅内劳斯在三角学和天文学方面的工作，写出了具有深远影响的著作《数学汇编》. 他完成了系统的三角学，第一次系统地编制了可用的三角函数表. 三角函数表的编制是数学史上的一大里程碑，因为没有三角函数表，实用三角学是不会取得重大进展的.

§7　留给后人的难题

1. 关于无理数

无理数的发现使毕达哥拉斯学派感到惊讶和困惑，因为这对于一切依靠整数的毕氏哲学是一次致命的打击，并且摧毁了他们几何学的基础. 这个发现触及空间连续性这个重要的本质，是人类第一次尝试理解什么是数，使得希腊数学发生了一次大转折. 这之前，他们把数同几何等同起来；这之后，几何学占了主导地位.

其实，不可公度的存在，并没有全面否定毕达哥拉斯学派的几何学基础. 它只是说，需要补证不可公度的情形.

希腊数学家大约经过了半个多世纪的努力，才促使欧多克苏斯开创了影响深远的逼近法.

欧多克苏斯逼近原理　设 a,b 不可公度，那么对任何给定的正整数 n，恒有正整数 m，使得

$$\frac{m}{n}<\frac{a}{b}<\frac{m+1}{n}.$$

这告诉人们，对无理数，我们可以用任意高的精确度去逼近，即对任何给定的正整数 n，其逼近的误差不超过 $\frac{1}{n}$. 欧多克苏斯借助逼近原理重建了几何学基础. 欧多克苏斯的方法出现在欧几里得的《几何原本》中，它与 1872 年戴德金给出的无理数的现代解释基本一致.

2. 几何作图三大问题

古希腊人在几何学上提出著名的三大作图问题，它们是：

(1) 三等分任意角；

(2) 化圆为方——求作一正方形，使其面积等于一已知圆的面积；

(3) 立方倍积——求作一立方体，使其体积是已知立方体体积的两倍.

解决这三个问题的限制是，只许使用没有刻度的直尺和圆规，并在有限次内完成. 希腊人强调，几何作图只能用直尺和圆规，其理由是：

(1) 希腊几何的基本精神是，从极少数的基本假定——定义、公理、公设——出发，推导出尽可能多的命题. 对作图工具也相应地限制到不能再少的程度.

(2) 受柏拉图哲学思想的深刻影响.柏拉图特别重视数学在智力训练方面的作用,他主张通过几何学习达到训练逻辑思维的目的,因此对工具必须进行限制,正像体育竞赛对运动器械有限制一样.

(3) 毕达哥拉斯学派认为圆是最完美的平面图形,圆和直线是几何学最基本的研究对象,因此规定只使用直尺和圆规这两种工具.

两千多年来,三大几何难题引起了许多数学家的兴趣,对它们的深入研究不但给予希腊几何学以巨大影响,而且引出了大量的新发现.例如,许多二次曲线、三次曲线以及几种超越曲线的发现,后来又有关于有理数域、代数数与超越数、群论等的发展.在化圆为方的研究中几乎从一开始就促进了穷竭法的发展,而穷竭法正是微积分的先导.

第3章 现代科学的发端

牛顿及其同时代人所取得的伟大成就，推动了人们对世界广泛的理性探索，这一探索包括社会、人类、世界的每一种生活方式、习俗.这一时期为后代留下了范围极广的、包罗万象的规律.它还使我们的文明进入了追求真正的全知全能的时代，激发了把思想组织为建立在数学模式上的系统的愿望，而且使人们对数学和科学的力量深信不疑.17 世纪和 18 世纪数学创造最伟大的历史意义是：它们为几乎渗透到所有文化分支中的理性精神注入了活力.

M.克莱因

数学的本质不在于它的对象，而在于它的方法.

莱布尼茨

§1 科学方法

现在我们在时间上做了一次跳跃，跨越两千年，从古希腊直接走向了近代.近代科学开始于 17 世纪，这是人类历史的一个重大分水岭.卢梭说："看一看人类是怎样通过自己的努力脱离了空虚之境；怎样以自己的理性光芒突破了自然蒙蔽着他的阴霾；怎样超越了自己的局限而驰骋于诸天的灵境；怎样像太阳一样以巨人的步伐遨游在广阔无垠的宇宙里——那真是一幕宏伟壮丽的景象."

近代世界与古代世界的区别几乎在每一点上都归结为科学.科学的四大传统主张是：

崇尚理性，追求真理，尊重客观，符合现实.

而科学的进步是以方法论为其开始的.修·高奇说得好："科学方法是通向科学成果和技术创新的关口."方法对近代科学革命而言，是一个中心的问题.那个时代的各种论著不是以方法论开始，就是以方法论结束.

在科学中有两种基本的思维方法：归纳与演绎.

1. 培根与归纳法

由特殊到一般的推理方法叫做**归纳法**. 归纳法是一种从个别到一般,从实验事实到理论概括的一种寻求真理的基本方法. 这是一种扩充性推理,它能从部分扩充到整体,从观察得到的现象扩充到观察不到的现象,创造性较强,可靠性较弱. 在人类历史上,最早把归纳法作为一种思维方式进行讨论的是苏格拉底(Socrates,公元前 469—前 399),但他讨论的是伦理问题,而非科学问题. 柏拉图从个别中发现一般,并形成了理念论. 亚里士多德对归纳法进行了比较系统的研究,并把它作为获得科学知识的基本方法. 培根是近代归纳法的创始人,是给科学研究程序进行逻辑组织化的先驱. 培根认为,以实验为主的归纳方法将为科学提供一种新的工具. 他对亚里士多德的归纳法作出三点批评:

弗兰西斯·培根

(1) 不进行系统的实验,杂乱无章地收集数据;

(2) 匆匆忙忙地普遍化,事后往往证明是不对的;

(3) 没有适当地注意反例.

培根的归纳法与亚里士多德的归纳法不同之处在于,亚里士多德的归纳法是**预期自然**,而培根的归纳法是**理解自然**. 理解的归纳法必须包含更多的实例,也就是,理论必须比最初从中归结出理论的事实范围更大、更广,而且新的事例必须加以验证. 培根的归纳法具有完整性和持久性. 因为他均衡地考虑到正、反两面的证据,所以他能最大限度地减少错误.

提出系统的科学实验,也是培根的功绩.

培根的另一个大贡献是,**把科学从宗教中分离出来**. 尤其重要的是,他认识到科学将增强人类战胜自然的力量,并将使人类对环境有更大的控制力. 他的名言是:

知识就是力量.

培根正确地看到,一个反例足可以否定一个归纳,而每一个肯定事例,只能加强归纳的结论. 在《新工具》一书中,他指出,反例是更有力的. 他早就认识到当代哲学家冯·莱特和卡尔·波普尔所阐述的原理:

自然或理论的定律不能证实,只能证伪.

他还预言,科学家们将组成社团和协会,以进行学术交流. 英国皇家协会的建立可以看成是为培根树立的伟大纪念碑.

培根认为他自己的作用是,新科学的传令官.他的目的是,号召其他人去研究新科学.他给普莱费尔的信中说:“我只把自己作为一个传令的铃,将其他人的才智一起动员起来.”

培根的一个明显不足是,他对数学在科学理论中的重要作用估计不足.他也低估了概念创新在科学发展中的作用.

人们通常认为,归纳法主要用于科学,如物理、化学等学科,在数学中主要用的是演绎法.这是一种偏见.事实上,数论、代数中的大部分定理都是通过归纳法得出的.例如,哥德巴赫猜想、素数定理、代数基本定理等.这就是为什么在代数中大量使用数学归纳法的原因.费马、高斯、欧拉等大数学家都大量使用归纳法去求得他们的结果.

2. 笛卡儿与演绎法

笛卡儿

由一般到特殊的推理方法叫做**演绎法**.欧几里得的《几何原本》是演绎法的第一个范本.笛卡儿是近代演绎法的始祖.培根寻求普遍规律的方法是一步一步前进的归纳法,从那些不那么普遍的关系开始,逐步向上攀登;而笛卡儿是从最高峰开始,借助演绎的程序,自上而下,尽量向下,力所能及地向下伸展.笛卡儿的演绎法具有特别的清晰性,对后世有重大影响.笛卡儿认为:“数学是一种知识工具,比任何其他的工具更有威力”,他希望从中发展出一些基本原理,使之能为所有领域得到精确知识并提供方法,或者,如笛卡儿说的,成为一种“万能数学”.也就是,他打算普及和推广数学家们使用的方法,以便使这些方法应用于所有的研究领域之中.这种方法将对所有的思想建立一个合理的、演绎的结构.经过精心的构思,他列出四条原则,如第一章§4所述,这四条原则是最先完整表达的近代科学的思想方法.

3. 归纳法与演绎法

对归纳法与演绎法作一比较,就会发现它们有三项不同:

第一,演绎论证的结论已经隐含在前提之中,而归纳论证的结论超出其前提所提供的范围.

第二,只要前提真,演绎论证的结论必真;而归纳论证,即使所有的前提为真,也不能保证结论为真,只能提高真的概率.

第三,演绎论证从给定模型的普遍原理出发去推出具体情况,而归纳论证的方向正相反,从具体实例出发去推导出一个模型.或者说,演绎论证是从理论到实际,而归纳论证是从实际到理论.

这两种方法是交互使用的.事实上,总是这样,从实际的数据到模型,再从模型到预期的数据;如果与预期数据不和,那就必须修改模型,再从新模型出发到预期数据,如此反复,直到得出满意的结果.

4. 伽利略的科学规划

牛顿曾说过:"**如果我比其他人看得远些,那是因为我站在巨人的肩上.**"这些巨人中最魁伟的就是伽利略和笛卡儿.现代数学所取得的巨大成就不仅归功于对数学不断增长的强调,而且归功于这两位17世纪超群的思想家所开创和追寻的方法.

万物皆数的思想后来中断了,直到两千年后,文艺复兴时代,这个思想才得以复活.伽利略和笛卡儿是首先举起理性旗帜的科学家,他们的工作成了现代科学的新起点.他们两人针对科学的基本性质,进行了革命化.他们选定了科学应该使用的概念,重新规定科学活动的目标,改变科学中的方法论.他们这样做,不仅使科学获得出乎意料和史无前例的力量,而且把数学和科学紧紧地结合了起来.其实质在于把理论科学归结为数学.

笛卡儿明确宣称:**科学的本质是数学**.他认为,物质的最基本和最可靠的性质是形状、延展和在时空中的运动.因为形状也只是延展,所以他断言:"给我延展和运动,我将把宇宙构造出来."

伽利略和笛卡儿一样,相信自然界是用数学设计的.1610年他写了一段著名的话:

哲学(自然)被写在这本永远敞开于我们眼前的巨大的书里——我的意思是宇宙.然而,如果我们不首先努力弄懂它的语言,认识书写它的文字,就理解不了它.它是用数学语言写成的,其文字是三角形、圆和其他几何图形.不通过它们,对人类来说,这本书连一句话也无法理解.没有它们,人们只会在黑暗的迷宫中徒劳地游荡.

这两位巨人强有力地恢复了毕达哥拉斯的"万物皆数也"的思想.

近代科学成功的秘诀在于科学活动选择了一个新目标,这个目标是伽利略提出的.希腊科学家曾致力于解释现象发生的原因,例如,亚里士多德曾花费大量时间去解释为什么空中的物体会落到地上.伽利略第一个认识到关

伽利略

于事物原因与结果的玄想不能增进科学知识，无助于人们找出揭示和控制自然的办法. 伽利略提出了一个科学规划，这个规划包含三个主要内容：

第一，找出物理现象的定量描述，即联系它们的数学公式（不管它为什么落，只管它如何落）；

第二，找出最基本的物理量，这些就是公式中的变量；

第三，在此基础上建立演绎科学.

规划的核心就是寻求描述自然现象的数学公式. 伽利略认为，科学必须寻求数学描述，而不是物理解释. 这一方法开创了科学的新纪元，加深与深化了数学的作用. 他的工作成为牛顿伟大工作的开端. 在这个思想的指导下，伽利略找出了自由落体下落的公式：

$$s=\frac{1}{2}gt^2.$$

他还找出了力学第一定律和第二定律. 所有这些成果和其他成果，伽利略都总结在《关于两门新科学的方法和数学证明》一书中，此书耗费了他三十多年的心血. 在这部著作中，伽利略开创了物理科学数学化的进程，建立了力学科学，设计和树立了近代科学思维模式. 对此，爱因斯坦评价道：

"伽利略的发现以及他所用的科学推理方法，是人类思想史上最伟大的成就之一，而且标志着物理学的真正开端."

伽利略被称为近代物理学之父，近代科学之父.

5. 三大要素

总结培根、笛卡儿和伽利略的基本思想，我们得出近代科学成功的三大要素：

(1) 借助系统的科学实验寻找因果关系；

(2) 将自然规律数量化；

(3) 建立严密的形式逻辑体系.

中国古代贤哲没有引出这三大要素，是中国科学落后在方法论上的原因.

§2 科学的数学化

1. 宇宙的和谐

文艺复兴时期，随着数学思想的复苏，伟大的科学革命便开始了. 在创立科学方面有四个不同凡响的伟人：哥白尼(N. Copernicus，1473—1543)、开普勒、伽利略和牛顿. 从哥白尼到牛顿的时代是观念巨变和科学突进的伟大时代，是科学的又一次大综合. 近代文明由此起步.

科学观点的第一次重大改变是哥白尼完成的.历史学家在论述科学的戏剧性变化时，涌现在他们心中的最初印象之一就是宇宙的静止中心从地球变为太阳的根本性转变.这一变化通常称为**哥白尼革命**.

哥白尼是数学家和天文学家.1543年，哥白尼去世，同年他的巨著《天体运行论》出版了.他写《天体运行论》始于1507年，但一直到1543年去世前才发表.他的肉体回归自然，他的精神却辉照人间.文艺复兴结出了第一批硕果.《天体运行论》的出版标志着自然科学开始从神学中解放出来.哥白尼的思想最终改变了人类对世界的看法.

哥白尼

但是，中世纪留给他的天文学遗产是托勒密的地心说.这个学说的弱点是，它的均轮和本轮的复杂性.可是在这个学说后面有两大支柱：一是千百万人的常识，一是教会的权威和支持.

哥白尼出生于波兰，在克拉科夫大学学习数学和科学，后来到意大利的博洛尼亚跟著名的毕达哥拉斯主义者诺瓦拉学习天文学.古希腊有两个思想对他有深刻影响：

(1) 自然界的根本规律在数学；

(2) 宇宙是一个和谐的整体.

同时他还深信一个源于古希腊的假说：行星绕着不动的太阳运动.这就促成了他的日心说.他的日心说大大简化了托勒密的学说，这使他深受鼓舞.哥白尼深信："自然界爱好简单性，而不爱好繁文缛节."通过日心说，哥白尼引入了一个真正的宇宙体系，为数学化宇宙找到了坐标原点.这是具有革命性意义的伟大事件.

2. 近代科学的黎明——哥白尼革命

哥白尼很清楚，他的学说与基督教教义格格不入，因而迟迟不能下决心出版自己的著作.后来在朋友的多方劝说下，直到他弥留之际，他的不朽著作《天体运行论》才终于问世.由于他冲破了中世纪的神学教条，彻底改变了人类的宇宙观，而引起了一场伟大的哥白尼革命.

关于这场革命，科学史家科恩(I. B. Cohen)这样评价：

"哥白尼发动了一场宇宙结构观念的革命，是一场思想革命，是一场人的宇宙和人与宇宙关系的观念转变.它不仅仅是一场科学革命，而且是一场人类的智力发展和人的价值系统的革命."

它是西方人知识发展的划时代的转折点.我们可以总结为以下三点：

(1) 它是天文学基本概念的变革；

(2) 它是人对自然的理解的根本变革；

(3) 它是西方人价值观变更的一部分.

这个理论在科学和人类思想方面开创了一个新方向.新理论抛弃了感官的证实.事物本身并非仅仅是其表象,感官可以使人误入歧途,理性才是可靠的指导.如果科学家不是通过哥白尼的第一个榜样接受了对理论的信赖,那么电子和原子理论的绝大部分内容,以及相对论就绝不会为人们所信服.

哥白尼的日心说大大地简化了天文学的理论和计算.当他纵览日心说带来的超常的数学简化时,他的满足感和热情是无限的.哥白尼在他的《天体运行论》中写道：

在所有天体的中心,太阳岿然不动.在这所最美丽的殿堂中,要把所有的天体都照亮,哪有比这更好的地方？有人称,它是世界之光；有人称,它是世界的灵魂；有人称,它是世界的统治者.诚然,这些都不能说不恰当……所以太阳就像坐在帝王的宝座上,统治着环绕它的星星家族.

但是他的理论仍不能完全符合观察事实,因为古希腊的另一个信条束缚着他——圆是世界上最完美的曲线,圆周运动是天体的自然运动.20世纪的科学史家考斯特勒(A. Koestler)这样评价道：

在思想史也许找不到另外的例子,像顽固执拗地迷信圆那样,这个错误困扰了天文学两个千年.

3. 哥白尼体系的真理性

1609年,当伽利略用刚发明的望远镜来观测夜空时,托勒密的地心说才宣告死亡.他发现月球像地球一样,是多岩的和高低起伏的.他发现木星有四个卫星,金星显示出周相.伽利略的发现,第一次向人们展示出天堂的面貌.当涉及金星的表观大小时,金星的相位证明了其轨道是围绕太阳的,而不是围绕地球的,因此托勒密是错误的.所有这些发现证明,地球是太阳系行星家族的一员.因此,伽利略立即宣布,他证明了**哥白尼体系的真理性**.

§3 天体力学的诞生

哥白尼理论的更大的价值是在哲学上,而非科学上,因为他一直坚信古希腊的神秘原则,即所有天体运动必须是圆周的和匀速的,这当然是不符合事实的.对哥白尼理论的决定性改造是五十年后由德国数学家、天文学家开普勒作出的.开普勒将奇妙的想象力、洋溢的热情、在获取观测资料时的无限耐心与对事实细节的极度服从结合起来.在获得了第谷·布拉赫(Tycho Brahe，1546—1601)的观察资料，并且自己也做了更多的观测后，开普勒提出了天体运动三定律. 前两个定律在1609年出版的《论火星的运动》中公布于世. 这就实现了天体力学从几何学向物理学的转变.

开普勒

1. 开普勒的三定律

开普勒力求用数学工具找出由太阳引力产生的行星的实际轨迹曲线. 他花了四年时间认真研究了火星的轨道. 他发现利用哥白尼提出的模型，火星的轨道与第谷的观测记录有8′角度的误差. 他没有把它作为观测误差而忽略过去，因为他知道，第谷的颇为精密的仪器记录的行星位置，其误差是远小于8′的. 他敏锐地觉察到，火星可能不是做匀速圆周运动. 束缚人们头脑两千年之久的柏拉图的"匀速圆周运动"第一次受到严肃的质疑. 这不容忽视的8′，使他走上了改革整个天文学的道路.

开普勒的才华和数学知识终于起了作用. 他想起古希腊阿波罗尼研究过的圆锥曲线——椭圆. 他发现如果火星的轨道不是正圆，而是椭圆，这8′的偏差正好消除. 开普勒迈出了关键的一步：火星的轨道是椭圆，不是正圆. 接着他又把这一认识推广到所有的行星. 在《天文学新论》中，他写道：

当它们不能被忽略时，仅这8′就能开辟一条引起天文学完全变革的道路，并且构成这一变革中大部分工作的核心.

这样，开普勒创立了椭圆轨道理论. 第一定律与一切传统决裂，在天文学中引进了椭圆.

第一定律(椭圆定律) 行星在椭圆轨道上绕太阳运动，太阳在此椭圆的一个焦点上(图3-1).

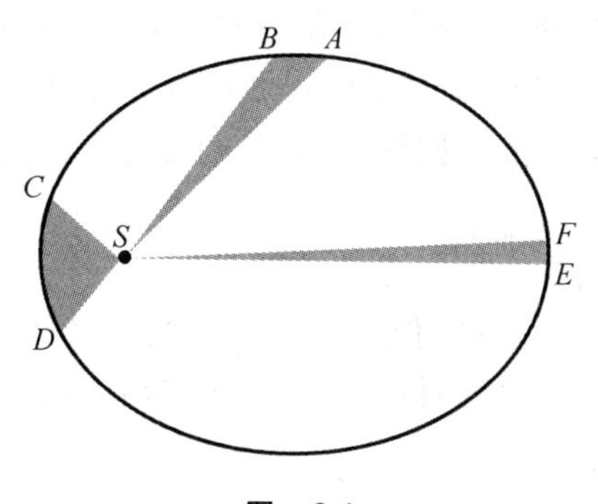

图 3-1

第一定律告诉我们行星遵循的路径，但没有告诉我们行星沿这条路径运动有多快.如果我们观察到行星在某时刻的位置，还是不知道它在下一时刻会在什么位置.古人曾猜测行星做匀速运动，但观察资料显示不是这样.那么行星按什么规律运行呢？开普勒的第二个发现是：

第二定律(面积定律) 从太阳到行星的向径在相等的时间内扫过相同的面积(图3-1).

还有一个重要问题没有解决：什么规律描述了行星到太阳的距离？使此问题更复杂的是，行星到太阳的距离不是恒定的，它在不断变化.开普勒探求一条能将此问题考虑在内的新定律.他相信大自然不仅是根据数学设计的，而且是和谐设计的.他相信有一种天体的音乐产生和谐的音响效果，虽然不是产生实际的声音，不过将行星运动的事实翻译成音符后还是能辨认出的.顺着这条线索，经过数学论证和音乐论证的令人惊异的结合，他得到了第三定律.如果T是任一行星的公转周期，D是它的运行轨道的半长轴，那么

$$T^2=kD^3.$$

第三定律(调和定律) 行星绕太阳公转的周期的平方与椭圆轨道的半长轴的立方成正比.

这条定律发表在1619年出版的《论世界的和谐》一书中.在书中叙述了这条定律后，他欣喜若狂地唱起了对上帝的赞歌：

上帝的智慧是无穷无尽的；他的荣耀与大能也是无穷无尽的.天空啊，唱起对他的赞歌！太阳、月亮和行星，用你们说不出的语言来颂扬他！天体的和谐，所有领悟他奇妙作品的人，赞美他吧.我的灵魂啊，赞美你的创造者吧！只是通过他而且在他之中一切才会存在.我们深知的，包含在我们虚荣的科学中，也包含在他之中.赞美、荣誉和荣耀都永远归于他.

开普勒的工作是一项巨大的创新，是对日心说的大大推进.这三定律出色地证明了毕达哥拉斯主义核心的数学原理.的确是，现象的数字结构提供了理解现象的钥匙.

两千年前希腊人关于圆锥曲线的发现到伽利略和开普勒的手里才得到第一次应用.伽利略发现抛射体的运动的轨迹是抛物线，开普勒发现行星在椭圆轨道上绕太阳运动.

2. 开普勒的天文学与正多面体

数的神秘性一直吸引着开普勒，他曾长期寻找行星各轨道之间的数学联系.在1596年出版的《宇宙之谜》一书中，他把柏拉图的五种正多面体与行星轨道联系了起来.在该书的序言中，他写道：

我从事于证明，上帝在创造宇宙和调节宇宙的秩序时，心目中所注视的是自毕达哥拉

斯和柏拉图以来我们所知的五个正几何体，他根据这些正几何体的尺度确定了天体的数量、它们之间的比例和运动关系.

他设定 6 个行星的轨道半径是与 5 个正立方体有关的球体的半径. 最大的半径是土星的轨道半径. 在这个半径的球中内接一个正方体，并在这个正方体中，内切一个球，它的半径就是木星的半径. 再在这个球中内接一个正四面体，在这个正四面体中内切一个球，这个球的半径就是火星的半径. 按这种办法推下去，接着用到的正多面体依次是正十二面体、正八面体、正二十面体. 这样能得到 6 个球体，正好是当时知道的行星的个数(图 3-2).

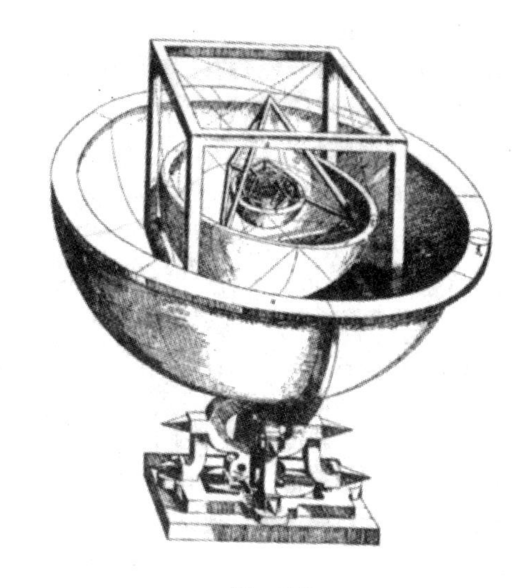

图 3-2

当然，开普勒还不知道天王星、海王星和冥王星这 3 个外行星，它们分别发现于 1781 年、1846 年和 1930 年.

开普勒试图找出造物主为什么要选择柏拉图立体这样的一种次序的理由，以及这些行星的占星术性质和相应的正多面体的性质之间的比较. 他以一首气势磅礴的赞美诗作为全书的结束，在其中他宣告了他的信条："我极为相信神在世上的意志".

赫尔曼·外尔(Hermann Weyl)说："现在我们仍然共享着他的关于宇宙在数学上是和谐的这一信念. 这种信念经受住了不断积累着的经验的检验. 不过我们不是在静态形式中，而是在动态形式中寻找这种和谐."

§4 牛顿力学的建立

1. 牛顿面临的问题

到1650年，在科学家头脑中占据最主要地位的问题是，能否在伽利略的地上物体运动定律和开普勒的天体运动定律之间建立一种联系？在可见的复杂现象后面，应该有不可见的简单规律. 这种想法可能过于自信和不凡，但在17世纪的科学家的头脑中确实产生了. 他们确信，上帝数学化地设计了世界.

牛顿在伽利略和开普勒的基础上，发现了万有引力定律. 万有引力定律是牛顿和他同时代科学家共同奋斗的结果. 牛顿熟悉伽利略的运动定律，知道行星受一个被吸往太阳的力. 如果没有这个力，行星将做直线运动. 这个想法许多人都有过. 哥白尼、开普勒、胡克(R. Hooke, 1635—1703)、哈雷(E. Halley, 1656—1742)及其他一些人在牛顿之前就开始了探索工作. 并且有人猜想，太阳对较远的行星的引力一定比较小，而且随着距离的增大，力成反比地减小. 但他们的工作仅限于观察和猜测.

> 大自然及其法则
> 在黑暗中隐藏上帝说：
> “让牛顿去吧，于是一切成为光明.”
> 波普（英国诗人）

苹果落地

牛顿在他们猜想的基础上给出了万有引力公式：

$$F=k\frac{m_1m_2}{r^2},$$

其中，k是常数，m_1，m_2分别表示两个物体的质量，r是两物体间的距离. 从运动三定律和万有引力公式很容易推出地球上的物体运动定律. 对天体运动来说，牛顿的真正成就在于，他从万有引力定律出发证明了开普勒的三定律. 这为万有引力定律的正确性提供了强有力的证据.

牛顿用同一个公式来描述太阳对行星的作用，以及地球对它附近物体的作用. 这就是说，牛顿建立的这个定律描述了从最小的尘埃到最遥远的天体的运动行为. 宇宙中没有哪一个角落不在这个定律的所包含的范围内. 这是人类认识史上的一次空前飞跃，不仅具有伟大的科学意义，而且具有深远的社会影响. 它强有力地证明了宇宙的数学设计,摧毁了笼罩在天体上的神秘主义、迷信和神学.

牛顿的万有引力定律二百多年来一直在科学舞台上起主导作用,值得作一些深入考察.

2. 苹果、月亮和万有引力

1665 年,牛顿 23 岁时在英国剑桥大学取得学士学位,并受邀留校.但是由于瘟疫流行,学校关闭了 18 个月,于是他回到自家的农场.在这 18 个月里,牛顿奠定了万有引力定律和光的理论的基础,并发明了微积分.

物理学中有一个故事说,某一天牛顿在自家的农场看到一个苹果落地,这启发他去考虑重力是否同样是造成月亮运动的原因.从常人看来,苹果和月亮除了都是圆的以外,没有什么相同之处:一个在地上,一个在天上;一个很快腐烂,一个似乎是永恒的;一个掉下来,一个高悬在天空.然而在别人只看到差异的地方,牛顿却看到了相似处.

> 当每个人都看到月亮不往下掉的时候,只有牛顿才看到月亮正在往下掉.
>
> 瓦莱里
>
> (1871—1945, 法国诗人和哲学家)

我们来追随牛顿的思路.按照惯性定律,一个物体,如果它不受力,将做匀速直线运动.要使月亮偏离直线运动必须有一个力作用于它.如果月亮在图 3-3 的 A 点,而且没有力作用于它,它就会沿直线向 B 点运动,而实际上它沿圆周运动到 C 点.由图 3-3 可看到,把月亮向内拉,使它达到 C 点的力是向地心的,就像作用在苹果上的力一样.牛顿假设,这个力与拉苹果向下的力来源相同,都是地球的引力.

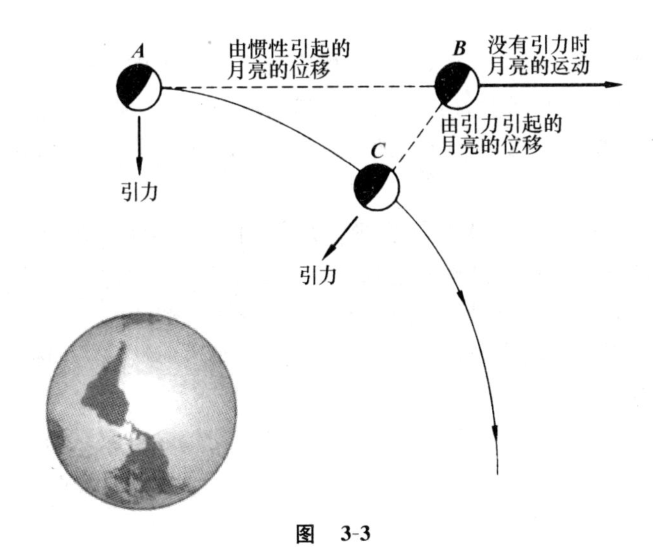

图 3-3

牛顿还给出了另外的论据,帮助我们理解为什么月亮留在天上.考虑从高山上抛射石块(图 3-4),如果给石块一个较小的初始速度,石块飞不多远就落地了.如果给石块一个较大的初始速度,石块会飞得更远.易见,抛射的初始速度越大,石块飞得越远.初始速度超过一定界限,石块就变成卫星了.石块一直在下落,但由于地球的弯曲,它永远达不到地面,而代之以石块绕地球做轨道运动.牛顿认识到,月球实际上是刚好具有适当的速率绕地球做轨道运动.它一直在下落,但永远达不到地面.

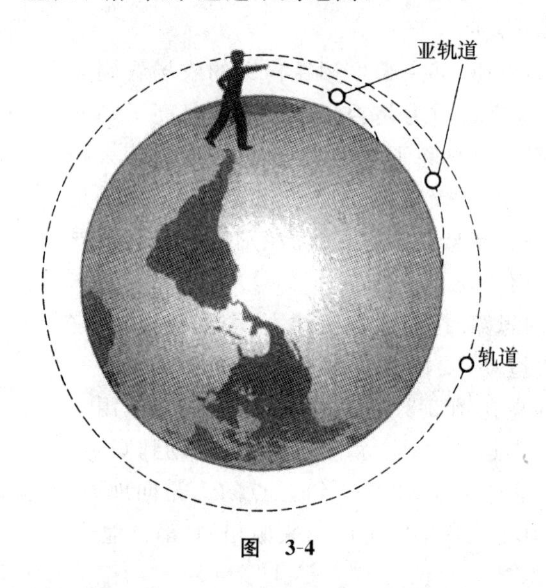

图 3-4

在牛顿理解到月亮在下落以后,他就能确定月亮在1秒内下落多少,并能与地球表面的下落的苹果相比较.在地球引力的作用下,月球在1秒内向地球下落多少?因为人们知道月球轨道的大小,知道月球一个月绕地球一周.由此容易算出,月球在1秒内向地球下落二十分之一英寸(1.27mm).

地面上的物体1秒内向地球下落多少?从伽利略的落体定律可知,这距离是16英尺.按照万有引力定律算一算,月球到地球的距离是地球半径的60倍.$60^2=3600$.用3600去除16(英尺),得到0.0044(英尺),近似等于二十分之一英寸.

这样牛顿得到一个最重要的证据,证明保持月球在绕地球运行的轨道上的力,与地球吸引地上物体的力是同一个力.

在《唐璜》中,拜伦写道:

当牛顿看到一只苹果坠落时，
　　他从他的沉思的轻微震惊中——
据说如此——
　　发现了一种叫做“引力”的模式来证明地球
在以最自然的旋转转动；
　　这是自亚当以来能够把一个坠落
或一只苹果抓牢的唯一的凡人.

今天看来，牛顿的推导似乎很平凡，但是不要忘记，这是人类科学史上最重要的推导之一，正是这一推导的结论奠定了航天飞行的基础.

牛顿在他逝世前写的回忆录中，关于引力定律的发现他是这样写的：

同年(1666年)，我开始考虑把地心引力延伸到月球轨道上……推导出使行星保持在它们的轨道上的力，必定与它们到转动中心的距离的平方成反比. 由此，我比较了使月球保持在它的轨道上所需要的力与地面上的重力，并发现答案相当吻合，这一切是在1665和1666这两个疫症年代进行的，因为那些年代是我发现、思考数学和哲学的最佳年华.

牛顿向自己提出的第二个问题是：引力的这种性质在多大程度上有效？特别是，太阳是否也有类似的力使行星做轨道运动？这些问题的答案可以在开普勒的定律中找到. 牛顿指出，开普勒第二定律——从太阳到行星的向径在相等的时间内扫过相同的面积——意味着存在一个有心力，即指向太阳的力. 开普勒第一定律——行星在椭圆轨道上绕太阳运动，太阳在此椭圆的一个焦点上——是引力平方反比定律的一个结论. 最后，如果万有引力定律对所有的行星都成立，那么由此就可推出开普勒第三定律. 牛顿就是以这样的方式阐明他的万有引力定律的，即宇宙中任一粒子对其他任何粒子都有引力作用，其大小与它们之间距离的平方成反比. 万有引力定律发现113年后，在地面上首次用实验证实定律的是卡文迪什(H. Cavendish，1731—1810). 他于1798年进行的扭称实验测得两个小球之间的引力与计算相符.

牛顿其实只证明了万有引力定律对太阳系是普适的. 对太阳系外如何？它继续有效吗？英国天文学家威廉·赫歇尔(W. Herschel，1738—1822)根据对恒星对的研究，于1803年宣布，在某些时候，恒星对是双星，它们相互绕着对方旋转，其表现轨道是椭圆，而且开普勒面积定律照样适用. 换言之，这种观察使得万有引力定律的适用范围从太阳系扩展到了遥远的恒星. 我们现在很难想象赫歇尔的发现对他的同时代人有多么大的影响.

引力定律被称为“**人类头脑所能达到的最伟大的推广**”.

但是，牛顿定律并不能解释太阳系的一切现象，例如水星的运动. 这说明一个理论必有它的局限性. 爱因斯坦的广义相对论似乎已能圆满解释水星的运动.

3. 奇妙的预测

哈雷彗星　万有引力定律是宇宙的根本定律.根据万有引力定律所作的预测中最令人瞩目的要算是哈雷的预言了.哈雷在1705年向英国皇家协会作了《彗星摘要》的专题报告.在这份经典论文中,他仔细研究了有关彗星的各种记载,并根据牛顿定律对从1337年到1698年作过专门观察的24颗彗星进行了抛物线的计算.这份论文的准确性和完备性达到了至善至美的程度,对人类知识作出了既有纪念意义又令人回味无穷的贡献.正是在这篇论文中,哈雷想到,彗星的轨迹可能是极扁的椭圆而不是抛物线.然而在前一种情况下,彗星就是太阳系的成员了,经过漫长的若干年,它们将重新出现.正因为有这种可能,哈雷才做了大量的计算工作.这样,当出现一个新彗星时,可将它的轨迹与已计算出的轨迹比较,由此就可确定出这颗彗星是否出现过.正是这些计算使他相信,1531年的那颗彗星与1607年观察到的彗星以及1682年他亲自观察过的彗星是同一颗彗星.他写道:"由此我很有信心地大胆预言,这颗彗星将于1758年出现."这就是最著名的哈雷彗星的起源.哈雷没有看到这颗彗星再次出现就去世了,但它确实在哈雷所预言的那一年出现了.

计算发现了海王星　1781年,赫歇尔用望远镜发现了天王星.19世纪,人们用望远镜对天王星进行观测时,发现它的运动总是不太"守规矩",老是偏离预先计算的轨道,到1845年已偏离有2′的角度了.什么原因呢?数学家贝塞尔(F. W. Bessel, 1784—1846)和一些天文学家设想,在天王星的外侧还有一颗行星,由于它的引力,才扰乱了天王星的运行.可是,天涯无际,到哪里去找这颗行星呢?

1843年,英国剑桥大学22岁的学生亚当斯(J. C. Adams, 1819—1892)根据力学原理,利用微积分等数学工具,算出了未知行星的位置.这年10月21日,他兴高采烈地把算出的结果寄给格林威治天文台台长.不料这位台长是一位迷信权威的人,他根本看不起亚当斯这样的"小人物",而采取置之不理的态度.

比亚当斯稍晚,法国巴黎天文台青年数学家勒维列(U. J. J. Leverrie, 1811—1877)于1845年解出了由几十个方程式组成的方程组,并于1848年8月31日算出了新行星的轨道.他在这一年9月18日写信给当时拥有详细星图的天文台的工作人员加勒,对他说:"请把望远镜对准黄道上的宝瓶星座,即经度326°的地方,那么你将在离此点1°左右的区域内见到一颗九等星."(肉眼能看到的最弱的星是六等星).加勒在9月23日接到了勒维列的信,当晚他就按照勒维列指定的位置观察.果然在不到半小时内,找到一颗以前没有见到过的星,与勒维列计算的位置相差只有52′.经过24小时的连续观察,他发现这颗星在恒星间移动着,的确是一颗行星.所有天文学家经过一段时间的讨论,都公认它便是太阳系的第八大行星,并根据希腊的神话故事,把它命名为海王星.这是人类最早用笔头算出的行星.这个发现是数学计算的胜利,并产生了很大影响.它拯救了四分之一世纪以来人们以为失败了的天体力学.

1915年,英国天文学家洛韦耳用同样的方法算出了太阳系最远的行星——冥王星.1931年,美国的汤波真的发现了这颗行星.这些成果极好地证明了,我们关于外部世界的许多知识不是通过感官知觉,而是通过数学获得的.

第4章 绘画艺术与几何学

越往前走艺术越是科学化,同时科学越是艺术化.两者在山麓分手,有朝一日终将在山顶重逢.

福楼拜

我们要想为科学理论和科学方法的正确与否进行辩护,必须从美学价值方面着手.没有规律的事实是索然无味的,没有理论的规律充其量只是实用的意义,所以我们可以发现,科学家的动机从一开始就显示出一种美学的冲动……科学在艺术上的不足程度,恰好是科学上不完善的程度.

沙利文

§1 科学与艺术

1. 美与真

科学和艺术都是通过感官提供的信息去追求一个共同的日标:揭示自然界的奥秘.但是它们分属于不同的领域.科学的目的是求真,艺术的目的是求美.关于美和真的关系,英国诗人济慈写道:

美就是真,
真就是美——这就是
你所知道的,
和你应该知道的.

那么,什么是真?真就是判断符合自然界的创造.哥白尼的日心说、牛顿的万有引力说都是真.

什么是美？美就是形象与对象一致. 达·芬奇(L. Da Vinci, 1452—1519)的蒙娜丽莎(彩图2)既描绘了形象美，也描绘了心灵美.

美和真是相伴的，有美的地方就有真，有真的地方就有美. 这是科学史一再证明了的事实. 狄拉克(P. A. M. Dirac)发现正电子，来自对称美；门捷列夫(D. I. Mendeleev, 1834—1907)发现元素周期律，来自周期性. 曾为牛顿和贝多芬(L. van Beethoven, 1770—1827)写过出色传记的沙利文说：

“科学的首要目标是发现自然界中的和谐……一个科学理论成就的大小，事实上就在于它的美学价值. 因为给原本混乱的东西带来多少和谐，是衡量一个科学理论成就的手段之一.”

2. 异同比较

科学家研究的是纯粹客观的东西，采用的手段是观察、实验和推理. 科学家在异中求同，他们力图把各种现象追溯到它们的终极原因，追溯到它们的一般规律. 艺术家追求的是纯粹主观的东西，采用的手段是观察、想象和激情；艺术家在同中观异，寻求差异与个性，他们追求的是具体化和对实在的夸张.

科学是概念思维，艺术是形象思维. 科学的目的是发现真理，艺术的目的是认识真实. 科学无个性——科学中的真理不带时间、地点和发现真理的个性的痕迹. 艺术有个性——在艺术中表现出时代、地点、艺术家的观点、创造者的个性——他的社会见解、气质和喜好. 科学发现唯一的客观真理，艺术揭示无限的艺术真实.

在科学中，新的理论比旧理论重要. 科学的新真理常常代替旧真理，或者将其完全吞没，或者限制旧真理的真实范围. 艺术的经典比新作更受欢迎，并且艺术中的新真理无权限制旧真理.

3. 相互依存

英国著名博物学家赫胥黎(T. H. Huxley, 1825—1895)说：“科学和艺术就是自然这块奖章的正面和反面. 它的一面以感情来表达事物的永恒秩序；另一面以思想的形式来表达事物的永恒秩序.”科学与艺术始终是相互促进、相互交融的.

科学不仅需要严谨和求实，也需要大胆幻想. 列宁说过：“**在最严密的科学中也不能否认幻想的作用.**”并且说：“**如果说幻想只有诗人才需要，这是毫无根据的. 甚至在数学中也需要有幻想. 如果没有幻想，甚至微积分的发明也是不可能的.**”由绘画引出的射影几何就包含了最大胆的幻想. 无穷远点、无穷远直线就是数学家想象的产物，它们并不存在于现实空间. 科学需要艺术的滋养和启发，只懂科学不懂艺术不会成为一个完备的科学家.

只懂艺术不懂科学也不会是一个好的艺术家. 不懂科学的艺术家必然是一个落伍者，艺术本身也在受到科学的深刻影响. 在音乐中，数学不仅在确定音律、分析乐声的结构方面起到关键的作用，而且还扩展到了作曲本身. 一些大师，如巴赫、勋伯格为音乐作曲发展了大量的数学理论. 从文艺复兴时代起，绘画就与数学密不可分. 画家始终从几何学中寻求规律和灵感，借助欧氏几何学，画家们创立了透视画，而四维几何学激励了20世纪立体派画家的诞生. 毕加索说：**“画家的画室应该是一个实验室. 在那里，你不会以猴子的方式去制作艺术，而是去发明.”**

科学越是发展共性，社会就越需要艺术去发展个性，科学需要艺术的滋补，艺术需要科学的帮助.

计算机的介入改变着一切科学，也改变着一切艺术.

当然，科学与艺术各有它自身的规律，只能互相增进，互相影响，而不能互相替代. 福楼拜说：

“心灵与理智是不可分割的，谁把两者分开，谁就其中任何一个也得不到.”

§2 绘画与数学

1. 绘画与科学

绘画属于艺术，用形象话说，是一种错觉艺术. 它的目的是把三维空间的景物展现在二维空间. 它借助的工具有两个：

(1) 几何学——用于安排景物的远近、大小和位置；

(2) 光学——用明暗表示景物的向背和深度.

借助数学、物理可以使绘画达到更加逼真的效果.

2. 新的时代，新的艺术

到了13世纪的时候，通过翻译阿拉伯和希腊的著作，使亚里士多德的著作广泛为人们所知晓. 西方的画家们开始意识到，中世纪的绘画是脱离现实和脱离生活的，这种倾向应当纠正. 实际上，从中世纪转向文艺复兴，首先是人性的觉醒. 在中世纪，艺术只是为了“训导人”成为一个好的信徒. 到了文艺复兴时期，艺术则更多的是为了“丰富人”和“愉悦人”. 于是，艺术上经历了从神本主义向人本主义转化的深刻变革.

在中世纪严格的思想控制下，希腊、罗马艺术中美丽的维纳斯竟被看做是“异教的女妖”，而遭到摒弃. 到了文艺复兴时期，向往古典文化的意大利人却觉得这个从海里升起来的女神是新时代的信使，她把美带到了人间. 如博蒂切利（S. Botticelli，1446—1510）的《春》（彩图 3）和《维纳斯的诞生》（彩图 4）是大胆的非基督教题材. 其题材来自希腊，是异教徒的. 这两幅画充满了徐徐春风，维纳斯同美女俊男都美丽超逸，处于人神之间. 那些女神流露着情欲和淡淡的忧郁，大胆地冲破了中世纪的传统.

但是，足以与神学抗衡的，不是别的，而是科学. 绝不可低估文艺复兴时期科学成果对人类文化的巨大影响. 哥伦布发现新大陆，哥白尼确立日心说，都使世界改变了面貌. 科学也有效地促进了艺术的发展，因为艺术的发展固然要求人的感情从神的控制下解放出来，但也需要人能以理性的明智去正确地认识世界.

新的时代需要新的艺术，这种新艺术就是透视画.

文艺复兴时期的艺术家们最先认真地运用希腊学说：自然界的本质在于数学. 为什么会这样呢？第一个原因在任何时候都起作用，那就是艺术家们追求逼真的绘画创造. 除去创作意图和颜色外，画家所画的东西是位于一定空间的几何形体. 描绘它们在空间的位置与相互关系需要几何. 其次是他们深受希腊哲学的影响. 他们相信，数学是现实世界的本质，宇宙是有序的，能够按照几何方式理性化. 再一个原因就是，那时的艺术家都具有很好的数学素养，他们也是那个时代的建筑师和工程师，因此他们必然爱好数学.

3. 引入第三维

文艺复兴时期的绘画与中世纪绘画的本质区别在于引入了第三维，也就是在绘画中处理了空间、距离、体积、质量和视觉印象. 三维空间的画面只有通过光学透视体系的表达方法才能得到. 这方面的成就是在 14 世纪初由杜乔（Duccio，1255—1319）和乔托（Giotto，1276—1336）取得的. 在他们的作品中出现了几种方法，而这些方法成为一种数学体系发展过程中的一个重要阶段.

乔托是西洋美术史上开启性的人物，他不但是以画家的身份被承认、被尊重的第一人，而且是对人类美术最光辉的文艺复兴时期影响最关键的人. 文艺复兴初期的马萨乔，盛期的米开朗基罗都承认深深受到乔托的影响，因此后世尊乔托为“西洋绘画之父”. 文艺复兴时期的传记作家乔治·瓦萨里曾这样赞美他：

“我认为，所有的画家都得意于乔托这位佛罗伦萨的画师，正如他们得益于大自然一样……乔托竟能在如此一个鄙俗无能的年代迸发光彩，一举恢复了他的同时代人几乎一无所知的古典艺术. 这实在是一大奇迹.”

乔托是一个早熟的农家孩子，为人牧羊. 他非常喜欢画画，常常使用身边的任何材料作画. 当时的著名画师契马布埃听到后，便来到路边，让他画点什么看看，结果使他大为惊奇，遂给这个孩子的父母一笔钱，把他带到佛罗伦萨为徒（彩图 5）.

乔托是历史记载中第一个凭直觉悟出有一种绘画技巧最为优越的人，这就是在构图上应把视点放在一个静止不动的点上，并由此引出一条水平轴线和一条竖直轴线来. 由此，乔托在绘画艺术上恢复了欧几里得的空间概念，虽然他并没有大量的几何命题加以解释. 这样，沿袭了两千年的扁平画面，一下子得到了深度这个第三维度. 这可以在他的作品《金门重逢》(彩图 6)中看出来. 这就是"透视画法".

他在创作中直接利用了视觉印象中的空间关系. 他画中的景物具有厚度感、空间感和生命力. 他是光学透视体系发展中的关键人物. 尽管他的画在视角上并不正确，但从整体看来，他的作品却显示了他那个时代的最伟大的成就.

技巧和观念上的进步则应归功于洛伦采蒂(A. Lorenzetti, 1323—1348). 他所选取的题材具有现实性. 他的线条充满生机，画面健康活泼，富有人情味. 在"圣母领报图"(图 4-1)中，景物所占据的地面给人以明确的现实感，而且与后墙明显地分开了. 地面既作为对物体大小的度量，又暗示出空间向后延伸，直到后墙. 其次，从观察者角度看，楼板线条都向后收缩并交于一点. 最后，房屋伸向远处时逐渐缩小了，以致最后消失在背景中.

图 4-1

在洛伦采蒂身上，我们看到了文艺复兴时期的艺术家在引入光学透视体系前所得到的最高水平.

4. 数学的引入

到 15 世纪，西方画家们终于认识到，必须从科学上对光学透视体系进行研究. 这一认识固然受到了古希腊、古罗马透视方面的著作的影响而得以强化，但更主要的是受到了描述真实世界这一渴望的刺激.从根本上讲，把握空间结构，发现自然界的奥秘，乃是文艺复兴时期哲学的一种信念，而数学是探索自然界的最有效的方法，终极真理的表达方式就是数学形式.

绘画科学是由布鲁内莱斯基(Brunelleschi，1377—1446)创立的，他建立了一个透视体系.第一个将透视画法系统化的是阿尔贝蒂(L. B. Alberti，1404—1472).他的《绘画》一书于1435年出版.在这本论著中他指出，做一个合格的画家首先要精通几何学.他认为，借助数学的帮助，自然界将变得更加迷人.阿尔贝蒂的重要功绩是，他抓住了透视学的关键，即“没影点”的存在.他大量地应用了欧几里得几何学的原理，以帮助后世的艺术家掌握这一技术.

最重要的透视学家碰巧也是15世纪最重要的数学家之一，他是弗朗西斯卡(P. Francesca，约1416—1492).在《绘画透视论》一书中，他极大地丰富了阿尔贝蒂的学说.在他后半生的二十年内写了三篇论文，试图证明，利用透视学和立体几何原理，从数学中可以推出可见的现实世界.

自乔多开始，经阿尔贝蒂和其他艺术家归纳和提高而得到的透视原理，是艺术史上的里程碑.艺术家本着一个静止点画画，便能把几何学上的三维空间以适当的比例安排到画面上.透视的意思是“清楚透彻地看”，它给艺术带来了一个新的维度.将景物按照透视原理投射到二维平面上，这就使平面变成了一扇开向想象中的立体视界的窗户.对海员航海而言，最重要的水平线从此成了美术上最重要的定向线，美术从取材到结构都面向了真正的世界.

对此，埃文思(W. Ivins)在著作《美术与几何学》一书中这样评述：

透视原理与近大远小有很大不同.从技术角度来说，透视是将三维空间以中心投射的方式放入平面.用非技术性的词语来解释，透视则是使放在平面上的各个图形，同它们所代表的种种实际物体彼此之间相对而言在大小、形状和位置上从真实的空间中的某一点看上去能够一模一样的方法.我未曾发现古希腊人何时曾在实践中或在理论上提到过上述概念……这是个不曾为古希腊人掌握的概念.这个原理在被阿尔贝蒂提出时，人们对几何学是如此无知，以至于他不得不对“直径”和“垂直”两个名词作出解释.

鲁塞尔认为这一发现十分重要：

透视原理把唯一一个视点作为第一要素，这便使视觉体验建立在稳定的基础上.于是，它在混沌中创立了秩序，使相互参照实现了精密化和系统化.很快地，透视原理便成了一致和稳定的试金石.

对透视学作出最大贡献的是艺术家列奥纳多·达·芬奇(彩图7)，他是意大利文艺复兴时期著名的画家、雕塑家、建筑家和工程师.他认为视觉是人类最高级的感觉器官,它直接而准确地表达了感觉经验.他指出,人观察到的每一种自然现象都是知识的对象.他用艺术家的眼光去观察和接近自然,用科学家孜孜不倦的精神去探索和研究自然.他深邃的哲理和严密的逻辑使他在艺术和科学上都达到了顶峰.

达·芬奇通过广泛而深入地研究解剖学、透视学、几何学、物理学和化学,为从事绘画作好了充分的准备.他对待透视学的态度可以在他的艺术哲学中看出来.他用一句话概括了他的《艺术专论》的思想:

欣赏我的作品的人,没有一个不是数学家.

达·芬奇坚持认为,绘画的目的是再现自然界,而绘画的价值就在于精确地再现.因此,绘画是一门科学,和其他科学一样,其基础是数学.他指出:

"任何人类的探究活动也不能成为科学,除非这种活动通过数学的表达方式和经过数学证明为自己开辟道路."

5. 艺术家丢勒

15世纪和16世纪早期,几乎所有的绘画大师都试图将绘画中的数学原理与数学和谐、实用透视学的特殊性质和主要目的结合起来.米开朗基罗、拉斐尔以及其他许多艺术家都对数学有浓厚的兴趣,而且力图将数学应用于艺术.他们利用高超而惊人的技巧、缩距法精心创作了难度极大、风格迥异的艺术品.他们有时将技法的处理置于情感之上.这些大师们意识到,艺术创作尽管利用的是独特的想象,但也应受到规律的约束.

在透视学方面最有影响的艺术家是丢勒(A. Durer, 1471—1528)(彩图8).他是文艺复兴时期德国最重要的油画家、板画家、装饰设计家和理论家.同达·芬奇一样,他具有多方面的才能.他的人文主义思想使他的艺术具有知识和理性的特点.他从意大利的大师们那里学到了透视学原理,然后回到德国继续进行研究.他认为,创作一幅画不应该信手涂抹,而应该根据数学原理构图.他说:

"大多数艺术家都不重视几何学,而没有它,任何人都不可能变成一个纯粹的艺术家."

实际上,文艺复兴时期的画家们并没有能完全自觉地应用透视学原理.

下面,我们通过阿尔贝蒂、达·芬奇和丢勒的术语对艺术家们所发展的数学体系作一解释.他们将画布想象为一玻璃屏板,艺术家们通过它看到所要画的景物,如同我们透过窗户看到户外的景物一样.从一只固定不变的眼睛出发,设想目光可以投射到景物的每一个点上.这种目光称为投射线.投射线与玻璃屏板交点的集合称为一个截景.截景给眼睛的印象与景物自身产生的效果一样.实际上,一幅画就是投影线的一个截景.

对这条原则,丢勒的板画(图 4-2,4-3)给出了很好的说明.这里选取的板画展示了求得截景的具体过程.

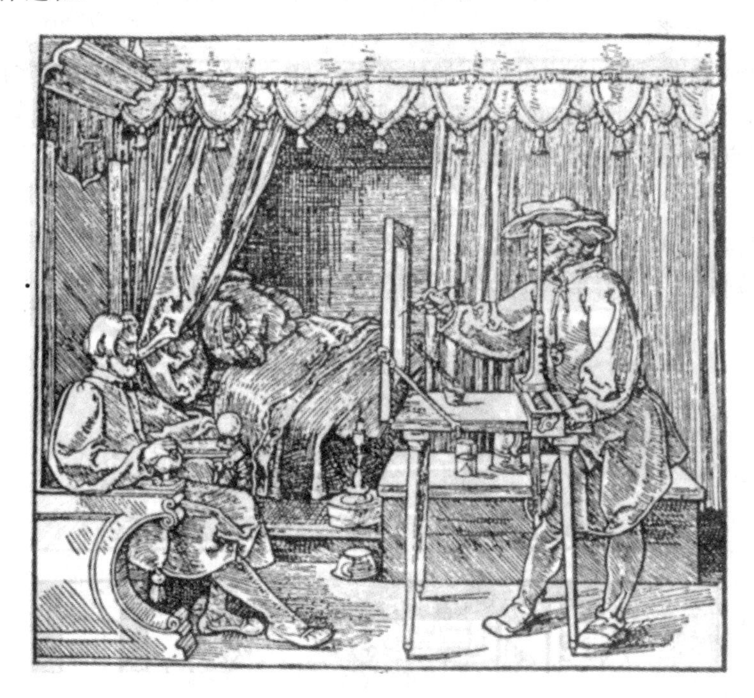

图 4-2

图 4-3

6. 数学定理

绘画毕竟不是截景,画布也不是透明的玻璃板.因此,艺术家必须从截景的启发中找出指导绘画的原则. 这样一来,专注于研究透视的学者们就从投影线和截景原理中获得了一系列定理,它们包括了聚焦透视体系的大部分内容. 文艺复兴以来,几乎所有的西方艺术家都使用这一体系.

数学透视体系的基本定理和规则是什么呢? 假定画布处于通常的垂直位置. 从眼睛到画布的所有垂线,或者到画布延长部分的垂线都相交于画布的一点上,这一点称为**主没影点**,主没影点所在的水平线称为**地平线**. 如果观察者通过画布看外面的空间,那么这条地平线将对应于真正的地平线.

图 4-4 是这些概念的直观化,表示观察者所看到的大厅过道. 观察者眼睛的位置处于与画面垂直且通过 P 点的垂线上. P 点是主没影点,P_1PP_2 就是地平线.

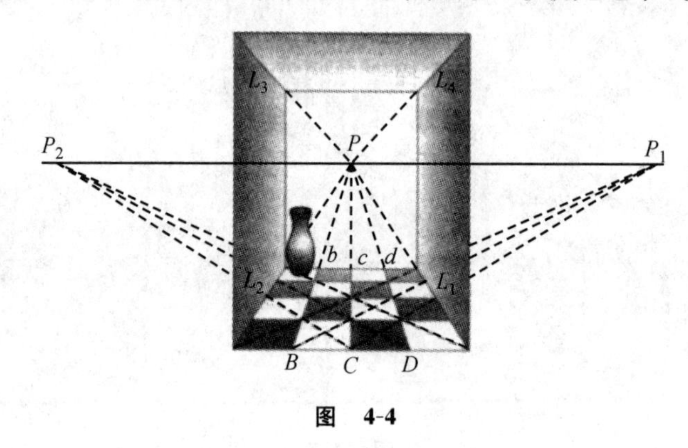

图　4-4

定理 1　景物中所有与画布所在平面垂直的水平线在画布上画出时,必须相交于主没影点.

例如,Bb,Cc,Dd 和其他类似的直线都在 P 点相交,也就是所有实际上平行的线都应该画作相交. 这与我们的日常经验符合吗? 符合. 大家知道,两条铁轨是相互平行的,但是在人眼看来,它们相交于无穷远处. 这就是为什么把 P 点叫做没影点. 但在现实的景物中没有一个点与之相应.

一幅画应该是投影线的一个截景. 从这条原理出发可以导出另一个定理.

定理 2　任何与画布所在平面不垂直的平行线束,画出来时与垂直的平行线相交成一定的角度,且它们都相交于地平线上的一点.

在水平平行线中有两条非常重要. 在图 4-4 中,BP_1 和 CP_1 在现实世界中它们是平行的,并且与画布所在的平面成 45°角. BP_1 和 CP_1 相交于 P_1,这个点称为**对角没影点**. 类似地,水平平行线 CP_2 和 DP_2 在现实世界中与画布成 135°角,画出来时,必须相交于第二个对角没影点 P_2.

定理 3 景物中与画布所在平面平行的平行水平线,画出来是水平平行的.

对于真正从事创作的艺术家来说,要达到写实主义的理想境地还有许多其他定理可供使用.但进一步追求这些特殊的结果将使我们离题太远.

7. 从艺术中诞生的科学

画家们在发展聚焦透视体系的过程中引入了新的几何思想,并促进了数学的一个全新方向的发展,这就是射影几何.

在透视学的研究中产生的第一个思想是:人用手摸到的世界和用眼睛看到的世界并不是一回事.因而,相应地应该有两种几何:一种是触觉几何,一种是视觉几何.欧氏几何是触觉几何,它与我们的触觉一致,但与我们的视觉并不总一致.例如,欧几里得的平行线只有用手摸才存在,用眼睛看它并不存在.这样,欧氏几何就为视觉几何留下了广阔的研究领域.

现在讨论在透视学的研究中提出的第二个重要思想.画家们搞出来的聚焦透视体系,其基本思想是投影和截面取景原理.人眼被看做一个点,由此出发来观察景物.从景物上的每一点出发通过人眼的光线形成一个投影锥.根据这一体系,画面本身必须含有投射锥的一个截景.从数学上看,这截景就是一张平面与投影锥相截的一部分截面.

设人眼在 O 处(图 4-5),今从 O 点观察平面上的一个矩形 $ABCD$.从 O 到矩形的四个边上各点的连线形成一个投射棱锥,其中 OA、OB、OC 及 OD 是四根棱线.现在在人眼和矩形之间插入一平面,并在其上画出截景四边形 $A'B'C'D'$.由于截景对人眼产生的视觉印象与原矩形一样,所以人们自然要问:截景与原矩形有什么共同的性质?要知道截景与原矩形既不重合,也不相似,它们也没有相同的面积,甚至截景连矩形也不是.

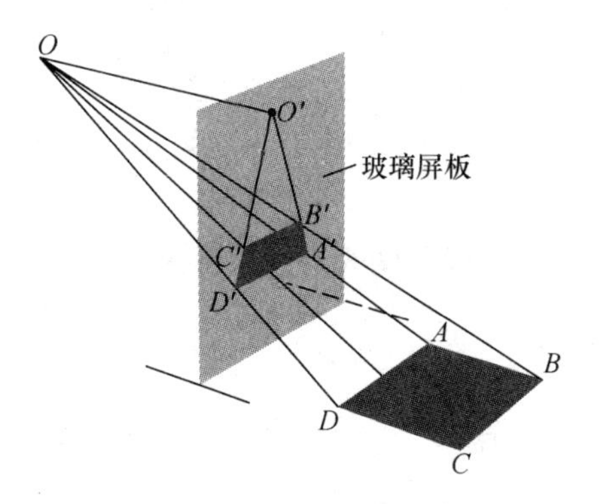

图 4-5

把问题提得更一般一些：设有两个不同平面以任意角度与这个投射锥相截，得到两个不同的截景，那么，这两个截景有什么共同性质呢？

这个问题还可以进一步推广.设有矩形 $ABCD$（图 4-6），今从两个不同的点 O' 和 O'' 来观察它.这时会出现两个不同的投射锥.在每个锥里各取一个截景，由于每个截景都应与原矩形有某些共同的几何性质，因此，这两个矩形间也应有某些共同的几何性质.

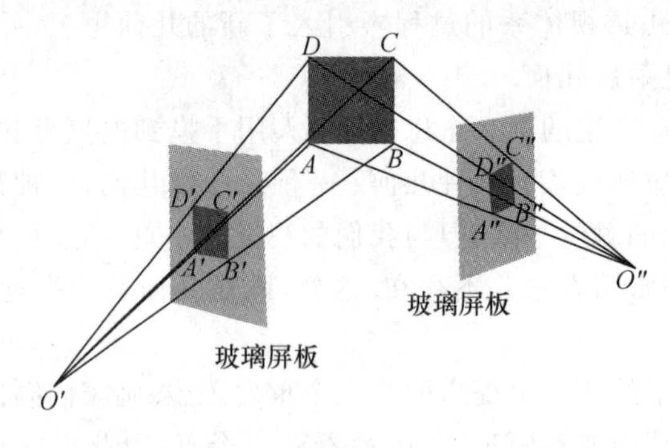

图　4-6

17 世纪的数学家们开始寻找这些问题的答案.他们把所得到的方法和结果都看成欧氏几何的一部分.诚然，这些方法和结果大大丰富了欧几里得几何的内容，但其本身却是几何学的一个新的分支.这一时期的著作偏向于应用，理论的严谨性不足.直到 18 世纪数学家们才写出严格的数学著作.到了 19 世纪，人们把几何学的这一分支叫做**射影几何学**.

射影几何集中表现了投影和截影的思想，论述了同一物体的相同射影或不同射影的截景所形成的几何图形的共同性质.这门“诞生于艺术的科学”，今天成了最美的数学分支之一.

§3　完美的结合，艺术的顶峰

现在让我们来看看几何与绘画的结合产生的一些传世名作.

1. 文艺复兴早期的绘画

现实主义的拓荒者——马萨乔　第一次开始应用透视学的画家是马萨乔（Masaccio，1401—1428）.作为 15 世纪初具有新思想的代表画家，他是文艺复兴时期现实主义绘画的班首.他为意大利绘画开创的艺术道路是任何画家都无法比拟的.在整个西方艺术史中，还没有一个画家像马萨乔那样，在短暂的一生中为发展一种新的画风作出如此巨大的贡献.

马萨乔在绘画艺术创新方面的重大突破体现在他为佛罗伦萨圣玛利亚·德尔·卡明所画的壁画.这套壁画中的一幅《纳税钱》最能代表画家的风格和艺术探索.在此画中,马萨乔将三个连续的故事安排在同一场景中.他在利用光线来表现人物的体积时,不像乔托那样只用平光,而是采用来自一个集中而固定的光源所投射出来的光.这种光以固定的角度投射到人体上,这就使人体表现出明暗层次,从而产生立体感.

马萨乔是一位十分富有个性、画风奇特的画家,他的艺术是一种富有智慧和数学头脑的产物.他始终认为,只有在那些极其明亮而纯净的几何形体结构中,才能发现最美的东西.

《逐出伊甸园》(彩图 9)是马萨乔的代表作.这幅画集中体现了马萨乔艺术风格与追求.在这幅画中,他解决了裸体的正确造型和姿势的难题.亚当与夏娃的裸体从解剖学来讲是准确无误的,而且动作自然,姿势富有表现力.天使的形象用复杂的透视缩减法画出,空间感也很强.从亚当与夏娃充满生气与精力的矫健步伐上,从他们洋溢着活力与强大生命的肉体看来,可让观者感到人的巨大力量和人文主义的前奏.

潜心于透视原理的乌切洛 乌切洛(Uccello, 1397—1475)也是对透视学作出重大贡献的人物之一,他对这门学科具有浓厚的兴趣.瓦萨里说:“乌切洛为了解决透视学中的没影点,他通宵达旦地进行研究.”常常在妻子的再三催促下,他才不得不上床休息.他说:“透视学真是一门可爱的学问.”遗憾的是,他在透视学方面创作出的最好的作品随着时间的流逝而严重损坏了.他的《一个酒杯的透视研究》(图 4-7)显示了在精确的透视绘画中所涉及的景物的表面、线条和曲线的复杂性.

图 4-7

马萨乔利用透视画法使画面上的空间范围明确起来,而乌切洛主要是利用透视关系把各种几何形体妥帖而美观地排列在画面上.20 世纪初,立体主义画家之所以对乌切洛的绘画大感兴趣,其原因就容易理解了.

《圣罗马诺之战》(彩图 10)是乌切洛一幅用“减缩透视法”绘成的.此画描绘的是佛罗伦萨市与邻邦进行区域性战争的一个场面.画家借助这个题材来显示出透视在创造复杂空间时所能达到的程度.骑兵交战时的前后距离,地上丢盔落枪的透视位置,背景与近景的透视距离等都是画家作为透视的研究对象.然而忽视了人物形象的生动性.

才华横溢的弗朗西斯卡 使透视学走向成熟的艺术家是弗朗西斯卡.这位造诣极深

的画家对几何学抱有极大的热情，并试图使他的作品彻底数学化. 每个图形的位置都安排得非常准确，保持着与其他图形的正确比例关系，使整个绘画作品构成一个整体. 甚至对身体的各个部位及衣服的各个部分都运用了几何形式，他喜欢光滑弯曲的曲面和完整性.

《耶稣受洗图》(彩图 11)是弗朗西斯卡的代表作，画中的基督在画面正中，姿态优雅. 画家用抒情的笔致和富于美感的色调描绘了乌尔比诺的小山丘，以此为背景衬托了前景上态度严肃的人物，使此画产生一种绝妙的对比. 弗朗西斯卡的重要著作有《绘画透视学》和《正确的人体》.

《耶稣受鞭图》(彩图 12)是透视学的一幅珍品. 主没影点的选择和聚焦透视体系的精确应用与院子前后的人物紧密地结合在一起，使得景物全都容纳在一个清晰有限的空间内(图 4-8). 该画利用立柱和地上的方格造成有节奏的严格的透视结构，大理石地板中黑色地砖的减少也经过了精确的计算. 画中各种不同的线组成了一个和谐的网络. 每一个画面都从另一个中出来，这便构成了一个理想的数学世界. 画的高度是 58.6 cm，这正好是弗朗西斯卡的诞生地托斯卡纳的一个计量单位. 对文艺复兴时期的艺术家来说，人的理想高度(以基督为代表)是三个计量单位. 这个标准规定了画面各个部分的位置和比例. 例如，画家在确定水平线时依据的是基督的高度. 构图的垂直线把画面分为两块，每一块都根据一个多世纪以前乔托定下的方法，构成一个独立的画面. 右半块把人物放在前景，目的在于造成左半部分的深远. 这一场景具有内、外两个空间，而整个画面又朝向由左边一段楼梯给予暗示的第三个空间. 基督正位于左边三个人物组成的人间世界与这一光明出口暗示的天国之间. 含三个人物的右部分受到来自左边的阳光的照射，鞭打的情况则安排在立柱的后面，为一个强烈而神秘的光所照亮. 这种光驱散了一切阴暗部分，使整个场面带上一种不安的、谜一般的气氛. 在这种气氛中，一切似乎都凝固了，人物安静地保持着间距和肃穆. 空间安排得严谨周密，光的表现使我们有置身世外之感. 某种神秘莫测使这一效果异常强烈，它构成了弗朗西斯卡艺术的核心. 这种高贵强劲的气氛诱发了 20 世纪的艺术倾向. 塞尚和立体派画家的几何手法，康定斯基强烈的抽象都已包含在这幅作品中.

图 4-8

弗朗西斯卡在他的论透视学的著作中说,他在绘画方面下过很大工夫.在其他作品中,他利用空间透视以增强立体感和深度感.他的画设计得精确入微,改动任何一小点都会破坏整个画面的效果.

2. 盛期文艺复兴三杰

性灵出万象——达·芬奇 达·芬奇或许是古往今来最富有创造力的天才,但创造力成全了他,也拖累了他.他兴趣广泛,思想活跃.结果,他的计划往往未能全始全终.

达·芬奇1452年4月15日生于意大利多斯卡纳的芬奇镇或其附近.他是私生子,在父亲家中长大.他天资颖悟,长于数学和音乐,但在绘画上显露了更高的才华.他的父亲把他送到当时享有盛誉的维洛基欧画室学画.达·芬奇大约18岁时,维洛基欧受委托为佛罗伦萨附近的一所教堂绘制祭坛画《基督受洗图》.达·芬奇描绘了其中一个天使,因其形神兼备、秀丽优雅,竟使他的老师耻于不及弟子而放弃绘画,专事雕刻.

达·芬奇

1482—1499年是达·芬奇的第一米兰时期,也是他在科学研究和艺术创作上成熟和走向繁荣的时期.这个时期,他创作了一生中最伟大的两件作品:一件是大型骑马雕像,一件是为葛拉吉埃修道院的餐室画的大型壁画《最后的晚餐》(1495—1497).把泥塑翻筑成青铜雕像本来可以造就不朽的业绩,但达·芬奇却无缘一试,由于法国人的入侵,青铜变成了大炮.达·芬奇完成了《最后的晚餐》,但他采用了一种试验性技法,令人遗憾的是,油彩在他生前就开始剥落,这使得这幅作品成为艺术史上最卓越又最令人痛惜的遗迹.这个时期,他还绘制了另一幅著名的祭坛画《岩间圣母》.

1490—1495年,他开始艺术与科学论文的写作.他主要研究了四方面的内容:绘画、建筑、机械学和人体解剖学.他对地球物理学、植物学和气象学的研究也始于这一阶段.他的研究论文中都附有大量的插图.

1502年,他以"高级军事建筑师和一般工程师"的身份为教皇军队的指挥官博尔贾测量土地,为此画了一些城市规划的速写和地形图,为近代制图学的创立打下了基础.

1503年,他为佛罗伦萨韦基奥会议厅制作大型壁画《安加利之战》,而在会议厅对面的壁上则是由米开朗基罗绘制《卡西纳之战》,可谓双璧交辉.著名的《蒙娜丽莎》和只留下草图的《丽达》都创作于这一时期.这段时期他还进行了紧张的科学研究,到医院研究人体解剖,对鸟类的飞行做系统的观察,甚至对水文学也进行了研究.

1519年5月2日,他谢世于法国安布瓦斯的克鲁园.一生留下的绘画只有17幅,其中还有一些是未完成的草图,他的这些作品都获得了崇高的地位,成为世界文化宝库中的珍品,受到历代艺术大师的推崇.

毫无疑问,达·芬奇是15世纪至16世纪的一位艺术大师和科学巨匠.文艺复兴时期的传记作家乔治·瓦萨里曾这样赞美他:

世间男女,
资质出众,才气横溢者,屡见不鲜.
然间或有人,独蒙上天垂爱,
风韵优雅,才华盖世,
令众生望尘莫及.
其行为举止,处处著有灵性,
而其所作所为,
实则无不出于造物之手,
非人力所能企及.

下面赏析达·芬奇的几幅名画.

《岩间圣母》(彩图13)历史复杂,争论颇多,因为同样的画共有两幅变体.一幅藏于巴黎的罗浮宫,另一幅藏于伦敦的国家画廊.罗浮宫的《岩间圣母》标志着达·芬奇的早期风格的形成.主题和环境都是虚构的.在一处迷人的洞穴中,幼小的施洗约翰和婴儿耶稣会聚在一起.左侧的约翰正在膜拜耶稣,耶稣抬起手来为他祝福.然而主要人物却是玛利亚,她的披风覆盖在约翰的身侧,一只手爱怜地搭在约翰肩头,另一只手举在耶稣头顶的上方.背景是怪石嶙峋的山洞,花草点缀其间.人物、背景的微妙刻画,科学的写实,光线的处理,以及透视,表明了他在处理逼真写实与艺术加工的辩证关系方面达到了新的水平.这幅画是达·芬奇盛期创作开始的作品.

《自画像》(彩图7)是达·芬奇素描精品.在这幅作品中,他用线如神,丰富多变,刚柔相济,尤其善用浓密程度不同的斜线表明明暗的微妙变化.这些素描技法使后来的画家受益匪浅,堪称素描艺术的经典.此画用线生动灵活,简单的寥寥数笔却包含许多转折、体面关系,立体感很强,人物的表情也很传神.此画虽是素描小作,但其美感丝毫不亚于达·芬奇的那些恢弘巨制.

《蒙娜丽莎》(彩图2)是一幅享有盛誉的肖像画杰作,它代表达·芬奇的最高艺术成就,是他花费了四年心血的旷世杰作.蒙娜丽莎是佛罗伦萨商人F.吉奥孔达的第二个妻子,时年24岁.其作品的技巧娴熟卓越.优美的姿态、令人赞叹的肌肤、野趣横生的风景,处处显示了达·芬奇的艺术造诣已臻于至善.光线使面部富于质感,色彩渐次融合,这就是达·芬奇出色的晕涂法.他自己形容为"如同烟雾般,无需线条和界限".《蒙娜丽莎》收藏在法国的罗浮宫.目前保存状况不佳,而且很难修复.今天,《蒙娜丽莎》还在防弹玻璃后面供人欣赏.

《最后的晚餐》(彩图14)描绘出了真情实感,一眼看去,与真实生活一样.观众似乎觉得达·芬奇就在画中的房子里.墙、楼板和天花板上后退的光线不仅清晰地衬托出了景深,而且经仔细选择的光线集中在基督头上,从而使人们将注意力集中于基督,这使得作品的真实感和宗教画所必有的神圣感都在其中得到最好的体现.这幅画可谓艺术中的珍品,而他的局部谋篇是成功的最大原因之一.12个门徒分成4组,每组3人,对称地分布在基督的两边.基督本人被画成一个等边三角形,这样的描绘目的在于,表达基督的情感和思考,并且身体处于一种平衡状态(图4-9).

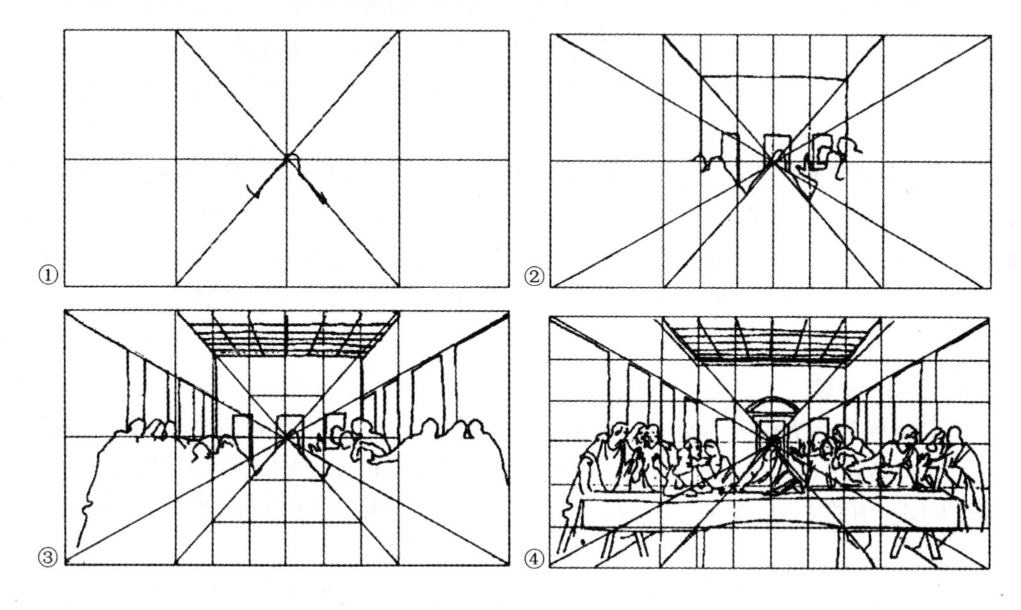

图 4-9

善于描绘女性美的拉斐尔 拉斐尔的最大特点就是善于吸取前辈优秀成果,并能真正领会,然后融汇一体,形成自己独特的优雅、细腻的画风.他的艺术以和谐明朗的构图和秀美文雅的形象而独树一帜，极受当时人们的欢迎. 诗人德拉克洛瓦(1830)这样赞美他：

他的心灵
将最完美的秩序
和一种令人心醉的和谐，
传到四面八方.

下面赏析拉斐尔的几幅名画.

《美惠三女神》(彩图15)　三位女神几乎占了整个画面. 空旷的背景唯有暗褐色的土地及天空. 三位女神分别是优芙洛西尼(意为欢乐)，塔里亚(意为花朵)，阿格拉伊亚(意为灿烂)，她们分别代表妩媚、优雅和美丽. 这三位姐妹喜欢诗歌、音乐和舞蹈，有关文艺、科学和造型艺术的活动都得依靠她们的灵感. 这是拉斐尔的早期作品，很明显地体现出宁静柔美的风格，而且又借鉴了古典艺术的精华，达到静中有动、美而不媚的境地.

《圣母的婚礼》(彩图16)　在《圣母的婚礼》中，拉斐尔在绘画空间的布置方面向前迈了一大步，不仅把画中人物融入空间，也使观赏者参与进去. 分列在约瑟、马利亚和神父两侧的贵族和贵妇排成一个开阔的弧形，弧形向观赏者围伸过来. 上方的神庙是个十六边形、看上去近乎圆形的建筑，这种形状更加强了画面空间的圆形效果. 这样的布置造成了一种把欣赏者围起来的感觉，似乎要请我们走进画面，与他们融为一体，共同参与圣母的婚礼，令人称奇.

《雅典学院》(彩图1)　拉斐尔的《雅典学院》以和谐的安排、巧妙的透视、精确的比例描绘了一个神圣庄严的学院. 这幅画的意义不但在于它巧夺天工地处理了空间和景深，而且它还表达了文艺复兴时期的有识之士对希腊先圣们的崇敬之情. 柏拉图和亚里士多德，一右一左，处于画的中心. 柏拉图腋下挟着《蒂迈乌斯篇》，右手富有象征意义地以食指指天. 亚里士多德左手拿着《伦理学》，右手指向人间. 拉斐尔再一次成功地用简单的形象来表达最复杂的思想.

画中还包括苏格拉底、色诺芬、犬儒哲学家狄奥金尼斯(坐在台阶上)、唯物主义哲学家赫拉克里特，还有毕达哥拉斯，他正在作计算，右边的前景是欧几里得或阿基米德在那儿证明定理. 画的右边，托勒玫手中拿着一个球. 整个画中，有音乐家、数学家、文学家，群英荟萃.

拉斐尔以天才的历史透视感将古代及古代科学与现实生活联系在一起. 他还把自己也画进作品之中——画面右角那个头戴深色圆帽的青年便是拉斐尔. 这与其说是画家在作品上的“落款”，倒不如说是画家的信念与参与的明证. 这也正是要表达文艺复兴的艺术创作观——艺术创作是“心智的谈话”.

神圣而痛苦的米开朗基罗　米开朗基罗(Michelangelo，1475—1564)作为文艺复兴的巨匠,以超越空间和时间局限的宏伟大作在生前和后世都造成巨大影响.他的艺术创作受人文主义思想和宗教改革运动的影响,表现当时市民阶层的爱国主义和自由斗争精神.如果说达·芬奇常常视绘画为一种认识和反映客观世界的“科学”研究,米开朗基罗则完全把艺术当做“人”的创造.他不像古希腊美学家那样崇拜“数”在美术创作中的绝对作用.他终生坎坷,而且未婚,但仍活了近90高龄.

下面赏析米开朗基罗的几幅名画.

《创造亚当》(彩图17) 《创造亚当》是西斯廷教堂天顶画部分之一.人类的第一个男人被创造出来了,但他还不能站起来.健美的身体虽似饱含青春的生命,但却无法行动,在等待上帝给他以力量.至高无上的耶和华在天使们的伴随下,向他飞来,他饱含精力的手指伸向亚当,将与亚当无力的手相接,似乎在惊天动地的一瞬间,他健壮的身体和浑身的肌肉就要迸发出无穷的力量.可以说,这幅画表现的是人的觉醒和渴望着人的力量获得解放.

《女预言家利比亚》(彩图18) 米开朗基罗的艺术创作受人文主义思想和宗教改革运动的影响,以现实主义方法和浪漫主义的幻想,表现当时市民阶层的爱国主义和为自由而斗争的精神.女预言家利比亚是西斯廷教堂内壁画的一部分,是先知和巫女的形象.她正翻开一本书,扭曲着的身体极富动感,米开朗基罗独特的“明暗均衡法”使人物产生了雕塑般的感觉,红色衣裙和绿色衬布对比强烈,使观赏者不能不由衷地赞叹大师高超的艺术魅力.

3. 风景画

风景画在西方出现得很晚,只是到了17世纪才有荷兰画派的兴起.而在中国则至少可以追溯到公元4世纪.荷兰的风景画家霍贝玛(M. Hobbema, 1638—1709)以他杰出的《林荫道》(彩图19)一画为后世风景画留下楷模.这是一幅平凡中见奇崛的作品.没影点正好在两行树的中间.近大远小的透视变化固然可以看得很明显,可是这种角度既难于画得正确,又易于呆板.他将路的位置略向右移,避免了绝对平衡的毛病.尤其是路两边的幼树,间隔的疏密不同,弯曲摇曳的姿态各异,使画面生动多姿.

利用聚焦透视体系的例子不胜枚举.上面的例子已经充分地说明了数学透视方法是如何使画家们从中世纪的束缚中解放出来,而自由自在地描绘现实世界中的山川河流、大街小巷.聚焦透视体系的发展状况也显示出,适当的数学定理,以及建立在数学基础上的自然哲学,有力地决定着西方绘画的进程.尽管现代绘画已经脱离了对自然界的直接描写,但是,在艺术学校中,聚焦透视体系已成为一门基础课,并且在绘画中仍在广泛使用.

第5章 数的扩充史

数是文明开化的不可或缺的工具，用以将人类活动纳入一定的秩序.

戴维斯

半亩方塘一鉴开，天光云影共徘徊. 问渠那得清如许，为有源头活水来.

朱熹

§1 数的基本知识

为了了解我们所生存的物质世界和生命世界，数是不可缺少的工具. 对数学理论和应用的理解是从对数的理论和应用的理解开始的.《中庸》有言：

物有本末，事有终始，知所先后，则近道矣.

这就是说，学习任何东西都要知根知底. 数是我们学习和研究数学的开始，因此，我们就以对数的认识作为出发点. 要了解数的本质，必须抛弃静观的方法，从人类认识数的历史发展上寻求动态的解答. 如果我们能够更好地把握数的发展史，我们就能在每个发现或发明的源头发现伟大的智力.

数的扩充史展现了数的丰富性和深刻性. 从数的扩充史中，我们学到两种思维方式：**收敛性思维与分散性思维**. 收敛性思维是借助传统的思想和方法，将精力集中到对独一无二的答案的寻找上；分散性思维在于打破旧框架，对传统问题给出新的解答. 无论是学还是教，都需要这两种思维方式.

扩充、继承与创新是任何一门科学发展的必由之路. 数的扩充也不例外. “由整数走向分数，由正数走向负数，由实数走向虚数”，这是**扩充**. 在扩充的同时，我们希望“整数的性质分数也有，正数的性质负数也有，实数的性质虚数也有”，这是**继承**. 当由复数扩充到四元数时，我们不得不牺牲乘法的交换律，这是**创新**.

追溯数的历史不是一种单纯的回顾，而是一种新的综合、新的创造性活动，以求达到对数的更深刻的理解.

1. 两种知识

在学习数的基本性质和概念时,有两种知识是基本的:一种是正确理解概念——概念知识,另一种是会计算——程序知识.

概念知识 正确理解数的概念,数系的基本性质,数系的结构,以及这些数系与它们所反映的现实对象之间的关系.能够用语言、符号和图像表示、描述和解释数量的性质及结构.

程序知识 计算是学好数的一个基本功,要能用心算、笔算、计算器和计算机完成精确计算或近似计算.但我们不能只停留在一些常规的可预见的计算问题上,应该灵活地、有创造性地使用数,并具备组织、操作和解释数量信息的能力.

2. 数的用途

数的用途包含三个方面:计数与测量、排序、编码.

计数与测量 计数与测量是数的最基本的功能,而四则运算直接和计数与测量的对象和目的相关.这是从小学就要努力学习的东西.

排序 对某集合的元素进行排序,如运动员得奖的名次,世界富豪排行榜等.对排序进行运算是没有意义的.

编码 在由许多对象构成的集合中,为每一个对象编一个不同的号码,以便识别.例如,为篮球运动员编号.我们现在处于信息社会,数有了一种全新的功能,就是对一切信息进行编码.数的这个新功能大大地拓广了数学研究和应用的领域,并产生了一系列数学化的新领域.对这样的编号进行运算也是没有意义的.

3. 五个主要阶段

从简单到复杂,数系的发展可以分为五个主要阶段.它们是:

(1) 正整数系:仅由正整数组成的数系;

(2) 整数系:由正、负整数和0组成的数系;

(3) 有理数系:由整数和分数组成;

(4) 实数系;

(5) 复数系.

从逻辑和教学的观点看,这种划分是次序井然的,但是从历史上看却不是这样.数的历史发展的大体顺序是:自然数,分数,无理数,零,负数,虚数(复数).

数的每一次扩张都引发了深层次的思考,也都留下了有待解决的新问题.

4. 十进位制

十进位制的诞生是数学史上的一个伟大事件.从发掘出来的材料来看,我国在五六千年以前新石器晚期的出土陶器上就有了表示数字的各种符号,其中已含有十进位的雏形了.相当完善的十进位制出现在距今三四千年的殷商甲骨文和稍后的钟鼎文中.而且有了"十"、"百"、"千"、"万"等表示位置的特殊文字.这些事实说明,中国是使用十进位最早的国家.这是一件了不起的伟大事件,是数系发展过程中的**第一个里程碑**.在谈到十进位制的伟大意义时,拉普拉斯(P. S. Laplace, 1749—1827)说:

"用十个记号来表示一切数,每个记号不但有绝对值,而且有位置的值这种巧妙的方法出自印度(这一点他错了!).这是一个深远而又重要的思想,它今天看来如此简单,以致我们忽视了它的真正伟绩.但恰恰是它的简单性以及对一切计算都提供了极大的方便,才使我们的算术在一切有用的文明中列在首位;而当我们想到它竟逃过了古代最伟大的两个人物阿基米德和阿波罗尼的天才思想的关注时,我们更感到这成就的伟大了."

但是,并不是一切文明都是采用十进位制的.巴比伦人采用六十进位制,罗马人采用十二进位制,玛雅人采用二十进位制.

进位制也随着科学的进步而发展.例如,计算机诞生后,二进位制获得了新的应用.

5. 印度-阿拉伯记数法

现在通用的记数法叫做阿拉伯记数法.但这种叫法不准确,应该叫做印度-阿拉伯记数法.最早的样品是在印度的一些石柱上发现的,这些石柱大约是公元前250年建造的.印度人的发明后来被阿拉伯人采用了,并把它传到西欧.又从欧洲传向全世界.这是一套非常方便的记数法.

6. 数的几何表示——数轴与复平面

把数和点联系起来,将有助于理解各种类型的数的概念,以及它们之间的关系.首先,我们将实数与直线联系起来.

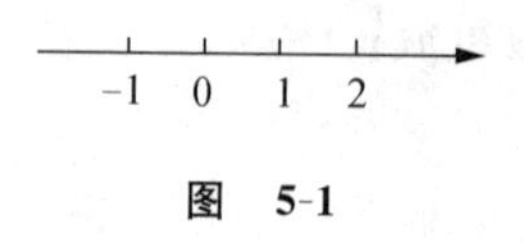

图 5-1

数轴 如图5-1所示,取定一条直线.这条直线是向两个方向无限延伸的.我们在直线上选择一个点,并把数0指派给这个点.接着我们取定一个单位,从0向右安排正数,从

0 向左安排负数.这样,每一个实数都有直线上的一点与它对应.这样的直线称为数轴.借助数轴,我们立刻可看到实数的两个重要性质:

(1) 实数是一个连续集合;

(2) 实数是一个有序集合.

复平面 如图 5-2 所示,选定直角坐标系:每个复数都具有形式 $a+bi$,它可以与平面的有序数对(a,b)建立一一对应.这样的平面叫做**复平面**.由此我们立刻看出,复数不是一个有序集合,即两个不同的复数没有大小之分.

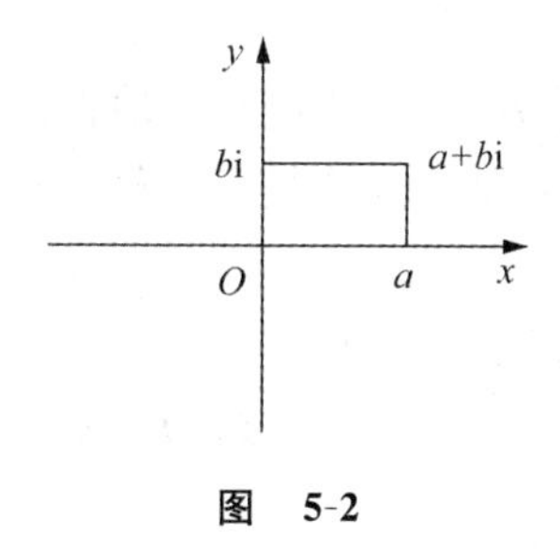

图 5-2

值得注意的是,直到数学家把复数表示成平面上的点时,单复变函数论的研究才真正繁荣起来.

§2 关键进展

1. 新的语言

在各种自然现象中,像天体的运行、日月的升落、四季的交替变换,都存在一种规律性,这种规律性可以用数来描述.这是人类早期的伟大经验之一.中国、埃及、巴比伦、印度这些文明古国都开始用数学语言来描述自然的秩序了.

但是要创立一种数的哲学,把数的意义提高到一个新的高度,就必须有更大胆的概括.

毕达哥拉斯的第一个伟大发现是:音调的高度依赖于振动弦的长度.这个发现对哲学和数学思想的未来方向具有决定意义的并不是这种事实本身,而是对这种事实的解释.如果在音调的和谐中发现的美可以还原为一种简单的数的比例的话,那么**正是数向我们揭示了宇宙秩序的基本结构**.这样,希腊人沿着抽象之梯,从一个具体实例走上了更高的境界——**"万物皆数也"**.

由此,毕达哥拉斯学派的思想家们就把数设想为一种无所不包的真正普遍的要素.

数的用途不再局限在某一特殊的领域之内，而是扩展到了存在的全部领域. 这样，毕达哥拉斯及其信徒们发现了一种新的语言——数的语言. **这个发现标志着近代科学概念的诞生.**

2. 无理数的诞生

前面已指出，在数的概念的发展史上，毕达哥拉斯学派的最大成就是发现了"**无理数**"，并引发了**第一次数学危机**. 这表明，希腊的数学已经发展到这样的阶段，**数学已由经验科学变为演绎科学.**

希腊数学家是最早的"纯粹"数学家. 他们与其他古代数学家的重要差别是，希腊数学家明确区分精确结果与近似结果，而当时的其他文化并不区分这种差别. 希腊人对精确性的兴趣不仅影响了他们研究数学的方法，也影响了他们的研究内容. 而正是这种兴趣，才促使他们作出了古代数学最为深刻的发现之一.

无理数的发现暗示了存在一个更大、更复杂的数系.

3. 0的发现

人类很早就发现了自然数，但是0的发现却晚得多，岂不怪哉！这项贡献归功于印度人. 他们承认0是一个数，而不仅仅表示空位或一无所有. 这种看法可能出现在6世纪以前. 印度天文学家瓦拉哈米希拉(Varahamihira，约505—587)的《五大历数全书汇编》中已对0施行加、减运算. 到公元7世纪，婆罗摩笈普塔(约598年生)对0的运算有了较完整的叙述. 他在著作《婆罗摩修正体系》(628年)一书中写道："负数减去0是负数，正数减去0是正数，0减去0什么也没有；0乘负数、正数或0都是0."这些结果是正确的，但关于0做除数，他说了错话. 下面是他的除法法则：

> 正数除正数，或负数除负数都是正数；零除零为零；负数除正数都是负数；零除正数或负数是分母为零的分数；负数和正数除零，情况类似.

欧洲到1500年左右，0才被接受作为一个数.

4. 负数的引入

在中国，负数的概念出现得很早. 在《九章算术》(公元前1世纪)的方程章里已经提出了正、负数的不同表示法和正、负数的加减法则. 元朝的朱世杰在《算学启蒙》(1299年)中第一次明确提出正、负数的乘除法则. 他指出："同名相乘为正，异名相乘为负"及"同名相除为正，异名相除为负".

印度人认识负数比欧洲人要早得多. 他们用负数表示欠债，用正数表示财产数. 最早对负数的运算有清楚认识的是婆罗摩笈普塔，在628年前后，他提出了负数的四种运算.

虽然负数通过阿拉伯人的著作传到了欧洲，但16世纪和17世纪欧洲的大多数数学家并不承认它们是数，也不认为它们是方程的根. 一些数学家把负数称为荒谬的数. 例如，著名数学家巴斯卡(B. Pascal，1623—1662)认为，从0减去4纯粹是胡说.

负数的引进为什么如此困难？因为负数缺乏物理基础. 例如，“负数×负数＝正数”的理由何在？因而，这是**由具体数学走向形式化数学的第一次转折**. 完全掌握这种转折要求有高度的抽象能力. 柯朗说：

“人类先天倾向于抱住具体不放，例如对待自然数那样，这说明为什么迈出不可避免的一步是如此缓慢. 事实证明只有在抽象的范畴内才能创造出合理的算术系统.”

从古代概念到现代概念的过渡是艰难而缓慢的. 令人难以置信的是，完全理解负数所经历的时间比发明微积分的时间还要长.

0和负数的引入大大扩大了数的范围，形成了更大的数系——整数系，从而带来更大的自由.

5. 数与代数方程

数的进一步发展与代数方程密切相关. 从下面的例子中我们可以清楚地看到这一点. 下列方程的解提供了不同种类的数：

$$x-1=0,\quad x=1,\quad \text{正整数；}$$

$$x+2=0,\quad x=-2,\quad \text{负整数；}$$

$$2x+3=0,\quad x=-\frac{3}{2},\quad \text{有理数；}$$

$$x^2-2=0,\quad x=\pm\sqrt{2},\quad \text{无理数；}$$

$$x^2+2x+2=0,\quad x=-1\pm \mathrm{i},\quad \text{复数.}$$

可见，代数方程与构成它的解的数是密切相关的，它们共同演化、相互促进. 上面这些方程的系数都是有理数，我们称这样的方程为**有理代数方程**.

6. 复数

如果说前面讲述的，数是由实际运用——量的度量而产生的，那么，复数则是由数学问题本身——求代数方程的根——的解决而产生的.

我们知道，要解代数方程只有实数是不够的. 这只要看二次方程

$$x^2+1=0$$

就够了. 它的根是 $x=\pm\sqrt{-1}=\pm \mathrm{i}$.

当然，历史上虚数和复数的诞生要复杂得多，复数是文艺复兴时期意大利数学家引进的. 新型数的产生总是违背传统的，并遭到同时代大多数数学家的反对，只是在找到新数的新应用，对新数的性质有了更多的了解之后，新数才能立足于数学之林. 复数的诞生和发展尤其是这样.

从19世纪开始，物理学家发现了复数在物理上的应用. 复数开始进入静电学，流体力学，气体动力学，甚至量子力学之中. 当今理论物理和工程学的许多著作都是用复数的语言来撰写的.

复数与代数基本定理 代数学的主要目的曾经是多项式的求根问题. 虽然这一问题在现代数学中已不占主导地位，但它的重要性仍然是毋庸置疑的. 一个重要的事实是，代数基本定理依赖于复数的发现.

代数基本定理 任意一个次数为 $n\geqslant 1$ 的复系数多项式

$$f(x)=x^n+a_1x^{n-1}+\cdots+a_n, \tag{5.1}$$

恰有 n 个按重数计算的复数根.

换言之，复数域 **C** 是代数封闭的.

代数基本定理告诉我们，在代数扩充的意义下，数的扩展到复数即告结束.

7. 代数数与超越数

到18世纪，虽然在弄清无理数概念方面没有什么成就，但是对无理数本身的认识还是取得了某些进展. 人们认识了代数数和超越数. 1737年，欧拉基本上证明了 e 和 e^2 是无理数，兰伯特证明了 π 是无理数. 勒让德猜测，π 可能不是有理系数代数方程的根. 他的猜测导致了无理数的分类.

欧拉

代数数 有理系数代数方程的根称为代数数.

确切地讲，一个代数数是指它是满足下述方程的数：

$$x^n+a_1x^{n-1}+a_2x^{n-2}+\cdots+a_{n-1}x+a_n=0, \tag{5.2}$$

其中 $a_1,a_2,\cdots,a_{n-1},a_n$ 为有理数.

因此，所有有理数和一部分无理数是代数数.

超越数 不是代数数的无理数叫做超越数.

欧拉(L. Euler, 1707—1783)说过：“它们超越了代数方法的能力”. 1873年，法国数学家埃尔米特(C. Hermite, 1822—1901)证明了 e 为超越数. 1882年，德国数学家林德曼(F. Lindeman, 1852—1939)证明了 π 为超越数.

但是，在代数数和超越数的理论中还有许多问题没有解决，并非每一个实数都已经认识了是什么样的数. 例如，已知 π 为超越数，e 为超越数，但是 $e+\pi$ 这个数是不是超越数，现在还不知道.

顺便指出，中国古代求 π 的近似值处于领先地位，祖冲之(429—500)给出的 π 的估计：

$$3.1415926<\pi<3.1415927.$$

领先西方一千年.

8. 希尔伯特第七问题

1900 年 8 月 6 日，第二届国际数学家代表大会在巴黎召开. 数学发展史掀开了新的一页. 8 月 8 日，年方 38 岁的德国数学家希尔伯特走上讲台. 他把目标指向未来：

“我们当中有谁不想揭开未来的帷幕，看一看在今后的世纪里我们这门学科发展的前景和奥秘呢？我们下一代的主要数学思潮将追求什么样的特殊目标呢？在广阔而丰富的数学思想领域，新世纪将会带来什么样的新方法和新成果？”

接着他向国际数学家提出了 23 个问题，为 20 世纪数学的发展掀开了光辉的第一页. 其中第七问题是：

若 α 是代数数，β 是无理数的代数数，则 α^{β} 一定是超越数或至少是无理数吗？

1934 年，苏联数学家盖尔方德证明了第七问题是对的. 1935 年，德国数学家施乃德也独立地解决了这一问题.

§3 新的数系

在 19 世纪，数学家们发明了许多新的数系. 这些数系中有三个值得特别注意：四元数，矩阵和超限数.

1. 四元数的诞生

出现于 19 世纪初的关于代数的新观念是从老的代数中自然成长起来的. 一个重要的刺激因素是 $i=\sqrt{-1}$. 它虽然在 17 世纪和 18 世纪解决了许多数学问题，但是没有人能给出一个满意的解释，说明它何以是个数. 19 世纪初，数学家对于这个进退两难的问题给出了两种不同的解答.

第一个解答是利用抽象方法，把复数定义为实数的有序对，进而对它们进行通常的代数运算：加、减、乘、除. 这些运算提供了一套在形式上与复数代数无法区分的有序对代数.

第二个解答是给 i 一个具体解释，把它等同于一个几何运算：在平面上按逆时针方向旋转一个直角.

两个解释都引起了进一步的探索. 引进更多的符号不是可以带来更多的好处吗? 如果将 i 解释为平面中的一个旋转,为什么不考虑三维空间中的旋转? 更进一步,如果将复数视为 2 维数,要用什么来表示空间中某种 3 维数的向量及其代数运算呢? 人们希望对这种 3 维数进行的运算能包括加、减、乘、除,而且满足通常实数和复数所具有的性质. 看看这样做会给代数贡献一些什么新东西. 这一探索终于导致 1843 年四元数的诞生.

四元数是哈密尔顿(W. R. Hamilton, 1805—1865)的伟大创造. 他花了好几年的时间深思这样一个事实: 复数的乘法可简单地解释为平面的一个旋转,这个概念能否推广? 能否发明一类新的数,并定义一类新的乘法,使之能表示三维空间的旋转? 经过长时间的努力之后,他发现必须作出两个让步:

(1) 新数包含 4 个分量;

(2) 必须放弃乘法交换律.

为什么新数包含 4 个分量? 如果把新数看成一个算子,使它能把一个给定的向量绕空间一个轴进行旋转,并能进行伸缩,那么,该如何做呢? 首先,从球坐标的知识,我们知道,确定空间一条轴的方向需要两个参数(角度): θ 和 φ;其次,需要第三个参数来规定轴的旋转角度;最后,还需要第四个参数来规定向量的伸缩. 这样一来,新数应该有 4 个分量.

关于哈密尔顿抛弃乘法交换律的思想有一个动人的故事. 经过 15 年无效的冥思苦想之后,在暮色苍莽中,他和妻子正散步于都柏林的皇家运河河畔时,灵感降临了! 灵感的核心思想是抛弃乘法交换律. 这个反传统的思想给他很大的震动. 他立刻取出铅笔刀把乘法表的要旨刻在布鲁哈姆桥的一块石头上. 今天,在该桥的那块石头上镶嵌着一块水泥板,板上刻着:

哈密尔顿

1843 年 10 月 16 日
哈密尔顿爵士曾散步于此,
关于四元数乘法的基本公式
$(i^2=j^2=k^2=ijk=-1)$
的天才发现来源于那时的一闪念.
他还将它刻于此桥的一块石头上.

这是数学史上的一个重要的里程碑.

四元数不遵循乘法交换律. 不遵循乘法交换律,对 19 世纪初的数学家来说,简直是一个晴天霹雳. 在代数中,数的运算遵从交换律、结合律与分配律,这是千百年来深深地根植在人们头脑中的意识. 现在要抛弃乘法交换律，当然是根本性的一步.这和抛弃平行公理具有相同的意义：

它使代数学从传统的实数系代数中解放了出来.

哈密尔顿四元数的发现对代数学具有不可估量的重要性.一旦数学家们认识到可以构造一个有意义的、有用的“数”系，它可以不具有交换性，那么他们就可以自由地考虑甚至更偏离实数和复数的通常的性质的创造.这种认识在向量代数和向量分析建立之前是必要的，因为向量比四元数违反更多的通常的代数法则.

哈密尔顿的贡献标志着一个时代的开始.在新时代里，数学家可以运用预先确定的、逻辑连贯一致的组合规则，自由地创造符号系统，无需考虑这样的系统是否描述了现实世界的某一部分.

新代数的出现使人们对熟悉的算术和代数中的真理性提出了质疑.

虽然乘法不符合交换律的代数在19世纪中叶设计出了许多种，但是乘法不符合结合律的代数出现在20世纪，这种代数的例子有约当代数和李代数.

关于四元数诞生的意义，西尔维斯特(J. Sylvester, 1814—1897)这样评论道：“四元数是代数摆脱了乘法交换律羁绊的例子，这是一种解放，好像罗巴切夫斯基(N. I. Lobatchevsky, 1792—1856)使几何学从欧几里得经验公理下解放出来一样.”

2. 四元数的性质

四元数是下面形式的数：

$$a+b\mathrm{i}+c\mathrm{j}+d\mathrm{k},$$

其中 a,b,c,d 是实数，i,j,k 起着 i 在复数中所起的作用：$\mathrm{i}^2=\mathrm{j}^2=\mathrm{k}^2=-1$.

两个四元数相等的定义是，它们的数量部分相等以及它们的 i,j,k 单元的每个系数分别相等.两个四元数相加是将它们的数量部分相加，且将 i,j,k 单元的每个系数分别相加.对四元数进行乘法时，乘法的所有熟知的代数规则都假定有效，除了在形成单元 i,j,k 相乘时，放弃了交换律，而具备下面的规则：

$$\mathrm{jk}=\mathrm{i},\quad \mathrm{kj}=-\mathrm{i},\quad \mathrm{ki}=\mathrm{j},\quad \mathrm{ik}=-\mathrm{j},\quad \mathrm{ij}=\mathrm{k},\quad \mathrm{ji}=-\mathrm{k},\qquad (5.3)$$
$$\mathrm{i}^2=\mathrm{j}^2=\mathrm{k}^2=-1.$$

乘法法则可以概括成如下的乘法表：

	1	i	j	k
1	1	i	j	k
i	i	−1	k	−j
j	j	−k	−1	i
k	k	j	−i	−1

两个四元数作乘法时，可以把它们当做关于i，j，k的多项式来进行乘法运算，然后按照上面的乘法表把所得的乘积归结为同样的形式.

例　$(1+2i+2j+3k)+(2+i+j+4k)=3+3i+3j+7k$；

$(1+2i+2j+3k)(2+i+j+4k)=-14+10i+10k$.

3. 矩阵

在现代科学技术中，使用的数的范围远远超出了整数和分数的范围，而用到了向量、矩阵、同余算术.这样，用数表达的对象进入了新的领域，并引出新的思想和新的方法.矩阵的思想在中国很早就已经有了，至少可以追溯到汉朝，中国数学家在解线性方程组时就用了矩阵.在欧洲，18世纪或更早些时候，行列式已被使用和计算了，到19世纪中叶导致了矩阵概念的定义及矩阵代数的发展.大约同时由哈密尔顿、西尔维斯特和凯莱(A. Cayley，1821—1895)发展起来.

矩阵起源于对线性方程组的研究.例如，考察形如

$$a_{11}x+a_{12}y+a_{13}z=b_1,$$
$$a_{21}x+a_{22}y+a_{23}z=b_2,$$
$$a_{31}x+a_{32}y+a_{33}z=b_3$$

的线性方程组.它的系数构成矩阵

$$\begin{pmatrix} a_{11} & a_{12} & a_{13} \\ a_{21} & a_{22} & a_{23} \\ a_{31} & a_{32} & a_{33} \end{pmatrix}.$$

对矩阵可以定义加法、减法和乘法.其运算规则有一些与数字相同，有一些与数字不同.其主要不同有两个：一个是矩阵乘法不符合交换律，若将两个矩阵交换次序相乘，则所得到的结果一般是不相同的；另一个重要的不同是，除0外，每个数都有一个乘法的逆元，但是许多矩阵没有乘法的逆元.

行列式是矩阵的一个重要组成部分.现在，矩阵和行列式是数学所有分支中最为有用的分支之一.

4. 超限数

超限数是对无限集合的计数，它基于对无限的认识，而对无限的认识经历了漫长的道路.无限是数学家的王国，它深深地扎根于数学之中.正是借助数学，人们才对无限有了深刻的认识.粗糙地说，人类对无限的认识经历了三个阶段.求积问题的出现是人类开始利用无限.为了求圆的面积或球的体积，引出了无限分割的概念和逼近的

概念.这是人类在数学上认识与使用无限的第一步.微积分的诞生使人类开始了系统地使用无穷大和无穷小的概念.这是人类认识与理解无限的第二阶段.人们虽然使用无穷大和无穷小的概念,但对它并不理解.所以,当人们开始研究无穷级数的时候,悖论就大大增多起来.直到实数理论建立之后,人们对无限认识的第二阶段才告完成.这时人们才掌握了利用有限刻画无限的手段,解决了在微积分诞生后出现的关于无限的悖论.对无限认识的第三个阶段是德国数学家康托(G. Cantor, 1845—1918)的集合论.

康托

是奇特,还是矛盾? 在研究无限时,常识是一个蹩脚的向导.一位不知名的中学生说:"无穷大是这样一个地方,不可能发生的事在这里会发生."希腊的普罗克洛斯曾注意到,圆的每一条直径都把圆分成两个半圆,直径有无限多个,半圆也有无限多个,而后者是前者的两倍.这一结论不是与人们的直觉相违背吗?

中世纪的一些哲学家注意到,把两个同心圆的点用公共半径连起来,就在两个圆上的点之间建立了一一对应(图5-3),从而可以认为,两个圆含有相同多的点.可是这两个圆周的周长不相等呀.

无限的概念虽然在古希腊已经受到数学家的重视,但是对无限集合的计数要晚到19世纪后半叶.

最早对这一问题进行研究的是伽利略.他建立了全体自然数的集合与全体自然数平方的集合的一一对应.虽然他没有做进一步的研究,但是他提供的思想却是重要的.首先,他给出了研究无限集合的工具——一一对应;其次,在无限集合中,整体可能等于部分.

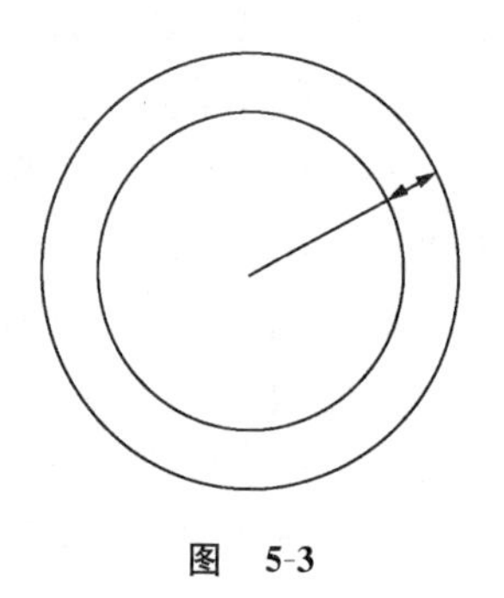

图　5-3

"整体大于部分"是欧几里得最基础的公理,没有人怀疑这条公理.但是,要对无穷集合进行记数必须超越这条公理.因为如果我们在无限的研究中继续使用这条公理,将不可避免地引出逻辑矛盾.这条公理的反面说法是:"整体与部分相等".这种说法把有限集合与无限集合区分了开来.

康托对无穷集合的计数作出卓越的贡献.他借助一一对应的概念来计数无限集合,从而引出了超限数的重要理论.这在数学史上是一个重要的里程碑.

§4 可 数 集

1. 势的概念

我们先引出下面的重要定义.

定义 若集合 A 与集合 B 间能建立一对一的对应,则称集合 A 与集合 B 是**对等的**,或者称它们的势是**相同的**,记做

$$A \sim B.$$

不难明白,2 个有限集只有当它们的元素的个数是相同时才是对等的. 势的概念是个数概念的推广,"其势相同"一语乃是有限集元素"个数相同"的扩充.

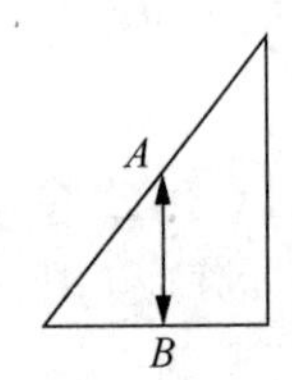

图 5-4

例 1 A 表示直角三角形斜边上的点集,B 表示底边上的点集. 由图 5-4 可看出 $A \sim B$.

例 2 设 N 表示全体自然数的集合,而 M 为全体偶数的集合:

$$N=\{1,2,\cdots,n,\cdots\},$$
$$M=\{2,4,\cdots,2n,\cdots\}.$$

这两个集合之间可以建立一一对应:

$$N: 1\ 2\ 3\ \cdots$$
$$M: 2\ 4\ 6\ \cdots$$

即,M 与 N 是对等的,它们的势相同. 因此得到,自然数有多少,偶数就有多少.

整体与自身的一部分建立一一对应,对早期的思想家来说,是荒谬的,并促使他们抵制有关无穷集的任何研究成果. 但康托并未因此而退缩. 他预见到,无穷集合将遵循新的不适合有限集的法则. "反常"与"正常"是依赖于条件的. "整体与部分对等"在有限集中是错误的,因而属于反常. 但在无限集中是正确的,因而属于正常.

其实,康托自己也对一一对应的结果惊愕不已. 他证明了一条直线上的点与一个平面上的点之间存在着一一对应. 他在 1877 年写给戴德金(R. Dedekind, 1831—1916)的一封信中说:"我看到了它,却不敢相信."但是,他还是相信了,并且用一一对应的原理去作进一步的研究.

下面关于对等集的简单性质,读者不难自己证明:

定理 1 设 A,B,C 是三个不同的集合,则下面三条规则成立:

(1) $A \sim A$;

(2) 如果 $A\sim B$,那么 $B\sim A$;

(3) 如果 $A\sim B,B\sim C$,那么 $A\sim C$.

2. 有理数集是可数的

下面我们讲一讲数学家如何在“无限”这一混沌中找出秩序.我们研究的次序仍然是从简单到复杂.在无限数集中什么数集最简单?当然是自然数集,因而我们把自然数集当做认识无限的起点和工具.其次是整数集,它包括自然数集、0、负整数集.再下面就是有理数集了.任何两个整数的比(0 不做分母)都是有理数.看上去有理数集中的元素个数要比自然数集中的元素个数多得多.果真如此吗?康托先给出了下面的定义:

定义 凡与自然数集对等的集 A 都叫做**可数集**,或称集 A 是**可数的**.

下面是可数集的例子:

$$A=\{2, 4, 6, 8, \cdots, 2n, \cdots\},$$

$$B=\{1, 4, 9, 16, \cdots, n^2, \cdots\},$$

$$C=\left\{1, \frac{1}{2}, \frac{1}{3}, \frac{1}{4}, \cdots, \frac{1}{n}, \cdots\right\}.$$

定理 2 两两不相交的有限个可数集的和集是一个可数集.

证明 我们只对三个被加集的情形给以证明,由此可看出论断的一般性.

设 A,B,C 是三个可数集:

$$A=\{a_1, a_2, a_3, \cdots\},$$

$$B=\{b_1, b_2, b_3, \cdots\},$$

$$C=\{c_1, c_2, c_3, \cdots\}.$$

易见,它们的和集$S=A+B+C$ 可以写成

$$S=\{a_1, b_1, c_1, a_2, b_2, c_2, a_3, \cdots\}.$$

所以 S 是可数的.

康托证明了一个令人吃惊的定理:

定理 3 有理数的集合 $\mathbf{Q}$ 是可数的.

证明 设所有正有理数的全体是 $\mathbf{Q}_+$,所有负有理数的全体是 $\mathbf{Q}_-$,则

$$\mathbf{Q}=\mathbf{Q}_+ +\{0\}+\mathbf{Q}_-.$$

$\mathbf{Q}_+$ 和 $\mathbf{Q}_-$ 显然是对等的.因而我们只要证明 $\mathbf{Q}_+$ 是可数集就行了.

将 $\mathbf{Q}_+$ 排列如下：

$$\begin{array}{ccccc}
1 & 2 & 3 & 4 & \cdots \\
\frac{1}{2} & \frac{3}{2} & \frac{5}{2} & \frac{7}{2} & \cdots \\
\frac{1}{3} & \frac{2}{3} & \frac{4}{3} & \frac{5}{3} & \cdots \\
\frac{1}{4} & \frac{3}{4} & \frac{5}{4} & \frac{7}{4} & \cdots \\
\cdots\cdots & & & &
\end{array}$$

于是，我们可以这样给 $\mathbf{Q}_+$ 排序：

$$1,\ \frac{1}{2},\ 2,\ \frac{1}{3},\ \frac{3}{2},\ 3,\ \cdots$$

因而 $\mathbf{Q}_+$ 是可数的.

那么，实数集呢，实数集可数吗？康托用反证法证明了：

定理 4　全体实数集是不可数的.（证明从略）

超限数　定理 4 的另一个推论是，实数集的势大于可数集的势. 这样，无限集分出了大小. 自然地，新的问题又产生了：有比实数集的势更大的集合吗？答案是：有的.

一个集合 A 的幂集是指 A 的一切子集合所构成的集合. 任何非空集合的幂集的势都比原集合的势大. 即，任何集合和它的幂集之间都不存在一一对应.

例 3　集合 $\{1,2\}$ 的子集合分别是空集 $\varnothing$，只含一个元素的集合 $\{1\}$，$\{2\}$ 和集合 $\{1,2\}$，即集合 $\{1,2\}$ 的幂集有 4 个元素.

由此可知，无限集的等级也是无限的. 这样，超限数的概念就诞生了.

超限数是用来表示无限集合大小的数. 自然数集、完全平方数集、有理数集和代数数集都具有相同的超限数，康托把这个超限数记为 χ_0. 全体实数集的超限数记为 χ_1.

超限数至今尚未在数学之外找到应用. 但在数学的内部却有相当大的影响，并唤起深刻的逻辑和哲学的思考.

§5　数系的公理化

被欧几里得公理体系的缺点所震撼，19 世纪的许多数学家都从事系统地研究数系的公理. 数学家们希望，他们能找出一组公理，而后由此推出关于算术的所有真理.

1. 皮亚诺的五条公理

最能适合19世纪后期的公理化倾向的是用一组公理来引进正整数系.意大利数学家皮亚诺(G. Peano,1858—1932)在他的《算术原理新方法》一书中,首先完成了这项工作.皮亚诺的五条公理是

(1) 1是一个自然数;

(2) 1不是任何其他自然数的后继者;

(3) 每一个自然数a都有一个后继者;

(4) 如果a和b的后继者相等,则a和b也相等;

(5) 若一个由自然数组成的集合S含有1,又当S含有任何一数a时,它一定含有a的后继者,则S就含有全部自然数.

这最后一个公理就是数学归纳法公理.

从这五条公理出发,可以导出正整数的所有熟知的性质.

一旦我们有了正整数供我们使用和构造,就可以去构作数的概念的推广.由正整数的运算,我们可以创造负整数和0,这样就得到全体整数.

2. 有理数的定义

有了整数,就可以通过有序的整数对来引进有理数.即若a与b是整数,且$b\neq 0$,则有序对(a,b)就是一个有理数.直观地说,(a,b)就是$\frac{a}{b}$.适当地限制这种数对的加法和乘法运算的定义,就可以导出有理数的通常性质.

3. 有理数的两条重要性质

实数理论是建立在有理数的基础上的,为了建立实数理论,我们应当先弄清有理数的有关性质.关于有理数有两条性质是重要的:

(1) 稠密性;

(2) 不完备性.

全体有理数集合的一个重要性质就是有理数集在数轴上的"稠密性".稠密性指,对于任意两个有理数r_1,r_2,不管它们相距多近,即不管$|r_1-r_2|$多么小,它们之间总有另一个有理数r_3.例如可取$r_3=\frac{1}{2}(r_1+r_2)$,易见,r_3在r_1和r_2之间.在r_1和r_3之间,r_2和r_3之间,还有另外的有理数.如此类推,可知在r_1和r_2之间存在无穷多个有理数,这就是有理

数的稠密性.

有理数是我们日常生活和科学技术中用于测量的数.它的稠密性保证了我们的测量可以达到任意高的精确度.就实用而言,有理数是完全够用的.

但是,有理数系仍然存在严重的缺陷:它不是一个完备的数系.首先,有理点并没有填满整个数轴.前面已指出,$\sqrt{2}$ 就不是有理数.而且我们知道,有理点间的空隙非常之多.从几何上看,这是不完美的.如果不把它们填补起来,就连平面几何中"截取交点"这件事都会遇到麻烦.从代数上看,有理数系对开方运算不封闭,有理数的开方可能不再是有理数.这个问题不解决,进一步的代数运算将遇到麻烦.

其次,当我们从变量的角度考察问题时,就会发现,有理数系在极限运算下不封闭.即由有理数组成的序列,其极限可能不再是有理数.有理数的这种不完备性,是一个本质上的缺陷.它使得有理数系不能成为微积分学的立论的基础.

4. 实数的定义

M.克莱因说:"数学史上最令人惊奇的事实之一,是实数系的逻辑基础竟迟至19世纪后叶才建立起来."从有理数到实数的跨越是数的扩张中最艰难的一步,其中包含了许多数学中的核心概念:

从有限运算到无限运算;

从有限表示到无限表示;

从离散到连续.

关于实数的构造,已有三种不同的方法,也就是有三派理论,即戴德金的"分划",康托-海涅(H. E. Heine,1821—1881)的"基本序列"和魏尔斯特拉斯(K. Weierstrass,1815—1897)的"有界单调序列".这三种构造方法有一个共同点:都是利用有理数的某些集合来定义无理数.并且,这三种定义在逻辑上是等价的.一旦证明了它们的等价性,就可以从任一定义出发去定义实数.我们用戴德金的"分划"定义实数.

戴德金的"分划" 戴德金的方法是引进实数线.我们知道,直线是连续的,也就是直线上没有间断点.这是一个几何公理.戴德金是从这个公理开始推导,说明实数系也是连续的,并且它的连续与直线的连续方式相同.要证明在实数系中,不存在间断点,数和数之间没有间隙,就需要在直线上的点与实数之间找到一种对应的逻辑方法.其关键是,设想一条标有有理数的直线,然后对全体有理数按如下方法进行分割.

若把全体有理数分成两个集合 A,A'.A 和 A' 均为非空集合,并且满足下面的条件,那么我们就称这样的分割为分划:

(1) 任一有理数必在,且仅在 A 和 A' 二集之一中出现;

(2) 集 A 的任意数 a 必在集 A' 中任一数 a' 的左边,即永有 $a<a'$.

集 A 称为分划的下组,集 A' 称为分划的上组. 分划记为 $A|A'$.

由分划的定义推得,在下组的数 a 左边的一切有理数都属于下组;在上组的数 a' 右边的一切有理数都属于上组.

例 1 一切满足不等式 $a<1$ 的有理数 a 定为集 A;一切满足不等式 $a'\geqslant 1$ 的有理数 a' 定为集 A'.

容易验证,这是有理数的一个分划. 1 属于 A',并且是 A' 中的最小数. 另一方面,A 中没有最大数.

例 2 一切满足不等式 $a\leqslant 1$ 的有理数 a 定为集 A;一切满足不等式 $a'>1$ 的有理数 a' 定为集 A'.

容易验证,这是有理数的一个分划. 1 属于 A,并且是 A 中的最大数. 另一方面,A' 中没有最小数.

例 3 设 A 是由所有负有理数、数 0 及使 $a^2<2$ 的所有正有理数 a 组成的集合,A' 是使 $a^2>2$ 的所有正有理数 a 组成的集合.

我们又得到有理数的一个分划. 易见,A 中没有最大数,A' 中没有最小数.

由有理数的稠密性可知,不存在 A 中有最大数,A' 中有最小数的分划. 这样一来,如例 1,2,3 所表明的,分划只有三种类型:

(1) 在下组 A 中没有最大数,而在上组 A' 中有最小数 r;

(2) 在下组 A 中有最大数 r,而在上组 A' 中没有最小数;

(3) 在下组 A 中没有最大数,在上组 A' 中也没有最小数.

在前两种情形,我们说,分划由有理数 r 生成. 例 1,例 2 中的数 1 便是这样的数. 在第三种情形界数不存在,分划并不定义任何有理数. 我们约定,任一情形(3)的分划定义一个无理数 α. 在例 3 中,新定义的数就是 $\sqrt{2}$.

由此,我们总是把无理数 α 与定义它的分划 $A|A'$ 联系起来去理解它.

有理数及无理数总称**实数**. 这样,我们就完成了实数的定义,并且把直线上的点与实数之间的对应建立了起来.

戴德金的思想表达了实数系的完备性. 在与不完备的数系和模糊的数的概念斗争了两千多年之后,戴德金为实数系发展了一种模式,消除了人们在数的问题上受到的困扰.

由于戴德金建立了直线上的点与实数之间的一一对应,我们就可以放心地用几何的直觉语言来描述算术的问题;而且反过来,可以使几何问题具有算术解析的全部力量和精确性,就可以把几何问题归结为数和量的问题. 由此可见,戴德金的分割多么重要!

第6章 解析几何概要

数学中的转折点是笛卡儿的变数.有了变数,运动进入了数学;有了变数,辩证法进入了数学;有了变数,微分和积分也就立刻成为必要的了……

恩格斯

(解析几何)远远超出了笛卡儿的任何形而上学的推测,它使笛卡儿的名字不朽,它是人类在精密科学的进步史上所曾迈出的最伟大的一步.

J. S. 穆勒

§1 两个基本概念

1. 解析几何的诞生

在戴沙格(G. Desargues, 1591—1661)和帕斯卡(B. Pascal, 1623—1662)开辟射影几何学这个新领域的同时,笛卡儿和费马(P. de Fermat, 1601—1665)就在构想解析几何的概念了.但是,这两项研究之间存在着一个根本的区别:前者是几何学的一个分支,而后者是几何学的一种方法.

欧氏几何是一种度量几何,关心长度和角度.它的方法是综合的,没有代数的介入,为解析几何的发展留下了余地.

解析几何的创始人笛卡儿和费马都敏锐地看到了数量方法的必要性,而且注意到代数具有提供这种方法的力量.因此,他们就用代数来研究几何学.笛卡儿说:

"……我决心放弃那个仅仅是抽象的几何,这就是说,不再去考虑那些仅仅是用来练习思想的问题.我这样做,是为了研究另一种几何,即目的在于解释自然现象的几何."

笛卡儿在1637年出版的《几何学》,一般被认为是解析几何的开端.这是微积分诞生前的最后的、也最为深远的一步.要讨论微积分这一学科,没有连续变量就无法进行.恩格斯指出：

"数学中的转折点是笛卡儿的变数. 有了变数，运动进入了数学；有了变数，辩证法进入了数学；有了变数，微分和积分也就立刻成为必要的了……"

而且，解析几何还开辟了新曲线的广阔领域，并促使人们发明研究这些曲线的新算法. 希腊几何学者曾因缺少曲线而感到困难. 现在，只要写出一个新方程就会有一条新曲线. 这样解析几何就为微积分提供了广阔的用武之地.

2. 两个基本概念

笛卡儿的理论以两个概念为基础：坐标的概念和利用坐标方法把两个未知数的任意代数方程看成平面上的一条曲线的概念.

1）坐标的概念

在引进坐标系之后，平面上的点 P 可以与一对有序实数 (a,b) 建立一一对应：

$$P \leftrightarrow (a,b).$$

(a,b) 称为该点的坐标（图 6-1）.

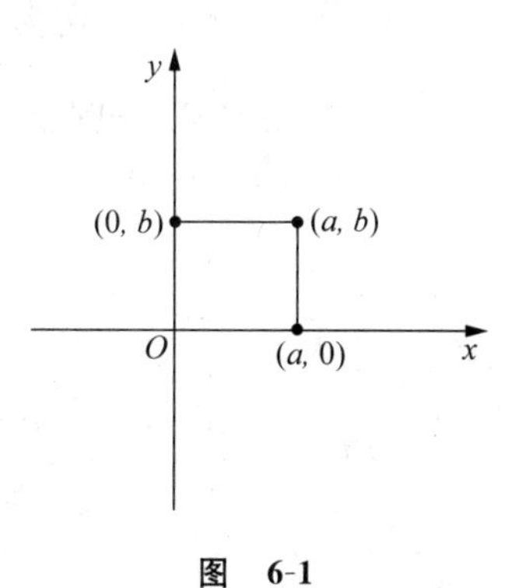

图 6-1

这就实现了平面的算术化. 于是，数的计算可以用几何的方式来解释，几何问题可以重新表述为代数问题. 这是数学史上的一次质的飞跃.

2）曲线与方程

解析几何的另一个基本概念是，把两个未知数的任意代数方程看成平面上的一条曲线的概念. 坐标概念的实质是，在平面上的点与有序实数对 (a,b) 之间建立对应关系，从而使平面上的曲线和两个变量的方程之间的对应成为可能. 这样，对平面上的每一条曲线存在一个确定的方程 $f(x,y)=0$，并且每一个这样的方程存在平面上的一条曲线或一组点与之对应. 进而，在方程 $f(x,y)=0$ 的代数和解析性质与相联系的曲线的几何性质之间也建立了联系. 不仅如此，应用这种方法还可以由一个已知的代数的或解析的结果发现一个新的意外的几何结果. 因此，解析几何是一种卓有成效的方法，不仅可以用来解决几何问题，还可以用来发现新的结果.

两个基本概念的结合产生了一个全新的学科——解析几何.

定义 解析几何是这样一个数学学科，它在采用坐标法的同时，运用代数方法来研究几何对象.

§2 圆锥曲线

1. 希腊数学的顶峰

希腊人关于圆锥曲线的研究总结在《圆锥曲线》一书中.此书可以说是希腊演绎几何学的顶峰之作,它的作者是阿波罗尼.阿波罗尼用纯几何的手段得到了今日解析几何的主要结论.在阿波罗尼之前,已经用三种不同圆锥面导出了圆锥曲线.阿波罗尼则是第一次从一个对顶锥面的截面得到所有的圆锥曲线(图 2-5).他也是第一个发现双曲线有两个分支的人.椭圆、双曲线、抛物线的命名是他的功绩.

2. 椭圆、双曲线、抛物线

1) 椭圆的定义和它的标准方程

设在平面上给定了两个点 F_1 和 F_2,它们之间的距离是 $2c$ ($c>0$).我们来求到点 F_1 和 F_2 的距离之和是一个常数 $2a$ ($a>c$)的点 M 的轨迹.点 M 的轨迹叫做**椭圆**,点 F_1 和 F_2 叫做椭圆的**焦点**(图 6-2).

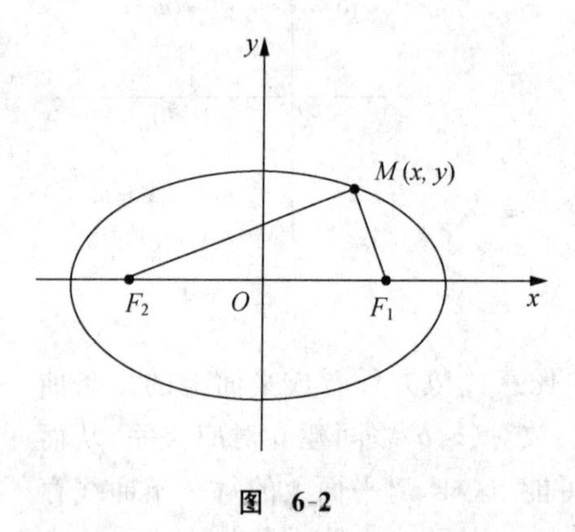

图 6-2

为了求出椭圆的方程,我们这样选取直角坐标系,使得点 F_1 和 F_2 都在 x 轴上,而原点 O 正好是它们的中点.于是,点 F_1 和 F_2 的坐标分别是$(c,0)$和$(-c,0)$.设椭圆上任意点 M 的坐标是(x,y).依椭圆的定义,我们有

$$\sqrt{(x-c)^2+(y-0)^2}+\sqrt{(x+c)^2+(y-0)^2}=2a.$$

为了简化这一方程,把第一个方根移到右边,然后两边平方,得

$$(x+c)^2+y^2=4a^2-4a\sqrt{(x-c)^2+y^2}+(x-c)^2+y^2.$$

由此,再把方根移到左边,其他各项移到右边,化简得

$$a\sqrt{(x-c)^2+y^2}=a^2-cx.$$

再两边平方,接着化简,得

$$(a^2-c^2)x^2+a^2y^2=(a^2-c^2)a^2.$$

令 $a^2-c^2=b^2$,两边除以 a^2b^2,得到

$$\frac{x^2}{a^2}+\frac{y^2}{b^2}=1. \tag{6.1}$$

这就是椭圆的标准方程.

当 $a=b=R$ 时，方程(6.1)就化为

$$x^2+y^2=R^2.$$

这是半径为 R，中心在原点的圆的方程.

2）双曲线的定义和它的标准方程

设在平面上给定了两个点 F_1 和 F_2，它们之间的距离是 $2c$ $(c>0)$. 到点 F_1 和 F_2 的距离之差是一个常数 $2a$ $(0<a<c)$的点 M 的轨迹叫做**双曲线**，点 F_1 和 F_2 叫做双曲线的**焦点**(图 6-3).

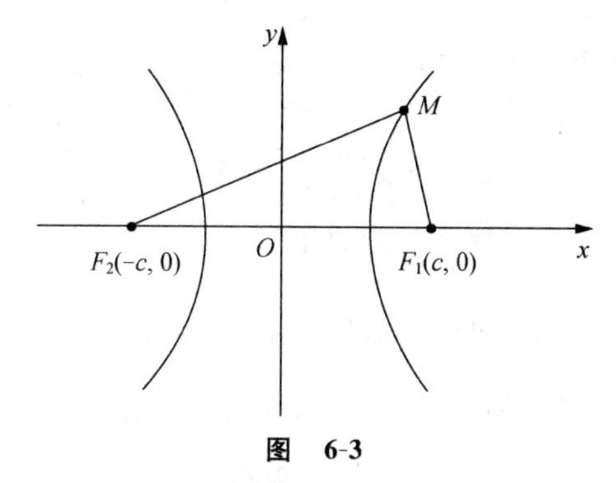

图 6-3

我们这样选取直角坐标系，取通过点 F_1 和 F_2 的直线作为 x 轴，线段 F_1F_2 的中点 O 作为坐标原点. 于是，点 F_1 和 F_2 的坐标分别是$(c,0)$和$(-c,0)$，而$|F_1F_2|=2c$. 设 $M(x,y)$ 是曲线上的任意点，则

$$|MF_1|=\sqrt{(x-c)^2+y^2},$$
$$|MF_2|=\sqrt{(x+c)^2+y^2}.$$

按双曲线的定义，$|MF_1|-|MF_2|=\pm 2a$，即

$$\sqrt{(x-c)^2+y^2}-\sqrt{(x+c)^2+y^2}=\pm 2a$$

或

$$\sqrt{(x-c)^2+y^2}=\sqrt{(x+c)^2+y^2}\pm 2a.$$

两边平方，并化简，得到

$$cx+a^2=\pm a\sqrt{(x+c)^2+y^2}.$$

再平方，并化简，得到

$$(a^2-c^2)x^2+a^2y^2=a^2(a^2-c^2).$$

因为 $c>a$，所以 c^2-a^2 是正数. 用 b^2 表示这一正数：

$$b^2=c^2-a^2,$$

则上面的方程变为

$$b^2x^2-a^2y^2=a^2b^2.$$

两边除以 a^2b^2,就得到双曲线方程

$$\frac{x^2}{a^2}-\frac{y^2}{b^2}=1. \tag{6.2}$$

这一方程称为双曲线的标准方程.

3）抛物线的定义和它的标准方程

与一定点和一定直线等距离的点的轨迹称为**抛物线**,其中定点称为抛物线的**焦点**,定直线称为抛物线的**准线**(假定定点不在定直线上).

为了求出抛物线的标准方程,我们这样选取坐标系:如图 6-4 所示,设焦点为 F,把通过点 F 且垂直于准线的直线取为 x 轴,从准线到焦点的方向取为 x 轴的正向;设 x 轴与准线的交点为 D,取 $\overline{DF}$ 的中点 O 为坐标原点. 焦点到准线间的距离用 p 来表示. 于是,焦点 F 的坐标是 $\left(\frac{p}{2},0\right)$,准线的方程为 $x=-\frac{p}{2}$. 设 $M(x,y)$ 是抛物线上的任意一点. 从点 M 向准线作垂线,设垂足为 Q. 易见,Q 的坐标是 $\left(-\frac{p}{2},y\right)$. 由距离公式,有

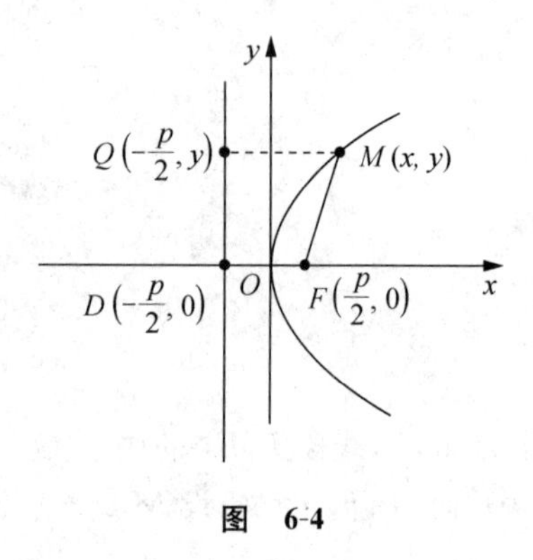

图 6-4

$$|FM|=\sqrt{\left(x-\frac{p}{2}\right)^2+y^2},$$

$$|QM|=x+\frac{p}{2}.$$

按抛物线的定义,有

$$\sqrt{\left(x-\frac{p}{2}\right)^2+y^2}=x+\frac{p}{2}.$$

两边平方,得

$$\left(x-\frac{p}{2}\right)^2+y^2=\left(x+\frac{p}{2}\right)^2.$$

再展开,化简得

$$y^2=2px. \tag{6.3}$$

这就是抛物线的标准方程.

3. 二次曲线的光学性质

1）抛物线

从焦点 F 出发的光线经抛物线的反射将沿平行于 x 轴方向射出去. 为了证明这一

点,看图 6-5,设 MC 是过抛物线上点 $M(x_0,y_0)$ 的切线,并设直线 ME 平行于 x 轴. 根据光线的反射原理:入射角=反射角,若能证明 $\varphi=\psi$,则 ME 就是反射线.

借助对(6.3)式微分,我们得到

$$2y\mathrm{d}y=2p\mathrm{d}x \Rightarrow \frac{\mathrm{d}y}{\mathrm{d}x}=\frac{p}{y},$$

因而过点 $M(x_0,y_0)$ 的切线的斜率是 $\frac{p}{y_0}$,即 $\tan\varphi=\frac{p}{y_0}$. 另一方面,从图可得出

$$\tan\gamma=\frac{y_0}{x_0-\frac{p}{2}}.$$

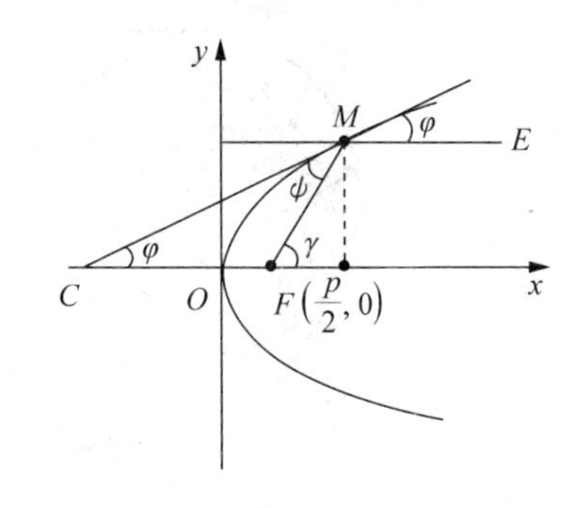

图 6-5

由于

$$\tan2\varphi=\frac{2\tan\varphi}{1-\tan^2\varphi}=\frac{2\frac{p}{y_0}}{1-\frac{p^2}{y_0^2}}=\frac{2py_0}{y_0^2-p^2},$$

而由(6.3)式,$y_0^2=2px_0$,从而

$$\tan2\varphi=\frac{2py_0}{y_0^2-p^2}=\frac{2py_0}{2px_0-p^2}=\frac{y_0}{x_0-\frac{p}{2}}=\tan\gamma,$$

即 $\gamma=2\varphi$. 又 $\gamma=\varphi+\psi$,所以 $\psi=\varphi$.

应该指出,阿波罗尼已经知道了抛物线的光学性质.

抛物线的光学性质被用来制作探照灯(图 6-6). 在探照灯中,强有力的光源放在抛物镜面的焦点处,光线经镜面的反射,成为平行于镜轴的光线而发射出去.

2)椭圆

借助微积分不难证明,从椭圆的一个焦点 F_1 出发的光线经过椭圆的反射就集中于椭圆的另一个焦点 F_2(图 6-7). 激光发生器的聚光器就是利用椭圆的这种性质制成的,它的反射镜是旋转椭球面或椭圆柱面. 激光发生器的光源在点 F_1 处,工作物质如红宝石在点 F_2 处. 这样从点 F_1 发出的光就集中在点 F_2,从而激发出能量极高的激光. 为了提高激光的能量,常常采用由四个椭圆反射镜联合组成的镜面(图 6-8).

3)双曲线

从双曲线的一个焦点 F_1 发出的光线,经过它的反射后,成为好像从它的另一个焦点 F_2 发出的光线(图 6-9).

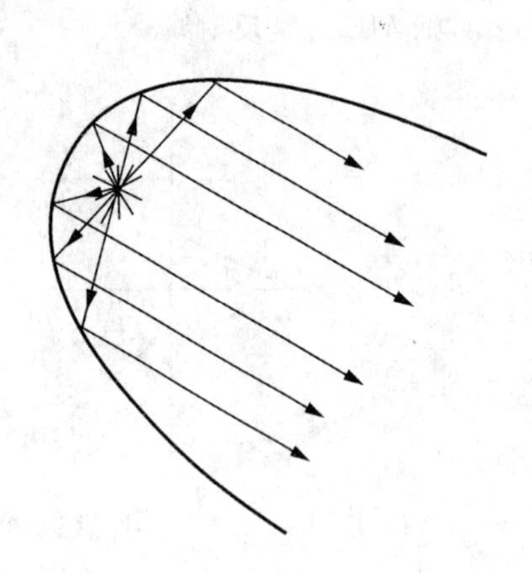

图 6-6

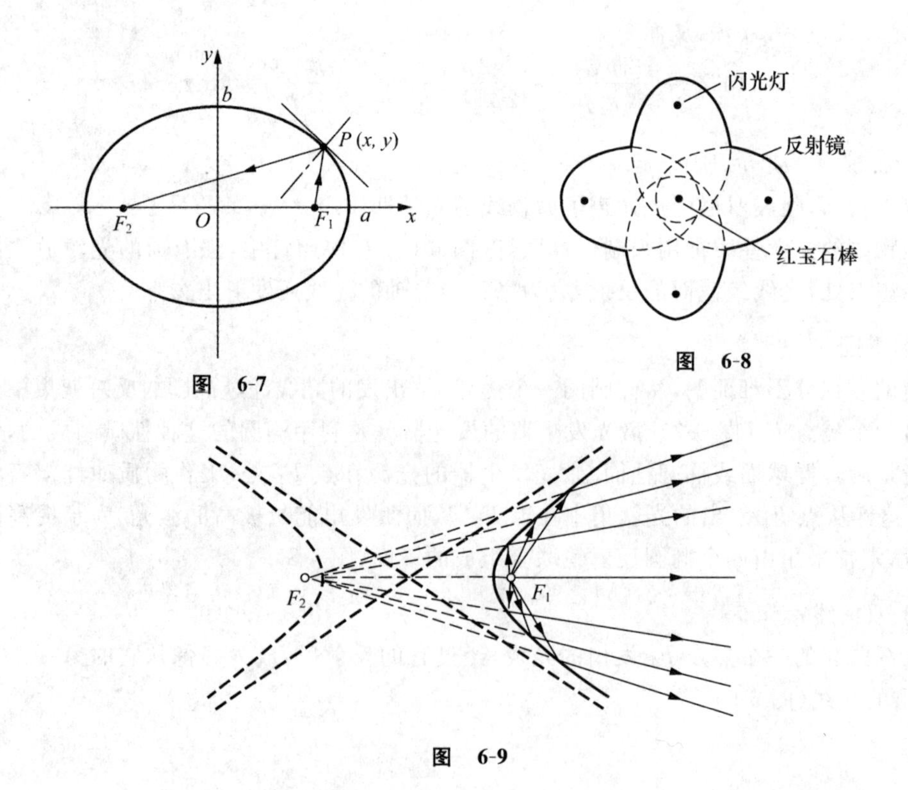

图 6-7

图 6-8

图 6-9

4. 观测宇宙

二次曲线光学性质的一个重要应用是制造望远镜.正是望远镜的诞生改变了人们对宇宙的认识.对此做出第一个重大贡献的科学家是伽利略.1609 年,伽利略听到荷兰人发明了望远镜,他立刻着手制造了一台望远镜,并逐步改进,使之达到 33 倍的放大倍数.他将望远镜对准月亮,观察到在月球上有巨大的山脉和山谷,打破了月球表面是平滑的这一传统的观念.通过观察太阳,他发现了太阳的黑子.他还发现木星有四个卫星.伽利略第一次使人类眼界超越了地球,并彻底动摇了从古希腊到文艺复兴时期人们对天体的信仰.在伽利略建造他的望远镜半个世纪后,牛顿将他的天才转向改进望远镜.牛顿不但是伟大的理论家,也是一位能工巧匠.伽利略的望远镜是折射望远镜,其缺点有两个:一个是对镜片的质量要求很高,另一个是有色差.牛顿的方法是用反射镜片代替折射镜片,而造出了反射望远镜(1668 年).牛顿知道聚光镜的最好形状是抛物镜面,但是打磨抛物镜面是非常困难的,他采取了一种折中方案,用球面替代抛物面.1672 年,他在英国皇家协会展示并介绍了这一设计原理.牛顿的望远镜如图 6-10 所示.

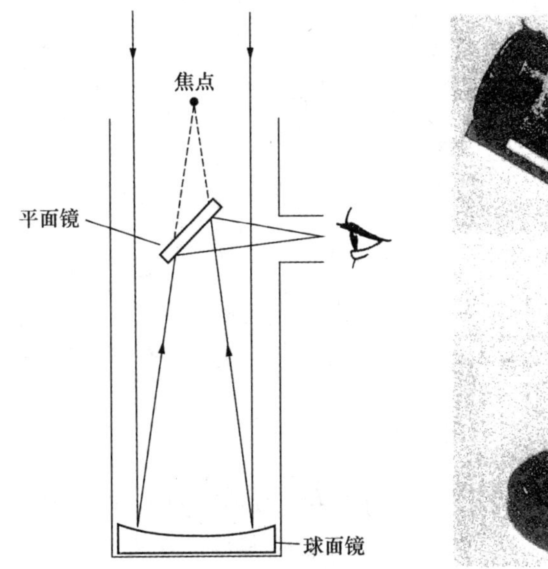

(a) 牛顿反射望远镜的设计(1668年,放大40倍)

(b) 牛顿反射望远镜的复制器

图 6-10

§3 化二次方程为标准形

上一节我们对古希腊人发现的圆锥曲线做了代数上的分析，给出了椭圆、双曲线和抛物线的标准方程. 但是，数学家的认识不会停留在一个水平上，他们总是沿着从个别到一般、从具体到抽象的道路前进. 下面我们进入一般二次方程的讨论.

1. 九种标准形

含有两个变量 x,y 的二次方程的一般形式是

$$Ax^2+2Bxy+Cy^2+2Dx+2Ey+F=0.$$

选择适当的坐标系，可将上面的方程化为下面的标准形之一：

(1) $\frac{x^2}{a^2}+\frac{y^2}{b^2}=1$； 椭圆

(2) $\frac{x^2}{a^2}+\frac{y^2}{b^2}=-1$； 虚椭圆

(3) $\frac{x^2}{a^2}+\frac{y^2}{b^2}=0$； · 点

(4) $\frac{x^2}{a^2}-\frac{y^2}{b^2}=1$； 双曲线

(5) $\frac{x^2}{a^2}-\frac{y^2}{b^2}=0$； 一对相交直线

(6) $y^2=2px$； 抛物线

(7) $x^2-a^2=0$； 一对平行线

(8) $x^2+a^2=0$； 一对虚的平行线

(9) $x^2=0$. 一对重合的直线

这里 a,b,p 都不等于 0.

含有两个变量 x,y 的二次方程化为标准形的历史可以追溯到 17 世纪. 维特(Jan de Witt, 1625—1672)在他的《曲线初步》(1659)一书中曾把某些二次方程化为标准形. 其后，司特林(J. Stirling, 1692—1770)在《牛顿的三次曲线》一书中把含有两个变量 x,y 的二次方程化为几种标准形. 到 18 世纪，在欧拉的《分析引论》中出现了解析几何发展的重要一步. 欧拉对二次曲线做了详细研究，给出了非常接近于今天解析几何教科书中的叙述.

2. 坐标变换

在几何学中引入变换的概念,是几何学发展的一个重要步骤.这就使得某些几何学的基本问题得到更加明确和本质的阐述.

为了得到二次曲线的标准形,需要引进坐标变换的概念.它指的是:平面上有两个不同的坐标系 Oxy 和 $O_1x_1y_1$,平面上任意一点 M,它在两个坐标系的坐标分别是 (x,y) 和 (x_1,y_1),那么 (x,y) 与 (x_1,y_1) 的关系如何?或者说,如何用 x_1,y_1 表示 x,y?反过来,如何用 x,y 表示 x_1,y_1?这里考虑两种变换:

(1) **坐标轴的平移**:坐标轴的方向不变,原点从 O 移到 O_1.若 O_1 在旧坐标系的坐标是 (a,b),则点 M 在新、旧坐标系的关系是(图 6-11)

$$\begin{aligned} x&=x_1+a,\\ y&=y_1+b. \end{aligned} \tag{6.4}$$

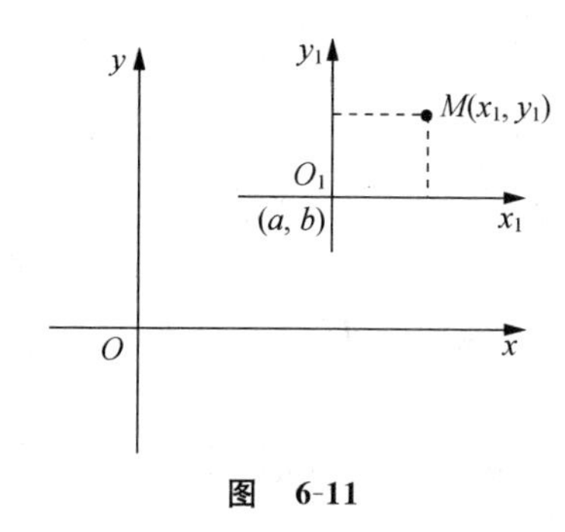

图 6-11

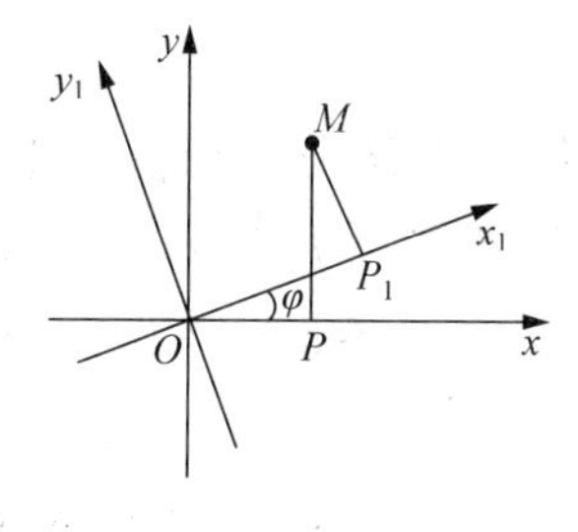

图 6-12

(2) **坐标轴的旋转**:原点 O 不动,坐标轴旋转某一角度 φ(图 6-12).对于点 M,在旧坐标系里有坐标 $x=OP$,$y=PM$,而在新坐标系中有 $x_1=OP_1$,$y_1=P_1M$.

折线 OPM,OP_1M 有共同的起点和终点.我们将这两条折线投影到旧坐标轴上.投影到 x 轴上,有

$$投影_xOPM=投影_xOP_1M,$$

而

$$\begin{aligned} 投影_xOPM&=x,\\ 投影_xOP_1M&=投影_xOP_1+投影_xP_1M\\ &=x_1\cos\varphi+y_1\cos(90^\circ+\varphi)\\ &=x_1\cos\varphi-y_1\sin\varphi, \end{aligned}$$

即

$$x=x_1\cos\varphi-y_1\sin\varphi.$$

类似地，投影到 y 轴上，有

$$y=x_1\sin\varphi+y_1\cos\varphi.$$

这样一来，我们得到

$$\begin{aligned}x&=x_1\cos\varphi-y_1\sin\varphi,\\y&=x_1\sin\varphi+y_1\cos\varphi.\end{aligned}\tag{6.5}$$

这就是旋转直角坐标系的坐标变换公式.

3. 化二次方程为标准形

我们来证明，经过坐标轴的平移和旋转可以将一个给定的二次方程化为上述九种形式之一.

设给定的二次方程具有形式

$$Ax^2+2Bxy+Cy^2+2Dx+2Ey+F=0.\tag{6.6}$$

若 $B\neq0$，我们来证明，让坐标轴旋转一个适当的角度 φ，就可消去含 xy 的项.

把变换(6.5)代入方程(6.6)，得到

$$A'x_1^2+2B'x_1y_1+C'y_1^2+2D'x_1+2E'y_1+F'=0,$$

其中

$$\begin{aligned}2B'&=-2A\sin\varphi\cos\varphi+2B(\cos^2\varphi-\sin^2\varphi)+2C\sin\varphi\cos\varphi\\&=2B\cos2\varphi-(A-C)\sin2\varphi.\end{aligned}$$

令 $B'=0$，我们得到

$$2B\cos2\varphi=(A-C)\sin2\varphi,\quad 于是\quad \cot2\varphi=\frac{A-C}{2B}.$$

因为余切的变化范围是 $-\infty$ 到 $+\infty$，所以总能取到这样的 φ，从而经过转轴总可以消去含 xy 的项.

下面我们来研究形如

$$Ax^2+Cy^2+2Dx+2Ey+F=0\tag{6.7}$$

的方程.

借助平移(6.4)，方程(6.7)可化为

$$A(x_1+a)^2+C(y_1+b)^2+2D(x_1+a)+2E(y_1+b)+F=0.$$

脱去括号，合并同类项，我们得到

$$Ax_1^2+Cy_1^2+2(Aa+D)x_1+2(Cb+E)y_1+F_1=0, \tag{6.8}$$

其中 F_1 是合并后所有常数项的和.我们来证明,这个方程可化为九种标准方程中的一种.

我们分三种情形来讨论:

情形 1:A,C 都不为 0.取 $a=-\frac{D}{A},b=-\frac{E}{C}$,就可消去方程(6.8)中的一次项,而得到下述形状的方程:

$$Ax_1^2+Cy_1^2+F_1=0.$$

若 $F_1=0$,则方程可化为标准形(3)或(5);

若 $F_1\neq0$,则方程可化为标准形(1),(2)或(4).

情形 2:$A\neq0,C=0$,但 $E\neq0$.这时取 $a=-\frac{D}{A},b=0$,得到方程

$$Ax_1^2+2Ey_1+F_1=0 \Leftrightarrow Ax_1^2+2E\left(y+\frac{F_1}{2E}\right)=0.$$

再沿 y 轴作平移,就可将此方程化为标准形(6).

如果 $A=0,C\neq0,D\neq0$,只要交换 x 和 y 的位置,就得到上述情况.

情形 3:$A\neq0,C=0,E=0$.仍然取 $a=-\frac{D}{A},b=0$,得到方程

$$Ax_1^2+F_1=0. \tag{6.9}$$

此方程可化为标准形(7),(8),(9)中的一个.

如果 $A=0,C\neq0,D=0$,我们可以交换 x 和 y 的位置,仍然得到方程(6.9).

这就证明了每一个二次方程都可以化为九种标准形中的一种.这一定理是欧拉首先得到的.

§4 向量代数

解析几何的下一个重大进展是向量代数的诞生.像笛卡儿把点算术化一样,1788 年拉格朗日在他的《解析力学》一书中把力、速度和加速度算术化了,这就是向量的诞生.向量在物理、力学和技术中是一个极为重要的工具.

1. 向量

某些物理量的确定,除了知道它们的数值外,还必须指出它们的方向.例如,只说力的大小是 5N 是不充分的,还必须指出力的作用方向.对于速度和加速度也是同样情形.

向量 除了数值,还有方向的量称为向量.

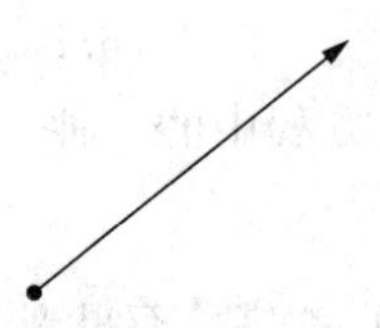

图 6-13

在几何上,我们用有箭头的线段表示向量(图 6-13),其中箭头表示向量的方向,线段的长度表示向量的数值,称为向量的模.向量 $\boldsymbol{a}$ 的模记为 $|\boldsymbol{a}|$.

零向量 长度为零的向量称为零向量,记为 $\mathbf{0}$.

向量相等 若两个向量有相等的模、平行而且同向,则称两个向量相等.

向量理论的代数部分称为向量代数,它是解析几何的重要组成部分.

2. 向量的加减法与数乘

首先,向量可以相加.设给定了向量 $\boldsymbol{a},\boldsymbol{b},\boldsymbol{c},\cdots,\boldsymbol{p}$.从一点引出向量 $\boldsymbol{a}$,然后从向量 $\boldsymbol{a}$ 的终点引出向量 $\boldsymbol{b}$,再从向量 $\boldsymbol{b}$ 的终点引出向量 $\boldsymbol{c}$,等等,我们得到了一个向量折线 $\boldsymbol{abc}\cdots\boldsymbol{p}$(图 6-14).向量 $\boldsymbol{m}$,其起点与这一折线的第一个向量 $\boldsymbol{a}$ 的起点重合,其终点与这一折线的最后一个向量 $\boldsymbol{p}$ 的终点重合,这个向量就叫做这些向量的和:

$$\boldsymbol{m}=\boldsymbol{a}+\boldsymbol{b}+\boldsymbol{c}+\cdots+\boldsymbol{p}.$$

两个向量和的几何意义是,由这两个向量构成的平行四边形的对角线(图 6-15),并称之为平行四边形法则.

图 6-14

图 6-15

与向量 $\boldsymbol{a}$ 的长度相等而方向相反的向量叫做 $\boldsymbol{a}$ 的反向量,记做 $-\boldsymbol{a}$.

向量的减法这样定义:$\boldsymbol{a}-\boldsymbol{b}=\boldsymbol{a}+(-\boldsymbol{b})$.

向量与数量的乘积 普通的实数在向量计算里叫做数量.设给了一个向量 $\boldsymbol{a}$ 和一个数量 λ,向量 $\boldsymbol{a}$ 与数量 λ 的乘积记为 $\lambda\boldsymbol{a}$,它是指这样一个向量,其长度是 $|\boldsymbol{a}||\lambda|$,而方向当 $\lambda>0$ 时与 $\boldsymbol{a}$ 相同,当 $\lambda<0$ 时与 $\boldsymbol{a}$ 相反.

3. 向量的坐标表示

现在我们在笛卡儿直角坐标系 $Oxyz$ 中讨论向量.设 $\boldsymbol{e}_1,\boldsymbol{e}_2,\boldsymbol{e}_3$ 是坐标向量,即它们都有单位长度,而且方向分别与轴 Ox,Oy,Oz 的正方向相同.考虑一个向量 $\boldsymbol{a}$,我们把它的

起点放在原点 O,设它的终点是 $M(x,y,z)$(图6-16).由向量的加法法则,有

$$\overrightarrow{OM}=\overrightarrow{OA}+\overrightarrow{AP}+\overrightarrow{PM},$$

但

$$\overrightarrow{OA}=x\boldsymbol{e}_1,\quad \overrightarrow{AP}=y\boldsymbol{e}_2,\quad \overrightarrow{PM}=z\boldsymbol{e}_3,$$

所以

$$\overrightarrow{OM}=x\boldsymbol{e}_1+y\boldsymbol{e}_2+z\boldsymbol{e}_3.$$

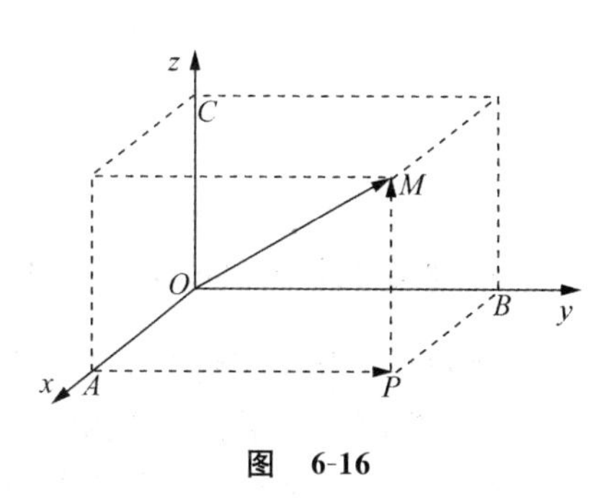

图 6-16

x,y,z 叫做向量 $\boldsymbol{a}$ 的坐标.$\boldsymbol{a}$ 也可记为 $\boldsymbol{a}=\{x,y,z\}$.

有了向量 $\boldsymbol{a}$ 的坐标,向量的计算就可化为坐标的计算了.

4. 数量积和它的性质

两个向量 $\boldsymbol{a},\boldsymbol{b}$ 的模与它们夹角 φ 的余弦的乘积 $|\boldsymbol{a}||\boldsymbol{b}|\cos\varphi$ 称为它们的**数量积**或**内积**,记为

$$\boldsymbol{a}\cdot\boldsymbol{b}=|\boldsymbol{a}||\boldsymbol{b}|\cos\varphi.$$

数量积的几何意义 $\boldsymbol{a}\cdot\boldsymbol{b}$ 就是向量 $\boldsymbol{b}$ 的长度乘以向量 $\boldsymbol{a}$ 在向量 $\boldsymbol{b}$ 上的投影数值.

数量积的力学意义 我们知道,功 U 等于力 $\boldsymbol{F}$,位移 $\boldsymbol{S}$ 和 $\boldsymbol{F},\boldsymbol{S}$ 之间的夹角余弦的乘积.因此,功 U 等于力向量 $\boldsymbol{F}$ 与位移向量 $\boldsymbol{S}$ 的数量积:

$$U=\boldsymbol{F}\cdot\boldsymbol{S}=|\boldsymbol{F}||\boldsymbol{S}|\cos\varphi.$$

数量积的性质 根据定义,很容易证明下面的性质:

(1) 设 λ 是一个实数,那么 $(\lambda\boldsymbol{a})\cdot\boldsymbol{b}=\lambda(\boldsymbol{a}\cdot\boldsymbol{b})$;

(2) $\boldsymbol{a}\cdot\boldsymbol{b}=\boldsymbol{b}\cdot\boldsymbol{a}$;

(3) $\boldsymbol{a}\cdot(\boldsymbol{b}+\boldsymbol{c})=\boldsymbol{a}\cdot\boldsymbol{b}+\boldsymbol{a}\cdot\boldsymbol{c}$.

从数量积的定义立刻可得到性质(1),(2),而性质(3)要利用投影的性质,即和的投影等于投影的和.

给定了向量的坐标,两个向量的数量积就可用坐标来表示.设向量

$$\boldsymbol{a}=a_1\boldsymbol{e}_1+a_2\boldsymbol{e}_2+a_3\boldsymbol{e}_3,\quad \boldsymbol{b}=b_1\boldsymbol{e}_1+b_2\boldsymbol{e}_2+b_3\boldsymbol{e}_3.$$

注意到

$$|\boldsymbol{e}_1|=|\boldsymbol{e}_2|=|\boldsymbol{e}_3|=1,\quad \cos0^\circ=1,\quad \cos90^\circ=0,\quad \boldsymbol{e}_i\cdot\boldsymbol{e}_j=0\ (i\neq j),\quad \boldsymbol{e}_i\cdot\boldsymbol{e}_j=1\ (i=j),$$

我们就得到

$$\boldsymbol{a}\cdot\boldsymbol{b}=a_1b_1+a_2b_2+a_3b_3.$$

向量代数诞生于19世纪中叶,比解析几何的诞生晚了近二百年,但它很快就成了解析几何的基本工具.

§5 应用与意义

1. 解析几何解决的主要问题

解析几何解决了哪些主要问题呢?

(1) 通过计算来解决作图问题. 例如,分线段成已知比例.

(2) 求具有某种几何性质的曲线的方程.

早期的几何学家主要关心的问题之一是圆锥曲线. 当找到这些曲线的方程后,我们就会看到,所有这些方程最高只含 x 和 y 的平方,而没有更高次幂. 这是一个新的事实,它使我们对曲线的本性有了更深的理解. 这又引出了新的问题: 含 x 和 y 的更高次幂的曲线的几何形状又如何呢? 我们又被引导到整整一类新的图形. 单靠几何直观是不会把我们引导到这里的.

(3) 用代数方法证明新的几何定理,或者给出老定理的新证明. 大多数的新证明既简洁,又包含新的洞察.

例 1 余弦定理的证明.

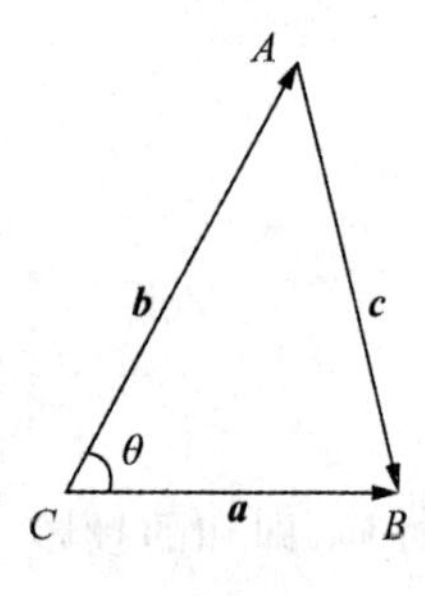

图 6-17

证明 如图 6-17 所示,在$\triangle ABC$中,设$\overrightarrow{CB}=\boldsymbol{a},\overrightarrow{CA}=\boldsymbol{b},\overrightarrow{AB}=\boldsymbol{c}$,并设$|\boldsymbol{a}|=a,|\boldsymbol{b}|=b,|\boldsymbol{c}|=c,\angle BCA=\theta$,要证:

$$c^2=a^2+b^2-2ab\cos\theta.$$

易见 $\boldsymbol{c}=\boldsymbol{a}-\boldsymbol{b}$,从而

$$\begin{aligned}c^2&=\boldsymbol{c}\cdot\boldsymbol{c}=(\boldsymbol{a}-\boldsymbol{b})\cdot(\boldsymbol{a}-\boldsymbol{b})\\&=\boldsymbol{a}\cdot\boldsymbol{a}+\boldsymbol{b}\cdot\boldsymbol{b}-2\boldsymbol{a}\cdot\boldsymbol{b}\\&=a^2+b^2-2ab\cos\theta,\end{aligned}$$

即

$$c^2=a^2+b^2-2ab\cos\theta.$$

当 $\theta=90^\circ$时,就得到著名的商高定理.

例 2 证明: 三角形的三个高交于一点.

证明 任取三角形$\triangle ABC$.

首先,选取坐标系: 如图 6-18 所示,取底边 BC 为 x 轴,底边 BC 上的高 AD 为 y 轴. 设 A,B,C 的坐标分别为 $A(0,a),B(b,0),C(c,0)$.

其次,确定三个高的方程: 设三个高分别为 AD,BE,CF.

易见,AD 所在的直线的方程为 $x=0$.

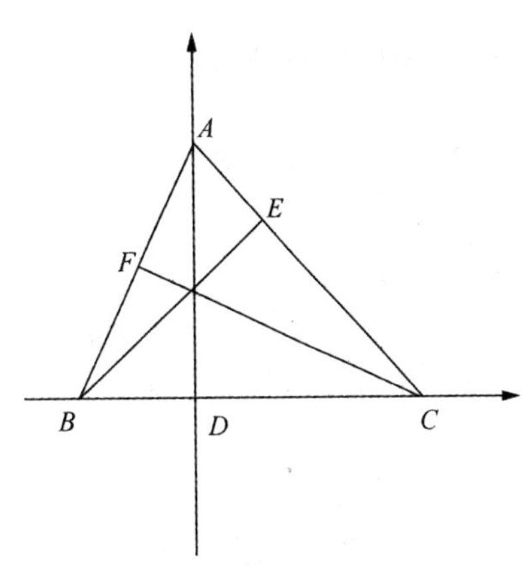

图 6-18

求 CF 所在的直线的方程稍微麻烦一点. 点 C 的坐标是 $(c,0)$，$CF\perp AB$，而 AB 的斜率是 $-\frac{a}{b}$，所以 CF 的斜率是 $\frac{b}{a}$，从而 CF 所在的直线的方程为

$$bx-ay-bc=0.$$

类似地，可求出 BE 所在的直线的方程为

$$cx-ay-bc=0.$$

这样一来，三个方程的公共解是 $\left(0,-\frac{bc}{a}\right)$. 这是三个高的公共点.

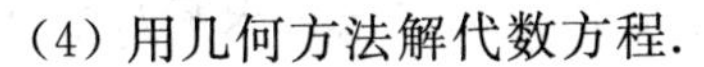

(4) 用几何方法解代数方程.

例 3 解三次和四次代数方程的笛卡儿方法.

用配方法解二次代数方程早在古代巴比伦就已经知道了，解三次和四次代数方程要困难得多. 直到 16 世纪初，意大利数学家才解出了三次和四次代数方程. 解法的步骤是，将一般方程化为缺项的方程，然后解缺项的代数方程. 解法是复杂的. 这里，我们不研究三次和四次代数方程的代数解法(见《数学的源与流》第十章)，而介绍笛卡儿的几何方法.

会解四次代数方程，三次代数方程自然不在话下，因为三次代数方程乘以 x 就是四次代数方程，只是多了一个 0 根. 所以我们集中力量解四次代数方程.

首先指出，任何一个四次代数方程都可化为下述形式：

$$x^4+px^2+qx+r=0. \tag{6.10}$$

事实上，四次代数方程的一般形式是

$$x^4+a_1x^3+a_2x^2+a_3x+a_4=0.$$

作一个简单变换，就可以消去 a_1x^3. 令 $z=x+\frac{a_1}{4}$，代入上式前两项中，得

$$x^4=\left(z-\frac{a_1}{4}\right)^4=z^4-a_1z^3+\cdots,$$

$$a_1x^3=a_1\left(z-\frac{a_1}{4}\right)^3=a_1(z^3-\cdots)=a_1z^3+\cdots,$$

两项之和消去了 a_1x^3 这一项. 因此只需研究方程(6.10).

其次，为了利用笛卡儿的几何方法，我们还需要考察圆的方程具有何种特点. 以 (a,b) 为中心，以 R 为半径的圆具有方程

$$(x-a)^2+(y-b)^2=R^2.$$

展开此方程，得到

$$x^2+y^2-2ax-2by+a^2+b^2-R^2=0.$$

其特点是，平方项的系数相等.

有了这些准备，现在我们可以借助几何方法来求方程(6.10)的根了. 令 $y=x^2$，则方程(6.10)变为

$$y^2+px^2+qx+r=0 \Longleftrightarrow x^2+y^2+(p-1)x^2+qx+r=0.$$

于是，我们得到联立方程

$$\begin{cases} x^2+y^2+(p-1)y+qx+r=0, \\ y=x^2. \end{cases} \tag{6.11}$$

在几何上这是求圆与抛物线的交点. 画出图形，求出交点，就得到四次方程的解.

变换—求解—还原法 数学家常常采用变换—求解—还原的方法去求解数学问题. 解析几何是利用这种方法的典型. 解析几何与其说是一种新的几何分支，不如说是一种新的几何方法. 它首先把一个几何问题变换为一个相应的代数问题，然后求解这个代数问题，最后把代数解还原为几何解；或者先把一个代数问题变换为一个相应的几何问题，然后求解这个几何问题，最后把几何解还原为代数解：

几何—代数—几何(例2)；

代数—几何—代数(例3).

解析几何的优点在于：

(1) 解题过程规范，每一步都知道怎么做，因而可以程序化；

(2) 证明方法容易推广到高维.

那么，这种方法是不是会使人变成懒汉，而不需要技巧和天才呢？不是. 代数演算可能会太复杂而难于实现. 解析几何的不足之处正在于我们知道该怎么做，但是缺少办法. 这就需要解题者的智慧了.

代数的基本功是计算，几何的基本功是推理. 现代数学中的计算就是以运算律为依据的推理. 解析几何的精华之一就是以计算代替推理.

2. 解析几何的伟大意义

解析几何的伟大意义表现在什么地方呢？

数学的研究方向发生了一次重大转折：古代以几何为主导的数学转变为以代数和分析为主导的数学，以常量为主导的数学转变为以变量为主导的数学，为微积分的诞生奠定了基础.

解析几何是一把双刃剑. 一方面，几何概念可用代数表示，几何学的目标可通过代数

达到;另一方面,给代数的语言以几何的解释,可以直观地掌握这些代数语言的意义.拉格朗日说过:

"只要代数和几何分道扬镳,它们的进展就缓慢,它们的应用就狭窄.但是当这两门科学结合成伴侣时,它们就互相吸取新鲜的活力,从那以后,就以快速的步伐走向完善."

解析几何的诞生使代数和几何融合为一体,实现了几何图形的数字化,是信息化、数字化时代的先声.

代数的几何化和几何的代数化,使人们摆脱了现实的束缚.它带来了认识新空间的需要,帮助人们从现实空间进入虚拟空间:从三维空间进入更高维的空间.

解析几何中的代数语言具有意想不到的作用,因为它不需要从几何考虑也行.考虑方程

$$x^2+y^2=25.$$

我们知道,它是一个圆.圆的完美形状,对称性、无终点等都存在在哪里呢?在方程之中!例如,在几何上,(x,y)与$(x,-y)$,$(-x,y)$,$(-x,-y)$对称,现在表现为它们都满足同一个方程.代数取代了几何,思想取代了眼睛!在这个代数方程的性质中,我们能够找出几何中圆的所有性质.这个事实使得数学家们通过几何图形的代数表示,能够探索出更深层次的概念,那就是四维几何.我们为什么不能考虑方程

$$x^2+y^2+z^2+w^2=25$$

以及形如

$$x_1^2+x_2^2+\cdots+x_n^2=25$$

的方程呢?这是一个伟大的进步.仅仅靠类比,就从三维空间进入高维空间,从有形进入无形,从现实世界走向虚拟世界.这是何等奇妙的事情啊!用宋代著名哲学家程颢的诗句可以准确地描述这一过程:

道通天地有形外,思入风云变态中.

事实上,19世纪黎曼就把几何学从二维和三维空间推广到更高维的空间.黎曼证明了二维和三维空间的许多性质可以直接转移到高维空间.然而,黎曼考虑的所有空间都是有限维的,即表示空间维数的数字可能很大,但却是一个有限值.到20世纪,当一些数学家研究无限维空间时,限于有限维的条件就被超越了.

目前无限维空间的论证成为数学的一大分支——泛函分析,它产生于人们理解函数集的需要.这门学科由德国数学家希尔伯特所开创.现在许多最普遍的无限维空间都归于希尔伯特空间.无限维解析几何有重要的实际应用,在现代物理学中占有基本的地位.

解析几何的出现,使高次曲线和高次曲面的研究成为必然.这样,代数几何就出现了.代数几何可以认为是数学的这样一个领域,它研究在笛卡儿坐标系里由代数方程表示的

曲线、曲面和超曲面.这些方程不仅是一次的和二次的,而且还有高次的;在这些研究中不仅考虑实数坐标,而且也考虑复数坐标,即考虑复空间的东西.

解析几何对数学基础研究的影响 通过解析几何,对几何问题的研究可以转化为对数的问题的研究.这就使得几何学的相容性的研究转化为算术科学相容性的研究.

解析几何与技术 代数方程、曲线论与曲面论深深地响应了技术的发展.抛物线的知识被用到了弹道学;曲线和曲面的反射、折射性质用于制造各种透镜,进而用于制造显微镜和望远镜,现代又用于制造机器手和卫星定位器.

第7章 微积分发展史

微积分,或者数学分析,是人类思维的伟大成果之一.它处在自然科学和人文科学之间的地位,使它成为高等教育的一种特别有效的工具.遗憾的是,微积分的教学方法有时流于机械,不能体现出这门学科乃是一种撼人心灵的智力奋斗的结晶.这种奋斗已经经历了两千五百多年之久,它深深扎根于人类活动的许多领域,并且只要人们认识自己和认识自然的能力一日不止,这种奋斗就将继续不已.

R.柯朗

若无新变,不能代雄.

萧子显

一门科学的历史是那门科学中最宝贵的一部分,因为科学只能给我们知识,而历史却能给我们智慧.

傅鹰

引　　言

莱布尼茨在1714年完成《微分学的历史和起源》一文.文章的开头说:“知道重大发明,特别是那些绝非偶然的、经过深思熟虑而得到的重大发明的真正起源是很有益的.这不仅在于历史可以给予每一个发明者以应有的评价,从而鼓舞其他人去争取同样的荣誉,而且还在于通过一些光辉的范例可以促进发现的艺术,揭示发现的方法.我们时代的重大发现之一,乃是一种新的数学分析方法,称为微分学……”

1. 目的

我们的目的是深刻理解微积分的基本概念.但是,只靠逻辑是不够的.逻辑能告诉我们怎样做可以不出错,它不能告诉我们为什么这么做.具体言之,如果不考察一个概念的演变史,我们就不会明白这个概念何以要这样定义.大家都知道狄利克雷函数,它不描述任何客观规律,它没有公式,没有图形,也不能列表.为什么要讲它呢?

数学的发展史本质上就是概念的更新史.它有两个特点:事实的积累与概念的突破.

微积分是一个严格的思想体系,它的每一个概念都经历了深刻的演变,只有精细地考察概念的由来和演变,才能深刻地领会它.脱开历史,只能理解概念的表层.我们将要追溯微积分的基本概念是如何从感觉经验的原始状态经过一系列演变而进入数学的抽象王国的.

我们还要考察方法的进步史,看它是如何由繁入简、由具体运算进到形式运算的.而且,只有站在当代的高度才能解释清楚微积分的发展史.

2. 概观

微积分是欧几里得几何学之后,数学中的一个最伟大的创造.微积分是微分学与积分学的总称,包含两个部分:微分学、积分学.

微分学——"正在成为"的科学,是研究局部性质的学问.它起源于求瞬时速度,求曲线的切线等问题,解决初等数学中"除"所不能解决的问题.

积分学——"已经成为"的科学,是研究整体性质的学问.它起源于求积问题,解决初等数学中"乘"所不能解决的问题.

微积分处理的矛盾包括:常量与变量;局部与整体;具体与一般;直观与逻辑;有限与无限;连续与间断;现实世界与理想世界.

3. 分期

微积分的发展史分为四个时期:

- 希腊时期.这一时期提供了微积分的思想和方法的雏形.
- 酝酿时期(16—17世纪).这一时期对微分学和积分学分别提供了丰富的原材料.
- 诞生和发展时期(17—18世纪).牛顿和莱布尼茨建立了微分学与积分学之间的联系,并提供了算法,这样微积分就诞生了.这个时期,微积分获得巨大发展和应用.在科学和数学中应用微积分所获得的辉煌成就,使人们把注意力放在计算上,而不是放在基础上.在这个时期,检验理论的标准是应用,不是逻辑.
- 严格化时期.这一时期为微积分提供理论基础,使之成为一个严格的科学体系.在这个时期,检验理论的标准是逻辑,不是应用.

§1 希腊时期

积分学的思想在中国古代已经诞生，其光辉代表是刘徽和祖暅.但对西方数学没有影响.微分学的思想在中国古代没有出现.

古希腊的数学对微积分的诞生产生了深刻影响，其对微积分的主要贡献体现在两个方面：一是对无理数的认识；二是用穷竭法求曲线围成的图形的面积.

1. 数的学问

微积分的基础是数的概念.那么，什么是数呢？在古希腊最早研究数的是毕达哥拉斯学派.他们心目中的数就是有理数，而这正是古希腊原子论的一种反映：他们认为线段是由整数个单位构成的，因而两个线段的比一定是有理数.当希帕苏斯发现无理数后，希腊人困惑了，他们开始探索如何将数从有理数扩展到无理数.

2. 芝诺的四个悖论

微积分是研究运动和变化的，而运动是在时间和空间中进行的，因而不能不关照空间和时间的本性.

对空间和时间的本性的争论，开始于古希腊.针对毕达哥拉斯学派的无限小单子论，芝诺(Zeno，约公元前 495—前 430)提出四个悖论：二分法悖论、阿基里斯与乌龟悖论、飞矢不动悖论和运动场悖论.其中最重要的是阿基里斯与乌龟悖论.假定乌龟沿跑道先跑一段路，然后阿基里斯追乌龟，结论是阿基里斯永远追不上乌龟.论证是这样的：当阿基里斯跑到乌龟的起点时，乌龟又向前跑了一段，而当阿基里斯赶到新位置时，乌龟跑到一个更新的位置，如此下去，以至无穷.

芝诺的疑难涉及的主要矛盾是：时间和空间是否无限可分；线段是连续的还是间断的；无限项之和能不能是有限数.这些矛盾对以后的数学研究带来深刻的影响.

芝诺的论证不是证明了毕达哥拉斯学派的错误，而是证明了单子论和无限可分性不能同时被接受，它们是不相容的，必须放弃其中的一个.由于数学需要无限可分性，所以单子论必须被抛弃.这样就为连续量理论奠定了基础.

很清楚，要解答芝诺的疑难必须有连续、极限和无穷集合等概念，而这些概念在希腊时代还没有产生.

3. 欧多克苏斯和比例

由于不可公度量的发现,使得不能再用毕达哥拉斯的整数比例理论来讨论几何量的比,而且那些使用比例概念的几何证明也都失效了.几何基础方面的这种危机被欧多克苏斯消除了.

欧多克苏斯之前的比例理论在用不可公度量时,没有可靠的理论.他把比例关系的理论推广到不可公度量而避免了无理数.设四个量 a,b,c,d 形成两个比 $\frac{a}{b}$ 和 $\frac{c}{d}$. 关于比的大小和相等,欧多克苏斯给出下面的定义(假定 m,n 是整数):

称 $\frac{a}{b}>\frac{c}{d}$,若存在 $\frac{m}{n}$,使得 $\frac{a}{b}>\frac{m}{n}>\frac{c}{d}$;

称 $\frac{a}{b}<\frac{c}{d}$,若存在 $\frac{m}{n}$,使得 $\frac{a}{b}<\frac{m}{n}<\frac{c}{d}$;

称 $\frac{a}{b}=\frac{c}{d}$,若对任意的 $\frac{m}{n}$,有

$$\frac{m}{n}<\frac{a}{b} \Leftrightarrow \frac{m}{n}<\frac{c}{d}, \tag{7.1}$$

$$\frac{m}{n}>\frac{a}{b} \Leftrightarrow \frac{m}{n}>\frac{c}{d}. \tag{7.2}$$

欧多克苏斯的定义见于欧几里得的《几何原本》第五卷定义5.当 a,b 是两个不可公度的量时,这个定义实际上是把全体有理数 $\frac{m}{n}$ 分成两个不相交的集合 L 和 U. 对于集合 L 中的数,(7.1)式成立;对于集合 U 中的数,(7.2)式成立. L 的每一个元素都小于 U 的每一个元素,现在称之为“戴德金分割”.所以可以说,戴德金正是遵循两千多年前欧多克苏斯的思路,为实数系建立了牢固的基础.

4. 面积与穷竭法

希腊人在直观的基础上,设想像圆、椭圆这样一些曲线图形是有面积的,它们的面积和多边形的面积是同一类几何量,并假定这些面积具有两个自然的性质:

(1) 如果 S 包含在 T 中,则 S 的面积 $a(S)$ 和 T 的面积 $a(T)$ 满足关系

$$a(S)\leqslant a(T) \quad (单调性);$$

(2) 如果 R 是两个不重叠的图形 S 和 T 的并,则

$$a(R)=a(S)+a(T) \quad (可加性).$$

当 S 是曲线图形时,他们借助多边形序列 $P_1,P_2,\cdots$ 去充满或穷竭 S,由此来确定 S

的面积.穷竭法是欧多克苏斯提出的,他试图避免极限法,而给出一种严格的处理方法.

问题的关键在于证明,当把 n 取得足够大时,可以使得图形 S 和内接多边形 P_n 的面积之差为任意小.这需要欧多克苏斯原理.

欧多克苏斯原理 设给定两个不相等的量.如果从其中较大的一个量减去比它的一半大的量,再从剩下的量减去比它的一半大的量,并继续重复这个过程,则所余的某一个量将小于给定的较小的量.

用现代语言可叙述如下:给定两个量 M 和 ε,M 较大.$M_1, M_2, \cdots$ 是一个序列,满足条件 $M_1<\frac{1}{2}M, M_2<\frac{1}{2}M_1, \cdots$,这时我们可以得到结论:对于某一个 n,有 $M_n<\varepsilon$.

借助这个原理,欧多克苏斯证明了圆的内接正多边形可以穷竭圆的面积.

定理 1 给定圆 C 和数 $\varepsilon>0$,存在圆的内接正多边形 P,使得

$$a(C)-a(P)<\varepsilon.$$

证明 我们从圆的内接正方形 P_1 开始,并记

$$M_1=a(C)-a(P_1).$$

把边数加倍,得到圆的内接正 8 边形 P_2(图 7-1).继续下去,得到圆的内接正多边形序列 $P_1, P_2, \cdots, P_n, \cdots$.记

$$M_n=a(C)-a(P_n).$$

我们只需证明

$$M_n<\frac{1}{2}M_{n-1}. \tag{7.3}$$

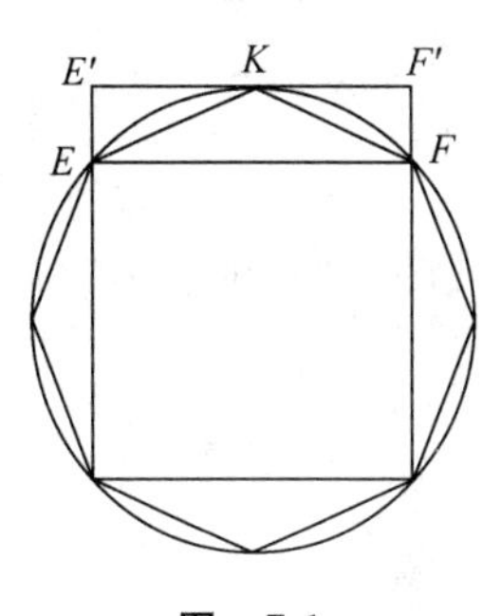

图 7-1

先考虑 $n=2$ 的情况.这时

$$M_1=a(C)-a(P_1), \quad M_2=a(C)-a(P_2),$$

从而

$$\begin{aligned} M_1-M_2 &=a(P_2)-a(P_1)=4a(\triangle EFK) \\ &=2a(EFF'E'). \end{aligned}$$

但

$$a(EFF'E')>\frac{1}{4}[a(C)-a(P_1)]=\frac{1}{4}M_1,$$

所以

$$M_1-M_2>\frac{1}{2}M_1, \quad 即 \quad M_2<\frac{1}{2}M_1.$$

上面的证明对一切 n 实质上都是一样的.在一般情况下,我们有(7.3)式.由欧多克苏斯原理,定理得证.

这种方法实质上就是现代给定 ε 找 N 的方法.

欧多克苏斯的方法完全建立在有限的、直观上清晰的、逻辑上严密的基础之上.但古希腊的穷竭法完全束缚在几何形式内,当然也没有完整的符号系统.

5. 阿基米德的平衡法

在古人中,阿基米德对穷竭法做出了最巧妙的应用.阿基米德的短论"方法"是1906年才发现的.这个短论在形式上是致亚历山大大学的埃拉托塞尼(Eratosthenes,约公元前284—前192)的一封信.在这个短论中,阿基米德说,他以特殊的方法得出了他的结果,其中形式上利用了杠杆平衡理论,但本质上含有**由线组成平面图形、由平面组成立体**的思想.对这种借助"原子论"方法找到的真理,阿基米德用反证法给出了严格的证明.

为了具体说明这种方法,我们应用这种方法来求球的体积.圆柱的体积和圆锥的体积比较好求,这在阿基米德时代早已知道.求球的体积要困难得多.阿基米德借助圆柱和圆锥的体积求出了球的体积.

定理2 半径为 r 的球的体积是 $V=\frac{4\pi r^3}{3}$.

证明 把球的直径放在 x 轴上,设 N 是它的北极,S 是它的南极,且原点与北极重合(图7-2).画出 $2r\times r$ 的矩形 $NSBA$ 和$\triangle NSC$.绕 x 轴旋转矩形 $NSBA$ 和$\triangle NSC$,得到一

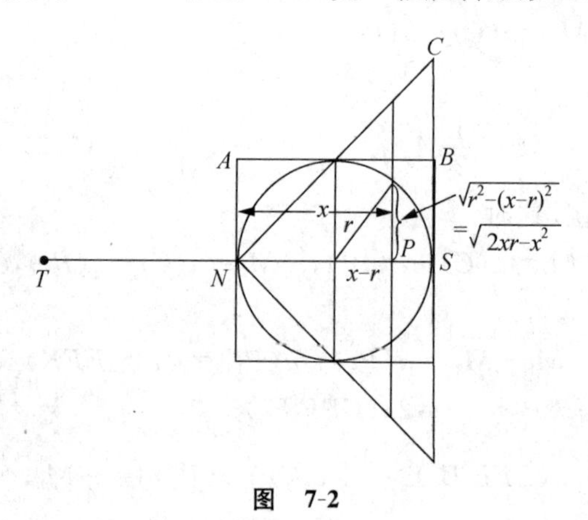

图 7-2

个圆柱体和一个圆锥体.圆的旋转得到球体.然后从这三个立体上切下与 N 的距离为 x,厚为 Δx 的竖立的薄片.这些薄片的体积近似为

球片的体积:$\pi(2xr-x^2)\Delta x$;

柱片的体积:$\pi r^2\Delta x$;

锥片的体积:$\pi x^2\Delta x$.

假定球体、柱体和锥体的密度是1.取出球体和锥体的薄片，把它们的质心吊在点T，点T在x轴上，且使$TN=2r$.这两个薄片绕N的合成力矩为

$$[\pi(2xr-x^2)\Delta x+\pi x^2\Delta x]2r=4\pi r^2 x\Delta x.$$

圆柱割出的薄片处于原来位置时绕N的力矩为

$$\pi r^2\Delta x\cdot x=\pi r^2 x\Delta x,$$

从而

$$(\text{球片}+\text{锥片})\text{绕} N \text{的力矩}=4\ \text{柱片绕} N \text{的力矩}.$$

注意到柱体的质心和N的距离是r，把所有这样割出的薄片绕N的力矩加在一起，我们便得到

$$2r(\text{球的体积}+\text{圆锥的体积})=4r(\text{圆柱的体积}),$$

即

$$2r\left(\text{球的体积}+\frac{8\pi r^3}{3}\right)=8\pi r^4.$$

由此我们就求出了球的体积：

$$\text{球的体积}=\frac{4\pi r^3}{3}.$$

这就是阿基米德求球的体积的方法.

阿基米德的数学素养极高，他决不把这种方法当做证明，而是随后利用穷竭法给出了一个严格的证明.

在阿基米德的平衡法中，他把一个量看成由大量的微元所组成，这与现代的积分法实质上是相同的.他清楚地预见到了他的历史功绩，他意味深长地说：

“我深信这种方法对于数学是有很大用途的.为此，我预言，这种方法一旦被理解，将会被现在或未来的数学家用以发现我还未曾想到过的其他一些定理.”

阿基米德对他在《论球和圆柱》一书中作出的贡献十分满意，以至于他希望在他死后把一个内切于圆柱的球的图形刻在他的墓碑上.后来当罗马将军马塞拉斯得知阿基米德在叙拉古陷落期间被杀的消息时，他为阿基米德举行了隆重的葬礼，并为阿基米德立了一块墓碑，上面刻着阿基米德生前要求的那个图形，以此来表示他对阿基米德的尊敬.这块墓地后来湮没了.令人惊奇的是，在1965年，当为一家新建的饭店挖地基时，铲土机碰到一块墓碑，上面刻着一个内切于圆柱的球的图形.叙拉古人又为他们的这位伟人重建了茔墓.

§2 酝酿时期

1. 方法的变革

到16世纪,希腊的数学杰作得以广泛流传和认真研究,从而对阿基米德著作的理解达到了新的高度.穷竭法得到改进,数学家们用它解决了许多新的面积、体积和长度问题.尽管那时的数学家们承认,阿基米德的方法是严格性的典范,但是他们更关心的是迅速发现新结果以及发现新结果的方法.惠更斯(C. Huygens, 1629—1695)在1657年说:

"为了得到专家们的确认,我们是否给出了一个绝对严谨的证明,或者给出了这种证明的基础,使得专家们看后对于据此就能得出完美的证明毫不怀疑,这都没有很大的意义.我完全承认,如同阿基米德的所有著作那样,证明应当以清晰、优美和精巧的形式来表达.但是,最基本、最重要的事情却在于做出发现的方法,学者在得知这些方法时才会欣喜万分.因此,看来首要的是,我们必须遵循最能简单明了地被人理解,并加以表达的方法.这样我们就能减轻写作之劳,也能使他人避免攻读之苦."

17世纪的数学家们不再拒绝无穷小方法,无理数也可以自由使用了,尽管作为数它们还不具备逻辑基础.此外,韦达(F. Vieta, 1540—1603)和笛卡儿的符号代数促进了形式方法的发展,它们强调的是计算方法而不是逻辑证明.

从系统论的角度看,微积分分为两大系统:计算系统和概念系统.17世纪和18世纪的数学家们更关心计算系统的发展,更关心新结果的求得.只是到了19世纪,数学家们才回过头来,严格化、精密化微积分的概念系统.

这个时期数学家们大量地使用无穷小方法,并且逐渐实现了方法的算术化,而古代的方法是几何的.

2. 开普勒的工作

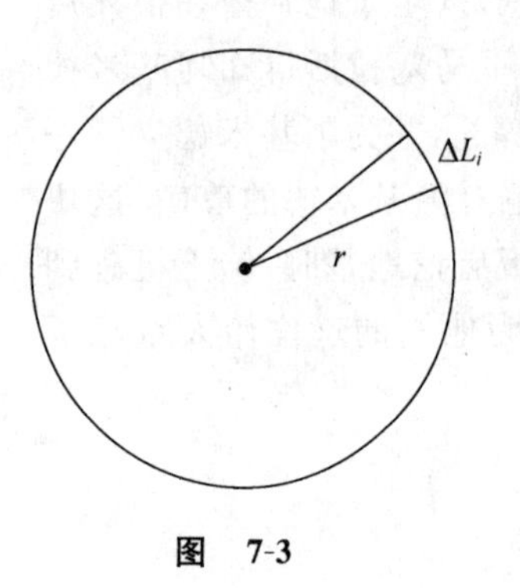

图 7-3

第一个试图阐明阿基米德的方法并将其给予推广的是德国的天文学家和数学家开普勒.开普勒在1615年写了一本书,名为《酒桶的新立体几何》,书中包含用无穷小元素求面积和体积的许多问题.开普勒对古希腊的原子论方法做了发展.他采用了不太严格,却具有启发性的方法,现在称之为无穷小方法.他把圆看成无限多边形,圆的面积看做由无限多个无穷小三角形组成(图7-3),由此得出圆面积等于周长与半径乘积之半.

事实上，设圆的周长是 L. 把圆分成无穷多小曲边三角形，它们的高是圆的半径 r，底边是 $\Delta L_1, \Delta L_2, \cdots$，近似于直线. 因此，圆的面积 A 为

$$A=\frac{1}{2}r(\Delta L_1+\Delta L_2+\cdots)=\frac{1}{2}rL.$$

而 $L=2\pi r$，从而他得出

$$A=\frac{1}{2}rL=\pi r^2.$$

开普勒用同一方法求出了球、圆柱、圆锥等 92 种旋转体的体积.

例如，他把球看做由无限多个无穷小的圆锥体组成，锥的顶点是球心，底面构成球的表面. 由此得出，球的体积是半径与球面面积乘积的三分之一.

开普勒的求和法对后来的积分运算有明显的先驱作用. 在他 1609 年发表的《新天文学》中，有类似于用现代符号表达的公式

$$\int_0^\theta \sin\theta \mathrm{d}\theta = 1-\cos\theta$$

的计算. 另外，还有相当于椭圆积分的近似计算.

3. 不可分素方法

开普勒的工作的直接继承者是卡瓦列里(B. Cavalieri，1598—1647). 卡瓦列里 1598 年生于意大利的米兰，他是伽利略的学生. 从 1629 年起，他一直是波洛尼亚大学的教授，于 1647 年谢世，只活了 49 岁. 他对数学的最大贡献是 1635 年发表的关于不可分素法的专论，名为《不可分素几何学》(*Geometria Indivisibilibus*).

卡瓦列里说："要决定平面图形的大小可以用一系列平行线；我们设想在这些图形上画了无穷多平行线."(图 7-4)他以同样的方式处理了立体，只是那里不是直线，而是平面. 这些直线(或平面)就是不可分素.

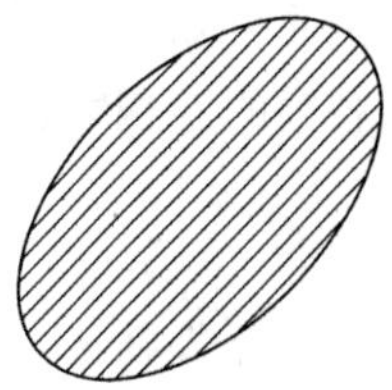

图 7-4

卡瓦列里利用不可分素方法解决了整数幂的幂函数积分问题. 用现代的语言说，他计算出了下面的积分：

$$\int_0^a x^m \mathrm{d}x = \frac{1}{m+1}a^{m+1}.$$

卡瓦列里比开普勒进了一步，开普勒每次只能计算具体的体积，而没有形成一个一般的方法. 把卡瓦列里的结论稍加整理就得出**卡瓦列里原理**：

(1) 如果两个平面片处于两条平行线之间，并且平行于这两条平行线的任何直线与

这两个平面片相交，所截两线段长度相等，则这两个平面片的面积相等(图 7-5)；

(2) 如果两个立体处于两个平行平面之间，并且平行于这两个平面的任何平面与这两个立体相交，所得两截面面积相等，则这两个立体的体积相等.

卡瓦列里原理是计算面积和体积的有用工具，它的基础很容易用现代的微积分严格化. 承认这两个原理我们就能解决许多求积问题. 我们来举两个例子说明卡瓦列里原理的应用.

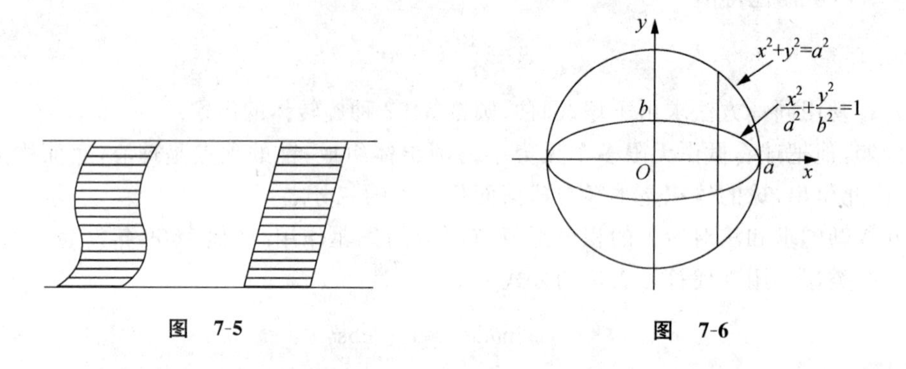

图　7-5　　　　图　7-6

例 1　求椭圆的面积.

解　在直角坐标系中，圆和椭圆分别有方程

$$x^2+y^2=a^2,\quad \frac{x^2}{a^2}+\frac{y^2}{b^2}=1,\quad a>b>0.$$

图 7-6 画出了它们的图形. 由每个方程解出 y，我们分别得到

$$y=\sqrt{a^2-x^2},\quad y=\frac{b}{a}\sqrt{a^2-x^2}.$$

由此可知，椭圆和圆的纵坐标之比是 b/a. 所以椭圆和圆的相应弦长度之比也是 b/a(椭圆和圆的面积之比也是 b/a). 我们得到结论：

$$\text{椭圆面积}=\left(\frac{b}{a}\right)(\text{圆面积})=\left(\frac{b}{a}\right)(a^2\pi)=ab\pi.$$

开普勒也是用这种方法求椭圆面积的.

例 2　求半径为 r 的球的体积.

解　在图 7-7 中，左边是一个半径为 r 的半球，右边是一个半径为 r、高为 r 的圆柱和一个以圆柱的上底为底、以圆柱的下底中心为顶点的圆锥. 这个半球和挖出圆锥的圆柱处在同一平面上. 这时用平行于底面、与底面距离为 h 的平面截两个立体，所得截面一个是圆形，一个是环形. 用初等几何不难证明，这两个截面的面积都等于 $\pi(r^2-h^2)$. 根据卡瓦列里原理(2)，这两个立体有相等的体积. 所以球的体积 V 为

$$V=2(\text{圆柱的体积}-\text{圆锥的体积})=2\left(\pi r^3-\frac{\pi r^3}{3}\right)=\frac{4}{3}\pi r^3.$$

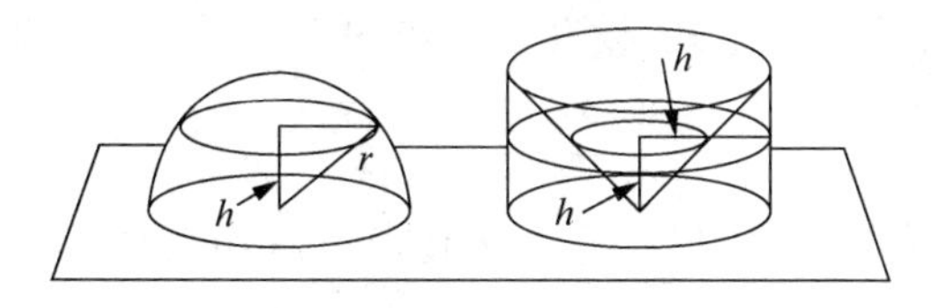

图 7-7

4. 微分学的早期史

有趣的是，积分学的起源可追溯至古希腊时代，但直到 17 世纪微分学才出现重大突破. 微分学主要来源于两个问题的研究：一个是作曲线切线的问题，另一个是求函数的极大、极小值问题. 这两个问题在古希腊也曾考虑过. 例如，在古希腊就能做出圆和圆锥曲线的切线. 阿波罗尼在他的《圆锥曲线》一书中讨论过圆锥曲线的法线. 阿基米德讨论了螺线的切线. 在古希腊的著作中也可以找到对极大、极小值问题的讨论. 但古希腊对这两个问题的讨论远不及对面积、体积、弧长问题讨论得那么广泛和深入.

曲线的切线问题和函数的极大、极小值问题都是微分学的基本问题. 正是这两个问题的研究促进了微分学的诞生. 费马在这两个问题上都作出了重要贡献. 他处理这两个问题的方法是一致的，用现代语言来说，都是先取增量，而后让增量趋向于 0. 这正是微分学的实质所在，也正是这种方法不同于古典方法的实质所在.

让我们来看看费马求切线的方法. 如图 7-8 所示，设 PT 是曲线上的一点 P 处的切线. TQ 称为次切线. 费马的方法是求出 TQ 的长度，从而 T 的位置就知道了. 连接 T 和 P 就得到切线 PT.

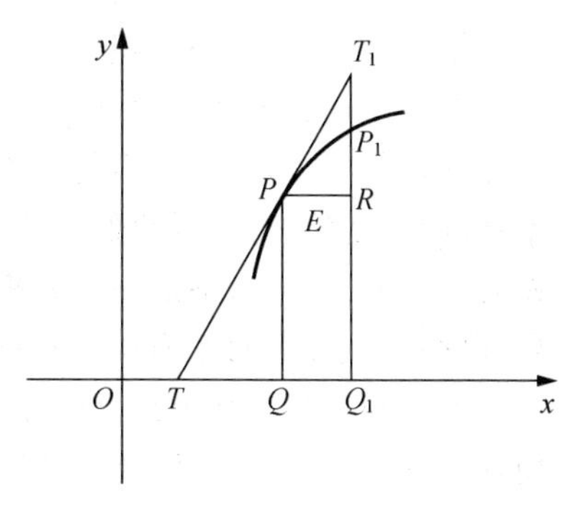

图 7-8

设 QQ_1 是 TQ 的增量，长度为 E. 因为 $\triangle TQP\backsim\triangle PRT_1$，所以

$$\frac{TQ}{PQ}=\frac{E}{T_1R}.$$

费马说，T_1R 与 P_1R 的长度是差不多的，即

$$T_1R\approx P_1R=P_1Q_1-RQ_1=P_1Q_1-PQ.$$

所以

$$\frac{TQ}{PQ}=\frac{E}{P_1Q_1-PQ}.$$

现在我们改用现代符号来表达上式. 设 TQ 所在的直线是 x 轴，曲线的方程是 $y=f(x)$. 于是，我们有

$$\frac{TQ}{f(x)}=\frac{E}{f(x+E)-f(x)}$$

或

$$TQ=\frac{E\cdot f(x)}{f(x+E)-f(x)}.$$

用 E 除上面分式的分子和分母，然后令 $E=0$，就得到 TQ.

费马的方法等价于求

$$\lim_{E\to 0}\frac{f(x+h)-f(x)}{h},$$

即现代求导数的方法.

费马还考虑了求抛物体的重心问题. 他得到的结果当然是早就知道的，在一千九百多年以前，阿基米德在他的《方法》中已计算出这一结果，而且在一个世纪以前又为康曼第努和麦洛里克斯重新发现过. 费马的贡献在于，他第一次采用了相当于今天的微分学中的方法，而不是类似于积分求和的方法. 一个通常用求和的方法得到的结果，竟能用求极大、极小值的方法得到，这使他的朋友罗伯瓦尔(G. P. Roberval，1602—1675)感到惊奇. 奇怪的是，他用求极大、极小值的方法求重心，竟然没有看到这两类问题——微分学问题与积分学问题的基本联系. 只要费马能对他的抛物线和双曲线求切线与面积的结果更仔细地考察一下，他就可能发现微积分基本定理.

费马当然在某种意义下理解到这两类问题有一个互逆关系，他之所以没有做进一步的考虑，可能是由于他以为他的工作只是求几何问题的解，而不是代表本身就很有意义的推理过程. 他的极大、极小值方法，求切线的方法及求面积的方法，在他看来是解决这些问题的特有的方法，而不是新的分析学. 此外，在应用上也有局限性. 费马只知道把它们应用到有理式的情况，而牛顿和莱布尼茨通过无穷级数的应用认识到这一方法的普遍性.

如果费马当时认识到这一点，那么微积分的发明权就属于费马了. 在数学史上，拉格朗日(J. L. Lagrange，1736—1813)、拉普拉斯和傅里叶(J. Fourier，1768—1830)都曾称“费马是微积分的真正发明者”. 但泊松(Simeon-Denis Poisson，1781—1840)正确地指出，费马不应当享有这一荣誉. 然而，肯定地，除了巴罗以外，没有任何数学家像费马这样接近于微积分的发明了.

5. 巴罗的贡献

另一个对微积分做出预言的是巴罗(I. Barrow，1630—1677). 他1630年生于伦敦，后毕业于剑桥大学. 他在物理、数学、天文和神学方面都有造诣. 他也是当时研究古希腊数学的著名学者，他翻译了欧几里得的《几何原本》. 他是第一个担任剑桥大学卢卡斯讲座教授的人，牛顿是他的学生. 1669年，他辞去了教授席位，并举荐牛顿取得此席位. 1673年，他被任命为剑桥三一学院院长，1677年逝世于剑桥.

巴罗最重要的著作是《光学和几何学讲义》. 在这本书中，我们能够找到非常接近近代微分过程的步骤. 在本质上，他已经用了今天教科书中所用的微分三角形的概念.

特别有趣、特别重要的是，巴罗在《光学和几何学讲义》的第十讲和第十一讲中把作曲线的切线与曲线的求积联系了起来. 这就是说，他把微分学和积分学的两个基本问题以几何对比的形式联系了起来. 把这两个问题翻译成现代语言，并使用现代符号，其内容可陈述如下：

(1) 如果 $y=\int_0^x z\mathrm{d}x$，则 $\dfrac{\mathrm{d}y}{\mathrm{d}x}=z$；

(2) 如果 $z=\dfrac{\mathrm{d}y}{\mathrm{d}x}$，则 $\int_0^x z\mathrm{d}x=y$.

巴罗的确已经走到了微积分基本定理的大门口. 但在巴罗的书中，这两个定理相隔二十余个个别的定理，并且没有把它们对照起来，也几乎没有使用过它们. 这说明巴罗并没有从一般概念意义下理解它们. 但是我们知道，只有一般概念才能阐明问题的本质，才能开拓广阔的应用道路.

6. 前期史小结

我们来总结一下17世纪在**微积分**方面所取得的成就，总结到牛顿和莱布尼茨出现于数学界为止.

有关积分学这个范围内的成就越来越多，从这里面不仅得到了大量的关于求面积、体积、弧长、曲面面积及重心定位的结果，也认识到所有在传统上归结为求面积的这类问题之间的联系. 在卡瓦列里、帕斯卡等人的著作中开始结晶出定积分概念本身. 实际上，那时已经计算出了一系列最简单的积分，常常是几何的形式，但有时也有算术的形式，找到了把一些积分化为别的积分的种种关系式.

在微分学这个领域内，费马给出了一个统一的无穷小方法，用以解决求解极大、极小值问题和作曲线的切线问题. 他的研究为一系列其他数学家所继续. 最后，巴罗在这两类问题中间搭成了一座桥梁.

这样一来,这门新学科的基础已经具备,但是像现在这样的微积分还没有.正如后来莱布尼茨确切表达的:"在这样的科学成就之后,所缺少的只是引出问题的迷宫的一条线,即依照代数样式的解析计算法."

在创建微积分的过程中究竟还有多少事情要做呢?

(1) 需要以一般形式建立新计算法的基本概念及其相互联系,创立一套一般的符号体系,建立计算的正规程序或算法;

(2) 为这门学科重建逻辑上一致的、严格的基础.

这第一个任务就是牛顿和莱布尼茨各自独立创造的微积分所完成的工作.至于要在一个比较严格的基础上重建这个学科的基本概念,则要等到这个学科取得了广泛应用和蓬勃发展之后才可能.这是法国伟大的分析学家柯西(A. L. Cauchy, 1789—1857)及其他19世纪数学家的工作.

§3 诞生和发展时期

爱因斯坦晚年时认为,自己年轻时只不过是从知识之树上采摘了一个成熟的果子罢了.他说:"无疑在1905年,狭义相对论的发现已经成熟了."这话对评价牛顿和莱布尼茨发现微积分也同样恰当.

1. 发现和洞见

微积分要解决的基本问题有两类:一类是求积问题,另一类是求切线、瞬时速度等问题.这些问题在17世纪已获得重大进展.但是在牛顿和莱布尼茨以前,解决问题所使用的方法都是针对解决具体问题的特殊方法,而无一例外.那些数学家们谁也没有把这些方法发展成一般的算法.在解决个别问题的特殊方法和解决一整类有关问题的一般算法之间没有不可逾越的鸿沟,但却是思想观念上的一个质的飞跃.

发现一个重要事实和认识到这个重要事实的重要意义,这是两件不同的事情.值得注意的是,对一个新概念的重大意义的认识,通常伴随着引入新的术语和符号.这样在进一步的研究中,新概念将成为新的起点.阿达玛(J. Hadamard, 1865—1963)说过:

"表达一类概念和符号的产生,可能是,并且往往是一个非常重要的科学事件,因为这意味着在这些概念和我们后来的思想之间建立了联系."

例如,费马构造了差商

$$\left.\frac{f(A+E)-f(A)}{E}\right|_{E=0}.$$

这个量就是现在的导数 $f'(A)$. 费马既没有给它命名,也没有引入任何特定的符号.

巴罗已经注意到求切线问题与求积问题之间的互逆关系,可惜他没有认识到,这个关系是一门新科学的基础.

正是牛顿和莱布尼茨把前人关于无穷小分析中涉及的观点、方法和发现组成以独特算法为特征的一门新的科学. 微积分就这样诞生了.

2. 牛顿对微积分的主要贡献

(1) 微积分基本定理的建立. 写于 1666 年 10 月的《流数短论》讨论了如何借助反微分计算面积. 这是历史上第一次以明显形式出现的微积分基本定理. 过去都是把面积定义为和的极限,而牛顿的方法是: 首先确定所求面积的变化率,然后通过反微分计算面积. 这就清楚地说明了求切线问题与求积问题之间的互逆关系,说明了它们是同一问题的两个不同侧面.

> 除了顽强的毅力和失眠的习惯,牛顿不承认自己和常人有什么区别.
>
> 惠威尔

(2) 微分法则和积分法则. 牛顿引入了积和商的微分法则,锁链法则和积分换元法则,当然没有现在这样一般. 他还造了积分表.

(3) 对无穷级数的研究. 他得到了 $\sin x$, $\cos x$ 的幂级数展开式.

3. 莱布尼茨对微积分的主要贡献

(1) 微积分基本定理的建立;

(2) 符号系统的建立;

(3) 初等函数的微分公式;

(4) 讨论了求积问题的计算方法;

(5) 微分在求切线、法线、极值问题中的应用.

莱布尼茨

简言之,牛顿和莱布尼茨独立发现了微积分基本定理和微积分的计算法则,它们是普遍可用的,在本质上与现在微积分中用的一样. 但是现在微积分的基本定义和理论框架是经过两个世纪的努力和推敲才完善的.

接着是微积分的大发展时期,但缺乏基础.

4. 18 世纪的进展

18 世纪数学上的主要进展是使 17 世纪数学上的一些重大发现得到巩固和发展. 在

这个过程中，微积分引发了许多新的学科，例如微分方程、微分几何、复变函数及变分法等. 这样就出现了一个新的数学领域——数学分析，它以微积分为基础和出发点. 数学由此形成了代数、几何和分析三大领域，它们相互独立而又互相渗透.

这一时代起主导作用的数学家是欧拉. 他是数学史上最多产的数学家，他的全集约有75卷. 他的三本书《无穷小分析引论》、《微分学》和《积分学》是微积分发展史上里程碑式的著作.

《无穷小分析引论》一书是函数概念在分析中起重要作用的第一部著作. 该书把函数而不是曲线作为主要的研究对象，使得微积分走向算术化的道路. 但是，在17世纪的无穷小分析中，几何曲线是主要研究对象. 在《微分学》中，欧拉给出积和商的微分法则和大量初等函数的微分公式.

在微积分的发展过程中作出巨大贡献的数学家还有泰勒(Taylor，1685—1731). 他是英国数学家，牛顿的学生. 泰勒获得了将函数展为无穷级数的定理，现在称为**泰勒定理**.

18世纪的另一个大数学家拉格朗日在《解析函数论》一书中广泛地发展了微积分. 他试图把无穷小、极限和微分从微积分中完全排除. 拉格朗日新方法的基础是函数 $f(x)$ 的幂级数展开. 这当然不会成功，因为这要求函数有各阶导数. 但他的著作中包含许多具有深远影响的贡献. 例如，他的著作中包含了泰勒公式的余项，为泰勒级数奠定了牢固的基础. 其推导方法与近代教科书中采用的方法是等价的. 在《解析函数论》一书中他还第一次给出了**微分中值定理**.

此外，对微积分的发展作出重大贡献的数学家还有伯努利兄弟. 雅格布·伯努利(Jakob Bernoulli，1654—1705)是用微积分求一阶常微分方程分析解的先行者之一，又是极坐标的最早引进者. 约翰·伯努利(Johann Bernoulli，1667—1748)给出了将有理函数化为部分分式的积分法，并且计算函数之比的极限的**洛必达法则**也是他引进的. 他研究的最速降线问题引出了变分法. 无穷级数是数学分析中的一个重要课题，法国数学家达朗贝尔(J. L. R. D'Alembert，1717—1783)是最早研究此课题的数学家. 他给出了级数收敛的**达朗贝尔判别法**.

5. 第二次数学危机

大家知道，在公元前5世纪出现了数学基础的第一次灾难性危机，就是无理数的诞生. 这次危机的产生和解决大大地推动了数学的发展.

在微积分的发展过程中，一方面是成果丰硕，另一方面是基础的不稳固. 数学的发展又遇到了深刻的令人不安的危机. 由微积分的基础所引发的危机在数学史上称为**第二次**

数学危机.

今举三个例子来说明微积分初创时期,计算和概念是如何的不严格.

例 1 牛顿求导数.

牛顿在 1704 年发表了《曲线的求积》,其中他确定了 x^3 的导数(当时称为流数).我们把牛顿的方法意译如下:

当 x 增长为 $x+0$ 时,幂 x^3 增长为

$$(x+0)^3=x^3+3x^2 0+3x0^2+0^3.$$

x 和 x^3 的增量分别为 0 和 $3x^2 0+3x0^2+0^3$.这两个增量的(初始)比是

$$\frac{3x^2 0+3x0^2+0^3}{0}=3x^2+3x0+0^2.$$

然后让增量消失,则它们的(最终)比为 $3x^2$,从而 x^3 对 x 的变化率为 $3x^2$.

从引文中可看出,偷换假设的错误是明显的.在论证的前一部分,假定 0 是非零的,而在论证的后一部分,它又被取为零.贝克莱说:"在我们假定增量消失时,理所当然,也得假设它的大小、表达式以及其他由于它的存在而随之而来的一切也随之消失."他还说:"总之,不论怎样看,牛顿的流数算法是不合逻辑的."这就是历史上著名的"贝克莱悖论".

从牛顿的证明中可看出,牛顿已有无限小和极限思想,但缺乏严格性.

例 2 莱布尼茨的微分法则.

莱布尼茨在 1684 年发表《新方法》,仅 6 页,其中概念含混不清,令人费解.伯努利兄弟说:"与其说是一种说明,还不如说是一个谜."例如,莱布尼茨把切线定义为:连接两个无限邻近点的直线.莱布尼茨还给出了两个函数 u,v 的和、差、积、商的微分法则的证明.我们看他是如何证明微分的乘积公式的.

公式:$\mathrm{d}uv=u\mathrm{d}v+v\mathrm{d}u$.

证明:$(u+\mathrm{d}u)(v+\mathrm{d}v)=uv+u\mathrm{d}v+v\mathrm{d}u+\mathrm{d}u\mathrm{d}v$.

莱布尼茨认为,$\mathrm{d}u\mathrm{d}v$ 相对于 $(u+\mathrm{d}u)(v+\mathrm{d}v)$ 是无穷小,故可舍去,得到

$$(u+\mathrm{d}u)(v+\mathrm{d}v)-uv=u\mathrm{d}v+v\mathrm{d}u,$$

即

$$\mathrm{d}uv=u\mathrm{d}v+v\mathrm{d}u.$$

这种证明显然缺乏逻辑根据.

例 3 欧拉与无穷级数.

我们再看看大数学家欧拉(L. Euler, 1707—1783)在他使用分析推理时出现的一些悖论.

把二项式定理形式地应用于 $(1-x)^{-1}$,得到

$$\frac{1}{1-x}=(1-x)^{-1}=1+x+x^2+x^3+\cdots;$$

然后令 $x=2$,有

$$-1=1+2+4+8+16+\cdots.$$

这就是欧拉得到的一个不得不接受的荒谬结论.还有,把前式两边乘以 x,得

$$x+x^2+\cdots=\frac{x}{1-x}.$$

另一方面,有

$$\frac{x}{x-1}=\frac{1}{1-\frac{1}{x}}=1+\frac{1}{x}+\frac{1}{x^2}+\cdots.$$

两式相加后,欧拉得到

$$\cdots+\frac{1}{x^2}+\frac{1}{x}+1+x+x^2+\cdots=0.$$

这也是一个十分荒谬的结果.

17 世纪和 18 世纪的数学家们对无穷级数不大理解,以致在分析这个领域中出现了许多悖论.再如,考虑级数

$$S=1-1+1-1+1-1+\cdots.$$

如果把级数以一种方法分组,有

$$S=(1-1)+(1-1)+(1-1)+\cdots=0;$$

如果按另一种方法分组,有

$$S=1-(1-1+1-1+1-1+\cdots)=1-0=1.$$

格兰迪(L. G. Grandi, 1671—1742)说,因为 0 和 1 是等可能的,所以级数的和应为平均数 1/2.这个值也能用纯形式的方法得到.事实上,

$$S=1-(1-1+1-1+1-1+\cdots)=1-S.$$

由此得 $2S=1$,即 $S=1/2$.

这样的悖论日益增多.数学家们在研究无穷级数的时候,做出许多错误的证明,并由此得到许多错误的结论.他们在有限与无限之间任意通行,他们的工作可以用伏尔泰的一句话来概括:微积分是“**计算和度量一个其存在性是不可思议的事物的艺术**”.

因此,在 18 世纪结束之际,微积分和建立在微积分基础上的分析的其他分支的逻辑处于一种完全混乱的状态之中.事实上,可以说微积分在基础方面的状况比 17 世纪更差.数学巨匠,尤其是欧拉和拉格朗日给出了不正确的逻辑基础.因为他们是权威,所以他们的错误就被其他数学家不加批判地接受了,甚至做了进一步的发展.

进入19世纪,数学陷入更加矛盾的境地.虽然它在描述和预测物理现象方面所取得的成就远远超出人们的预料,但是大量的数学结构没有逻辑基础,因此不能保证数学是正确无误的.

牛顿、莱布尼茨和欧拉等这些大数学家靠的是直觉和灵感,但是直觉和灵感是有限度的.在微积分发展的初期,这是奏效的,一旦更深入时,直觉就不那么可靠了.

历史要求给微积分以严格的基础.

6. 待解决的问题

微积分待解决的问题主要有三个方面:

(1) 函数概念需要澄清和发展.

(2) 导数和积分没有精确的定义.无穷小时而是0,时而非0,它使微积分的基础陷入严重的危机.这要求把微积分建立在极限的基础上.

(3) 无穷级数的求和与运算需要认真研究.

§4 严格化时期

1. 函数概念

微积分最基本的概念是:实数、极限和函数.随着变量数学特别是数学分析的发展,函数概念也经历了深刻的变化,这主要是出于数学自身发展的需要.

函数概念最早是由莱布尼茨引进的.函数概念的诞生是数学史上的一个里程碑.为什么?因为,有了函数概念,人们就可以从数量上确切地把握运动了,这是从常量数学转向变量数学的一大标志.

17世纪,由于微积分的发展,伴随着有许多初等函数的研究.18世纪的数学家相信,一个函数处处有相同的表达式.在18世纪后半叶,很大程度上由于对弦振动研究的结果,欧拉和拉格朗日允许一个函数在不同区间上有不同的表达式.19世纪,随着偏微分方程的发展,出现了许多特殊函数,这就要求有一般的函数概念.到狄利克雷(P. G. Dirichlet,1805—1859),函数概念发生了一次重大变化.他头一次给出函数的严格定义,并给出了后来以他的名字命名的函数:

$$y=\begin{cases}0, & \text{当 } x \text{ 是有理数},\\ 1, & \text{当 } x \text{ 是无理数}.\end{cases}$$

这个函数与牛顿、莱布尼茨和欧拉使用的函数大不相同:它既无公式,也无图形.这样一来，函数概念从公式中解放了出来，从图像中解放了出来. 这表示数学家们对数学的理解发生了深刻的变化，“人造”的特征开始展现出来. 这种思想也标志着数学从研究“算”到研究“概念、性质、结构”的转变的开始. 狄利克雷是数学史上第一位重视概念的人，并且是一位有意识地“以概念代替计算”的人.

2. 布尔查诺的贡献

把微积分的重要概念建立在极限理论的基础上，并且首次做出严格叙述的是捷克的教士布尔查诺(B. Bolzano，1782—1848). 他的主要贡献有：

(1) 第一个指出连续性依赖于极限.

(2) 自微积分诞生以来，数学家们过分地依赖于几何直观与物理背景，自然地认为，函数在一点连续，就必然在该点有切线，即连续保证导数存在. 有人还证明过这样的定理. 布尔查诺指出这不对. 1834 年，他构造了第一个处处连续、处处不可微的函数的例子. 他指出，几何直观和物理背景都不可信.

(3) 给出了导数的现代定义：$f'(x)=\lim\limits_{\Delta x\to 0}\dfrac{f(x+\Delta x)-f(x)}{\Delta x}$.

(4) 考虑了级数的收敛性问题.

遗憾的是，他的大部分工作湮没无闻，对微积分没有起到决定性的影响.

3. 柯西的工作

对微积分的严格化作出最大贡献的数学家是法国的柯西(A. L. Cauchy，1789—1857)，他使得微积分具有今天的形式. 他的主要贡献表现在以下几个方面：

柯西

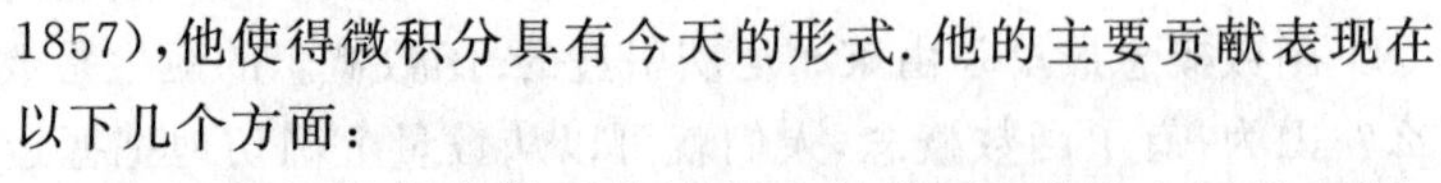
(1) 把极限作为微积分诸概念的基础. 希腊人回避无限，十七八世纪的数学家们滥用无限，直到柯西才给出了从无限转化为有限的正确表述.

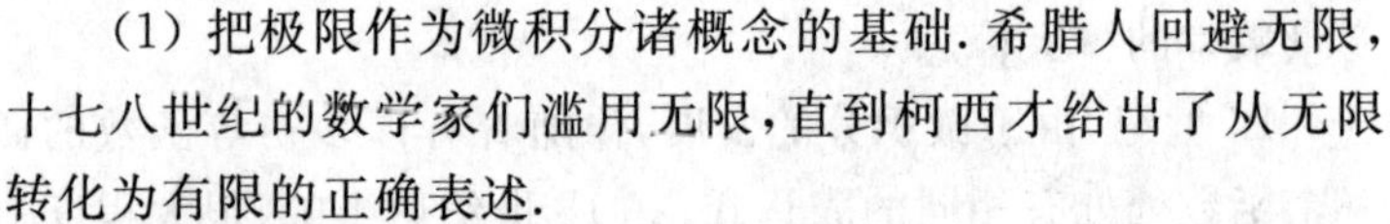
许多数学家反对将无限引入数学. 他们认为，无限是哲学，不是数学. 但恰恰是处理无限的极限概念为微积分提供了正确的基础.

极限概念使得数学摆脱了与几何直观和物理背景的牵连.

(2) 莱布尼茨把微分作为基本概念，用微分定义微商. 柯西把它颠倒过来，将微商作为基础，用微商定义微分.

(3) 把定积分定义为和式的极限. 设 $f(x)$在区间$[a,b]$上连续,用分点 $x_1,x_2,\cdots,x_{n-1}$把区间$[a,b]$分成 n 个小区间,然后取和

$$S_n=(a-x_1)f(a)+(x_2-x_1)f(x_1)+\cdots+(b-x_{n-1})f(x_{n-1}).$$

当$|x_i-x_{i-1}|$无限小时,S_n"最终能达到某个极限值"S,即

$$\lim_{n\to\infty}S_n=S\triangleq\int_a^b f(x)\mathrm{d}x.$$

这就是定积分的定义,不过他的积分和中函数 $f(x)$取的是左端点的值.

1854 年,黎曼把积分定义推广到区间$[a,b]$上的有界函数,并且在积分和中,每个子区间的端点 $x_i(i=1,2,\cdots,n-1)$用子区间上的任意点 $\xi_i\in[x_i,x_{i+1}]$来代替. 这就是今天教科书上的定义.

黎曼还研究了可积的条件,并指出某些不连续函数也可积. 在数学中,不连续函数的地位日益重要,连续和间断的矛盾进入新的阶段.

从积分作为和式极限这一观点,又引出了勒贝格积分.

可积性的研究开始后,在积分这一领域,数学开始超越现实世界,而走向理想世界.

(4) 第一次给出微积分基本定理的严格证明.

(5) 奠定了级数敛散理论的基础.

(6) 给出了序列收敛的充分必要条件. 但是,条件充分性的证明需要先有实数的定义. 这就引导到魏尔斯特拉斯、康托和戴德金的工作.

除了没有认识到实数定义的重要性外,柯西也没有区分连续与一致连续、收敛与一致收敛.

4. 分析的算术化

柯西用极限概念为微积分奠定了基础. 在这个基础上,魏尔斯特拉斯将其进一步算术化. 将微积分奠定在极限基础上,在微积分发展史上是里程碑的一步. 但这立刻引出了一个问题:每一个序列的极限都存在吗? 如果极限不存在,那么连续性、导数、定积分的定义不就都失效了吗? 随着分析概念的精确化,人们愈来愈感到建立实数连续性的必要性和紧迫性.

戴德金在 1858 年第一次讲微积分时,发现单调有界变量的极限存在定理和介值定理无法严格证明,而只能求助于直观. 但是几何直观靠得住吗?

1872 年,魏尔斯特拉斯构造了一个处处连续、处处不可微的函数,使所有的数学家都感到震惊. 数学家们开始认识到,连续性、可微性、可积性、收敛性赖以建立的极限理论是建立在实数系的简单直观的几何概念之上的. 可是,实数还没有定义过! 柯西把实数系看

成理所当然的. 他没有找到困难的真正症结：极限运算需要一个封闭域，而且每一件事的下面都存在着实数系的更深刻的性质. 这使我们越来越明白，在为分析建立一个完善的基础方面，还需要再深挖一步.

这个任务落在了魏尔斯特拉斯身上. 魏尔斯特拉斯提出一个规划：

(1) 逻辑地构造实数系；

(2) 从实数系出发去定义极限概念、连续性、可微性、收敛和发散.

这个规划称为分析的算术化. 任务是繁重而困难的，但在接近19世纪末的时候，这个规划终于完成了. 魏尔斯特拉斯的努力终于使分析从完全依靠运动学、直觉理解和几何概念中解放了出来.

魏尔斯特拉斯规划的第二部分是由引进精确的"ε-δ"语言而完成的. 这一语言给出极限的准确描述，消除了历史上各种模糊的用语，诸如"最终比"、"无限趋近于"等等. 这样一来，分析中的所有基本概念都可以通过实数及它们的基本运算和关系精确地表述出来.

总之，第二次数学危机的核心是微积分的基础不稳固. 柯西的贡献在于，将微积分建立在极限论的基础上. 遗留的问题是：任何实数列的极限存在吗？魏尔斯特拉斯的贡献在于，先逻辑地构造实数系. 因而，建立分析基础的逻辑顺序是：

实数系—极限论—微积分.

关于魏尔斯特拉斯对数学分析的卓越贡献，希尔伯特这样评论道：

"魏尔斯特拉斯运用他鞭辟入里的批判给数学分析奠定了牢固的基础. 他通过阐明许多概念，特别是极小、函数和微商的概念，消除了那时依然存在于微积分中的种种缺点，使微积分摆脱了有关无穷小的一切混乱概念，从而解决了由无穷小概念所产生的各种困难. 如果今天在分析中对于运用以无理数和极限的概念为基础的演绎法有完全一致的意见和确信无疑的看法，并且如果甚至在有关微分方程和积分方程的最复杂的问题中，尽管用了不同种类极限的最巧妙和多样的组合，对所得结果还是能够一致同意，那么这种令人愉快的事态主要是由于魏尔斯特拉斯的科学工作."

魏尔斯特拉斯规划的成功产生了深远的影响. 这主要表现在以下几点：

(1) 既然分析能从实数系导出，所以，如果实数系是相容的，那么全部分析是相容的.

(2) 欧氏几何通过笛卡儿坐标系也能奠基于实数系上. 所以，如果实数系是相容的，那么欧氏几何是相容的，几何学的其他分支也是相容的.

(3) 实数系可用来解释代数的许多分支，所以许多代数的相容性也依赖于实数系的相容性.

由此得到，如果实数系是相容的，那么大部分数学是相容的.

这样，在 1900 年于巴黎举行的第二次国际数学家大会上，庞加莱高兴地指出："我们最终达到了绝对的严密吗？在数学发展前进的每一阶段，我们的前人都坚信他们达到了这一点. 如果他们被蒙蔽了，我们是不是也像他们一样被蒙蔽了？……如果我们不厌其烦地严格的话，就会发现只有三段论或归结为纯数的直觉是不可能欺骗我们的. 今天我们可以宣称，完全的严格性已经达到了！"

那时，绝大多数数学家具有和庞加莱相同的看法，他们对数学所达到的严密性而欢欣鼓舞. 但实际上，暴风雨正在酝酿，屋外云涛翻滚、山雨欲来，数学史上的一场新的危机正在降临. 就在第二年，英国数学家罗素以一个简单明了的集合论悖论打破了人们的上述希望，引起关于数学基础的新争论. 对数学基础的更深入的探讨以及由此引出的数理逻辑的发展，是 20 世纪纯粹数学的又一重要发展趋势.

第8章 傅里叶分析与音乐

音乐之所由来者远矣：生于度量，本于太一.

《吕氏春秋·大乐》

难道不可以把音乐描述为感觉的数学，把数学描述为理智的音乐吗？

西尔威斯特

数学是一种看不见的文化，它隐藏在大众的视线之后.本章就是通过音乐作为实例来展示数学文化的作用.先提几个问题，心中有一些问题会增加我们学习的目的性.

(1) 声音是什么，它来自何方？

(2) 声音有几种，能不能做个大致分类？

(3) 声音的基本要素是什么？

(4) 钢琴的弦与风琴的管为什么呈指数曲线？

(5) 能够用数学描述交响乐吗？

§1 音律的确定

毕达哥拉斯关于对音乐的研究本质上是数学的这一思想对后来有深远的影响.莱布尼茨指出：

“音乐就它的基础来说，是数学的；就它的出现来说，是直觉的.”

法国音乐理论家、作曲家拉莫(J. P. RaMeau, 1683—1764)说：

“音乐是一种必须掌握一定规律的科学，这些规律必须从明确的原则出发，这个原则没有数学的帮助就不可能进行研究.我必须承认，虽然在我相当长时期的实践活动中，我获得许多经验，但是只有数学能帮助我发展我的思想，照亮我甚至没有发觉原来是黑暗的地方.”

音律的基本术语 在音乐中有固定音高的音的总和叫做**乐音体系**.乐音体系中有七

个独立名称的音级称为**基本音级**. 这七个基本音级分别用英文字母 C,D,E,F,G,A,B 来标记,叫做**音名**. 它们表示一定的音高,在钢琴键盘上的位置是不动的(图 8-1). 这七个音名在唱歌时依次用 do,re,mi,fa,sol,la,si 来发音,称为**唱名**. 不同的八度还有小字一组 $c^1 \to b^1$,小字二组 $c^2 \to b^2$ 等. 正对着钢琴钥匙孔的中间一组音的音名是小字一组 $c^1 \to b^1$.

图 8-1

两音之间的音高上的相互关系叫做**音程**. 七个基本音级在音列中是循环重复的. 第一级音与第八级音的音名相同,但音的高度不同,构成了八度关系. 这里的度指的是琴键间的间距. 例如,把 C 当做起点,F 是四度音,G 是五度音.

1. 古希腊音律的确定

1) 什么是声音?

振动物体对周围的空气发生作用,产生声波,声波沿各个方向传播出去,传到我们的耳朵,为我们所接受,这就是声音. 声音可以大致分为两种: 乐音和噪音. 由不规则振动引起的声音是噪音,我们不讨论噪音. 由规则振动引起的声音叫做乐音. 乐音通常是由弦的振动引起的,如小提琴、大提琴、吉他、钢琴等,或是由空气柱的振动引起的,如管风琴、小号、长笛等.

2) 什么是音高呢?

描述乐音的一个最基本的量是音高. 我们直觉上很清楚,它就是音的高低. 这个问题看来简单,其实不简单. 人类花了许多个世纪才对音高有了精确的理解. 这要归功于伽利略和法国数学家兼宗教家梅森(M. Mersenne, 1588—1648). 为了说明音高,需要引进频率的概念.

频率指的是,物体在单位时间内振动的次数. 通常将单位时间取为秒,物体每秒振动多少次叫做多少赫兹或多少赫. 例如,如果一根紧绷的弦每秒振动 100 次,就说它的频率是 100 赫兹.

音高是由振动频率决定的,频率越大,声音越高.

3) 古希腊人是如何定音的?

音乐必须有美的音调,美的音调必然是和谐的. 希腊人发现,最和谐的音调是由比例 1∶2∶3∶4 确定的. 中世纪美学家奥古斯丁(S. Augustin,354—430)说过: “1,2,3,4 这四个最小的数是音乐上最美的数.”为什么会是这样呢? 看了毕达哥拉斯的生律法——五度相生法,就清楚了.

4）五度相生法

毕达哥拉斯连续使用比例2∶3找出了从C到c^1的各个音.他是如何做的呢?他将两根质料相同的弦水平放置,使它们绷紧,并保持相同的张力.假定一根弦的长度为1,另一根弦的长度为前者的$\frac{2}{3}$;然后使两根弦同时发音,若前者发的音是C,则后者发的音是比前者高五度的音——G;再取后者长度的$\frac{2}{3}$,就得到比G高五度的音——d^1.把新弦长放大一倍,就得到D.把这个步骤继续下去,就可定出所有的音.这种定音的方法叫做**五度相生法**.

五度相生法用3∶2的频率关系生成音列,其频率比的公式是

$$k=2^{-m}\left(\frac{3}{2}\right)^{n},\quad 1\leqslant k\leqslant 2, m,n\text{ 是整数}.$$

表8-1给出了用五度相生法生成的(大调式)七音阶.

表8-1　用五度相生法生成的(大调式)七音阶表

音名	C	D	E	F	G	A	B	c^1
m	0	1	2	-1	0	1	2	-1
n	0	2	4	-1	1	3	5	0
频率比	1	$\frac{9}{8}$	$\frac{81}{64}$	$\frac{4}{3}$	$\frac{3}{2}$	$\frac{27}{16}$	$\frac{243}{128}$	2

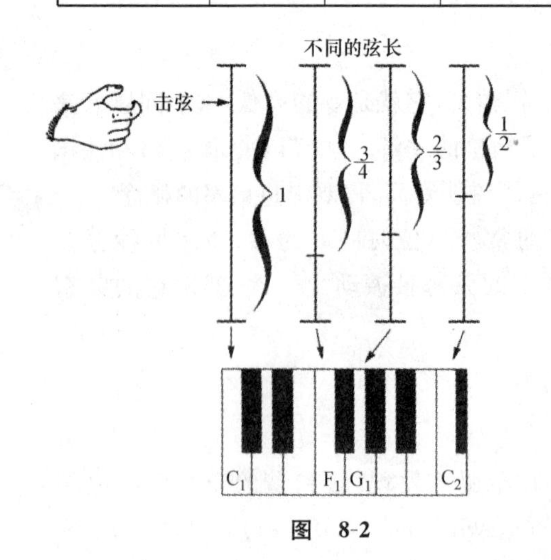

图　8-2

从上面的表8-1可以看出,如果以一个音阶的频率作为音阶的主音,按1∶2∶3∶4的规律就会得到一个音阶中最和谐的几个音.从1∶2得到八度音,从2∶3得到五度音,从3∶4得到四度音(图8-2).由于它们比例最简单,所以产生的共同谐波就多,听起来很和谐.谁都知道八度音是最和谐的,似乎可以把它们融合在一起.在人类有音乐的初期,人们就会使用这个音,它也是复音音乐的起点.当一个小孩和一个成人同唱一首歌,或一个男声和一个女声同唱一首歌时,就自然形成了八度平行.

2. 中国古代对音律的贡献

中国古代对音乐的贡献是卓越的，并且也是最早的. 1987 年 5 月 14 日，在河南舞阳贾湖地区发现了骨笛，其中有五孔、六孔、七孔和八孔的. 这些遗物是八千年到一万年前的东西. 近年来对骨笛的考古又有新的进展. 2000 年 4 月 28 日，光明日报有一篇重要的报道——《河南舞阳贾湖遗址的发掘与研究》. 今摘要如下：

“……分属于贾湖早、中、晚三期的二十多支五孔、六孔、七孔和八孔的骨笛，经研究已具备了四声、五声、六声和七声音阶，并出现了平均率和纯率的萌芽. 这一发现彻底打破了先秦只有五声音阶的结论，把我国七声音阶的历史提到八千年前. 它的发现将改写中国音乐史，同时也是世界上同期遗存中最为完整而丰富，音乐性最好的音乐实物……”

而且，贾湖中、晚期的骨笛大多有计算刻孔位置的痕迹. 这些音乐实物说明，在音程关系上，贾湖人已经具备了纯律和十二平均律. 这个发现使我们对中华民族的音乐史、数学史和文明史有了新的认识. 没有高度的数学文明，这种骨笛是造不出来的. 目前骨笛的研究还只处于初步阶段，我们盼望着新的发现和新的认识.

就从目前已有的文献看，中国对音律的制定也早于希腊.《吕氏春秋·大乐》中说：

“音乐之所由来者远矣：生于度量，本于太一.”

这句话告诉我们两件事：一是，音律的确定——“生于度量”，即需要数学；二是，音乐起源甚古——“所由来者远矣”.《吕氏春秋》是战国时期秦国宰相吕不韦的门客所作.

中国古代生律的方法叫做**三分损益法**. 三分损益法与古希腊的方法本质上是一样的. 这种生律法是按振动物体的长度来进行音律计算的，即根据某一标准音的管长或弦长依照长度的比例来计算. 三分损益法包含两个含义：

(1)“三分损一”.“损”就是减去的意思.“三分损一”指，将原有长度分为三等份，然后减去其中的一份，即 $1-\frac{1}{3}=\frac{2}{3}$. 所生之音是原长度音上方的五度音.

(2)“三分益一”.“益”就是增加的意思.“三分益一”指，将原有长度分为三等份，然后添加其中的一份，即 $1+\frac{1}{3}=\frac{4}{3}$. 所生之音是原长度音下方的四度音.

这种方法是以 3 为除数，用比例 2∶3 和 3∶4 作为制定音阶的依据，由此得出完整的音阶.

3. 十二平均律

十二平均律的生律法是精确规定八度的比例，并把八度分成 12 个半音，使相邻两个半音的频率比是常数.设C的频率是 b,于是 c^1 的频率就是 $2b$.如果后、前两个相邻半音的频率之比是 a,那么十二平均律用数学公式写出来,各个半音的频率就分别是

$$b,\ ba,\ ba^2,\ ba^3,\ \cdots,\ ba^{11},\ ba^{12}=2b.$$

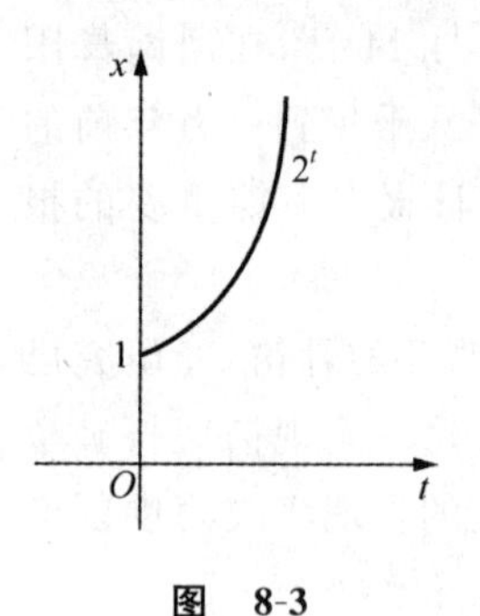

图　8-3

由最后一项,得到

$$a^{12}=2 \Longrightarrow a=\sqrt[12]{2}\approx 1.059463.$$

考虑指数函数(图 8-3)

$$x=b2^t \quad (0\leqslant t\leqslant 1).$$

令 $t=\frac{1}{12},\frac{2}{12},\frac{3}{12},\cdots,\frac{11}{12}$,我们就得到了上面所有的半音.如果把音分得更细,我们仍然会得到指数函数.

不知道你注意到没有,钢琴的弦和风琴的管外形轮廓都是指数曲线(图 8-4).其实,不管弦乐器还是由空气柱发声的管乐器,它们的结构都呈指数曲线形状.原因就在于此.

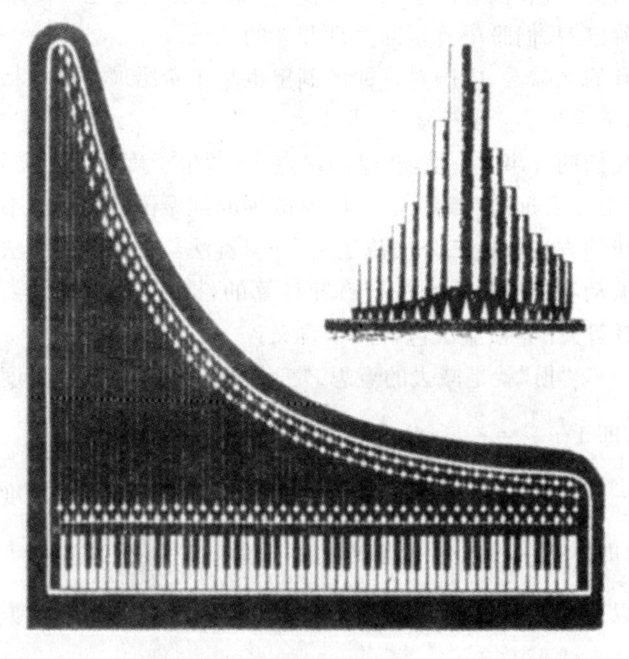

图　8-4

§2 数学与音乐的进一步联系

1. 梅森的定律

古代的中国、希腊、埃及和巴比伦等国都对弦振动做了研究，积累了不少知识和经验，为后人的研究奠定了很好的基础. 完整的研究出现在17世纪，是由梅森完成的. 他根据前人的经验和自己的研究，总结出四条基本定律：

(1) 弦振动的频率与弦长成反比. 这就是说，对密度、粗细、张力都不变的弦，增加它的长度会使频率降低，反之会使频率增加.

(2) 弦振动的频率与作用在弦上的张力的平方根成正比. 演奏家在演出前，对乐器的弦调音时，把弦时而拉紧，时而放松，就是调整弦的张力.

(3) 弦振动的频率与弦的直径成反比. 这就是说，在弦长、张力固定的情况下，直径越长，频率越低. 例如，小提琴的四条弦，细的奏高音，粗的奏低音.

(4) 弦振动的频率与弦的密度的平方根成反比.

一切弦乐器的制造都离不开这四条定律.

现在回到乐器的形状问题. 我们已经知道，声音的频率依指数函数变化. 上面的讨论指出，弦长与频率成反比. 两者结合起来就知道，乐器的弦长要遵从指数曲线. 这是因为指数函数的倒数仍是指数函数.

2. 伟大的傅里叶

从毕达哥拉斯时代到19世纪，数学家和音乐家们都试图弄清音乐乐声的本质，加深数学和音乐二者之间的联系. 音阶体系、和声学理论及旋律配合法得到了广泛细致的研究，并且建立了完备的体系. 从数学的观点看，这一系列研究的最高成就与数学家傅里叶的工作分不开. 他证明了，无论是噪音还是乐音，复杂的还是简单的，都可以用数学的语言给以完全地描述.

傅里叶

傅里叶是如何建立声音的数学分析的呢?

1807年，傅里叶在向法国科学院呈送的一篇论文中给出了一个对物理学的进步至关重要的定理. 这个定理从数学上给出了处理空气波动的方法，其重要性可与牛顿提出的用数学方法研究天体运动的重要性相比.

3. 简谐振动

傅里叶处理空气波动的方法如何与音乐相联系呢？我们先来看看最简单的乐器——音叉是如何发声，如何传播的，又如何用数学公式描述它.

1）音叉的振动

用小锤击音叉的一边，音叉就振动起来，并发出声音. 当音叉第一次运动到右边时，它就撞击阻碍它向右运动的空气分子，使那些分子间的密度加大. 这种现象称为**压缩**. 压缩的空气继续向右移动，直到不拥挤的地方（图 8-5）. 接着音叉又向左运动. 这样，就在音叉原来的位置留下一个比较大的地方，右边的空气分子就向这里涌过来. 于是，在这些空气分子先前的位置上造成了一个稀薄的空间. 这种现象称为**舒张**.

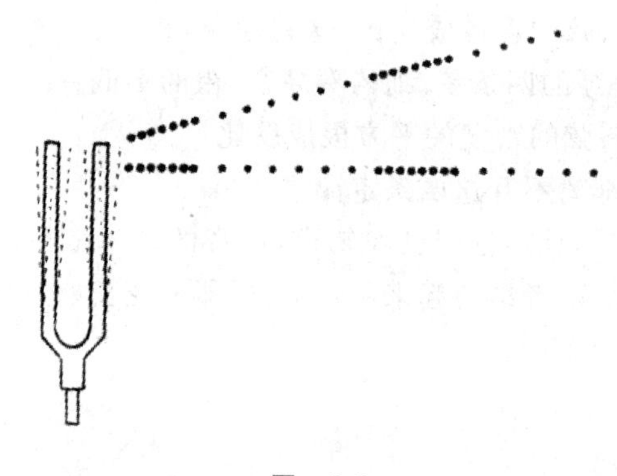

图 8-5

事实上，音叉的每一次振动在所有的方向上都产生压缩和舒张，这就是声波. 声波把空气进行局部的压缩和舒张，使空气周期性地变疏和变密. 这种声波传到人的耳朵里，对耳膜产生作用，我们就听到了声音.

现在的问题是：这种声音能不能用一个数学公式表示出来？如果能，那是什么样的公式呢？

2）简谐振动

音叉的振动是最简单的周期振动. 与它同样简单的周期振动还有单摆的振动、弹簧的振动. 它们的共同特点是，在相等的时间间隔里重复自己的运动. 这类振动称为**简谐振动**. 描述这类周期振动的公式具有同一个形式. 为直观计，我们取弹簧的周期振动做模型.

顺便指出，对简谐振动的研究不仅为乐声的描述提供了工具，它首先导致了精确计时钟的发明. 通过实验，胡克掌握了弹簧振动的基本规律，发现了弹性力学定律. 16 世纪 50 年代，他试着用金属弹簧来调整钟的频率. 但是，第一个用弹簧控制的时钟却是丹麦物理学家惠更斯建造的. 惠更斯的办法是使用盘旋的弹簧. 这种办法至今仍在机械手表里使用.

4. 弹簧的振动

考虑一个被压缩和拉长的弹簧，并取平衡位置为坐标原点(图 8-6). 根据胡克定律，作用力 F 与弹簧的压缩或伸长量 x 成正比：

$$F=-kx, \tag{8.1}$$

其中 x 的值对伸长为正，对压缩为负；常数 $k>0$ 叫做**弹簧常数**，是弹簧劲度的度量，弹簧越硬，k 的值就越大. 再设连在弹簧上的物体 M 的质量为 m. 这个系统的特点是，当物体 M 受扰动离开平衡位置后，在弹力的作用下，系统趋于回到平衡位置. 但由于惯性的作用，M 会超越平衡点继续运动. M 超越平衡点后，弹力再次作用使之回到平衡点. 结果，系统就来回振动起来，与音叉的振动一样. 物体 M 的水平位置 x 是时间 t 的函数：$x=x(t)$. $x(t)$的变化规律是什么呢？图 8-7 是一种记录 $x(t)$变化规律的实验，它描绘出一条曲线，这条曲线很像正弦曲线. 它是正弦曲线吗？我们来做一些数学分析.

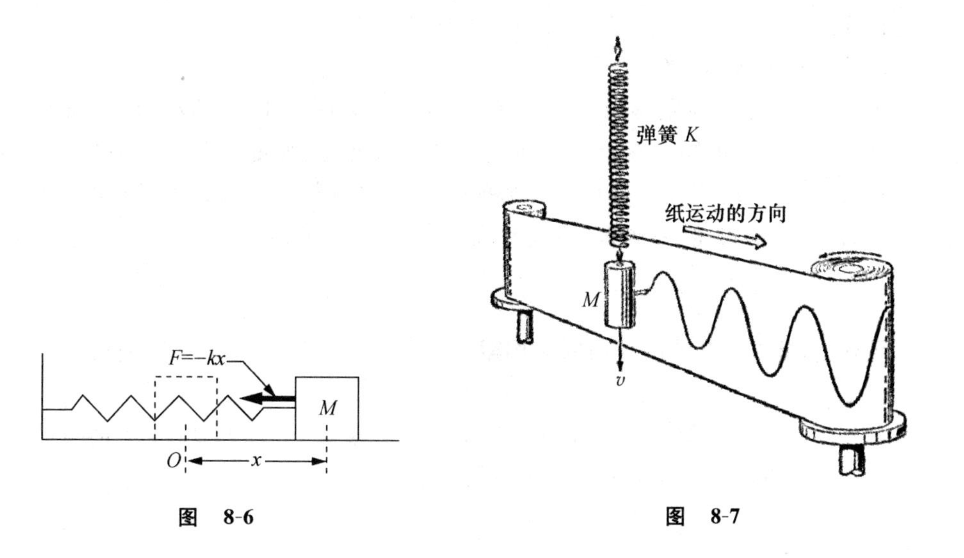

图 8-6

图 8-7

要从数学上确定这条曲线,需要牛顿第二定律 $F=ma$. 这里,加速度 a 是位移函数的二阶导数: $a=\frac{d^2x}{dt^2}$. 考虑弹力公式(8.1),我们有

$$m\frac{d^2x}{dt^2}=-kx \quad 或 \quad \frac{d^2x}{dt^2}=-\frac{k}{m}x,$$

其中 $x=x(t)$. 令 $\omega^2=\frac{k}{m}$,则上面的方程可写为

$$\frac{d^2x}{dt^2}=-\omega^2x. \tag{8.2}$$

这是一个含有未知函数导数的方程,称之为微分方程. 这个方程的解 $x(t)$ 的一个重要特点是,二阶导数与函数本身的负值成正比. 这个函数是什么函数呢? 猜一猜!

从初等微积分我们已经知道,正弦函数和余弦函数具有这一特点:

$$\frac{d^2}{d\theta^2}\sin\theta=-\sin\theta, \quad \frac{d^2}{d\theta^2}\cos\theta=-\cos\theta.$$

以此作为出发点,我们猜测方程(8.2)的解是正弦函数或余弦函数是合乎情理的. 事实上,它的解取下述形式:

$$x(t)=C\sin\omega t+D\cos\omega t \quad (C,D\ 为常数)$$

或

$$x(t)=A\sin(\omega t+\varphi) \quad (A\ 为常数). \tag{8.3}$$

直接把它代入方程(8.2)中验算,就知道结果是正确的.

下面给出几个名词的解释.

公式(8.3)中的 A 叫做**振幅**,它表示弹簧振动的幅度. ω 叫做**圆频率**,也叫做**角频率**. 角频率是做圆周运动的物体在单位时间内通过的角度(以弧度为单位). 而角频率则与做简谐运动的物体每秒振动的次数 f 密切相关. 关系是这样的: 做圆周运动的物体在回到出发点时通过了 2π 弧度,由于 2π 弧度对应于一个周期,所以

$$f=\frac{\omega}{2\pi}.$$

f 叫做**频率**. 完成一次振动的时间叫做**周期**,记为 T. 频率和周期 T 互为倒数:

$$T=1/f.$$

例 1 如果受音叉的作用,理想空气分子运动的振幅是 0.001,频率 f 是 200 赫兹,那么圆频率 ω 是 400π,从而音叉声音的公式是

$$y=0.001\sin 400\pi t.$$

5. 傅里叶定理

长笛、单簧管、小提琴、钢琴发出的声音各不相同,怎样从数学上给以说明呢?观察各种声音的图形,可以得到问题的部分答案.所有声音的图形,人的声音也包括在内,都表现出某种规律性.这种规律性是,每一种声音的图形在1秒钟内都准确地重复若干次.图8-8是一个例子,即小提琴的声音的图形,它表现出重复现象.这种声音听来是悦耳的.相反地,噪音具有高度的不规则性.所有具有图形上的规则性或具有周期性的声音称为**乐音**,不管这些声音是如何产生的.这样,通过图形我们把乐音和噪音区分开了.

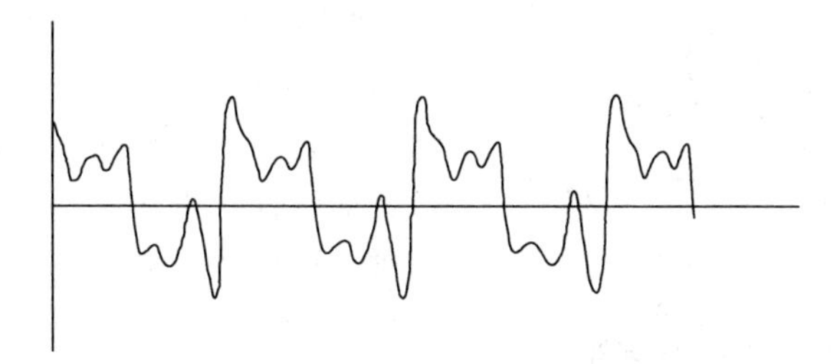

图 8-8

傅里叶定理说,任何一个周期函数 $f(t)$ 都可以表示为形如(8.3)的正弦函数之和,而且正弦函数的各项的圆频率是其中圆频率最低一项的圆频率的倍数.如果最低一项的圆频率是 ω,那么其他项的圆频率是 $2\omega,3\omega,\cdots$.写成数学公式是

$$f(t)=\frac{a}{2}+\sum_{n=1}^{\infty}A_n\sin(n\omega t+\varphi_n), \tag{8.4}$$

其中 a 是常数.这个级数叫做**傅里叶级数**.

一个周期函数可以表示成正弦函数的和,这是令人惊讶的.作者在大学学习数学分析时深感这一结果出乎意料.下面的简单例子会给出某些直观说明.

例 2 函数(图 8-9)

$$f(t)=\begin{cases}-1, & -\pi<t<0,\\ 0, & 0,\pm\pi,\\ 1, & 0<t<\pi\end{cases}$$

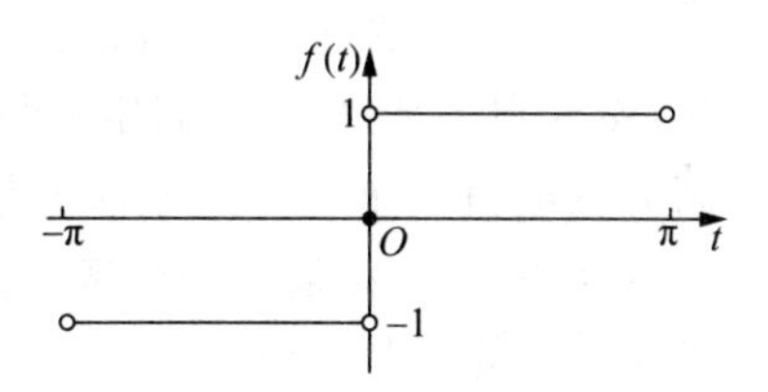

图 8-9

的傅里叶展式是

$$f(t)=\frac{4}{\pi}\left(\sin t+\frac{1}{3}\sin 3t+\frac{1}{5}\sin 5t+\cdots\right).$$

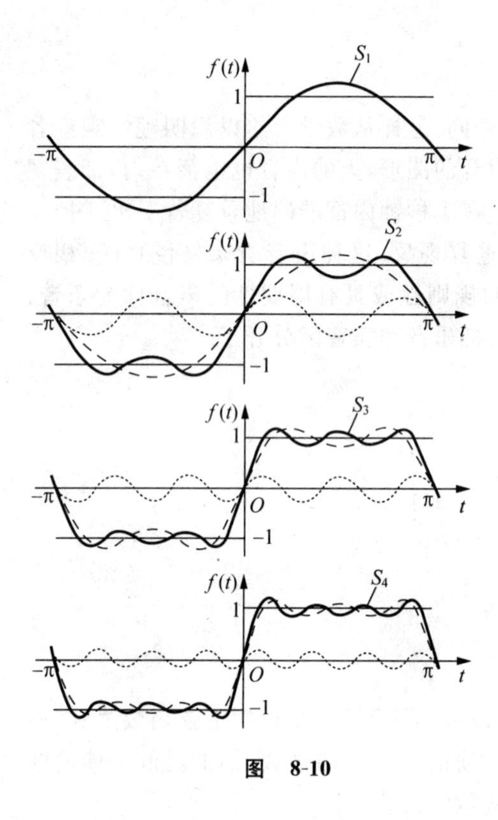

图　8-10

图8-10显示了从傅里叶级数中取1,2,3,4项逐步逼近 $f(t)$ 的结果.

我们知道,任何乐音都是周期函数,因此任何乐音都可以表示为简单的正弦函数之和.

例3　小提琴奏出的乐声如图8-8所示,它的傅里叶展式基本上是

$$f(t) \approx 0.06\sin 1000\pi t + 0.02\sin 2000\pi t + 0.01\sin 3000\pi t.$$

傅里叶定理的意义是什么呢?它指出,任何乐音都是形如 $A\sin(\omega t+\varphi)$ 的各项之和,其中每一项都代表一种有适当频率和振幅的简单声音,例如由音叉发出的声音.因此,这个定理表明,每一种声音,不管它多么复杂,都是一些简单声音的组合.乐音的复合特征可以通过试验得到证实.例3的小提琴的声音可以由三个具有适当音量,频率分别是500赫兹,1000赫兹和1500赫兹的音叉同时发声而产生.因此,从理论上讲,完全可以由音叉来演奏贝多芬的第九交响曲.

这是傅里叶定理的一个令人惊奇的应用!

这样,任何复杂的乐音都能由简单声音经适当组合而成.单音称为声音中的泛音.在这些泛音中,频率最低的一个称为基音;频率次高的一个称为第二泛音,它的频率是基音频率的二倍;接着是第三泛音,它的频率是基音频率的三倍;等等.

乐音与噪音的主要区别是,乐音的声波随时间呈周期变化,噪音则不是.乐音有固定的频率,听起来使人产生有固定音高的感觉、和谐的感觉;噪音听起来不和谐、不悦耳,是缺乏固定音高的感觉.将复合音分解为泛音可以帮助我们用数学方法描述乐音的主要特征.

乐音有四个要素:音调或音高、音响或音量、音色或音质、时值.

当我们说一个声音是高还是低时指的是它的音调.钢琴的

傅里叶定理不仅是现代分析学最美妙的结果之一,也可以说它为解决物理学中几乎每一个难题提供了一种不可缺少的工具.

威廉·汤姆森
(William Thomson)

声音按照键盘从左到右的顺序从低音上升到高音.音调主要是由振动频率决定的,也就是由 ω 或 T 决定的,但它不是严格按比例对应的.一般认为,频率增高到二倍,音调听起来高一个八度.这仅仅在中频段里是这样.在高音部分,听感偏低,所以要把频率调高,以适应人的耳朵.低音段则听感偏高,所以需要把频率调低一些.对一个复合音而言,它的音调是由基音的频率决定的.在前面的小提琴例子中,这些泛音对应的频率分别是500赫兹,1000赫兹,1500赫兹.这意味着,当基音的图形完成一个周期时,第二个泛音的图形将完成两个周期,第三个泛音将完成三个周期.因此,当且仅当基音经过了 $\frac{1}{500}$ 秒后,复合图形重复一次,空气分子又将循环运动.所以,复合音的音调由基音决定.

音响或音量与声波振幅 A_n 的平方成正比,振幅越大,听起来响度就越大.但这两者也不是按比例对应的.

对公式中的初相位 φ,人的耳朵一般觉察不出来.

一个声音的音色是使它与另外具有相同的音调和音量的声音区别开来的性质.一名小提琴师和一名笛手演奏出相同音调和音量的歌曲时,我们很容易将它们区分开来.乐音的音色影响图形的形状.对同一音调和音量,不同的乐器所发出的声音的图形具有相同的周期和振幅,但形状不同.

乐音图形的形状,部分地依赖于泛音,部分地依赖于泛音的相对强度.有些乐器第二泛音的振幅可能很小,它对整个图形影响不大.例如,在长笛的高音中,除了基音外,所有的泛音都很弱.

时值指振动的延续时间.

现在我们已经知道了,不仅一般乐音的本质,而且它们的结构和主要性质都具有数学上的特征.

欧几里得以五条公理和五条公设总结了整个欧氏几何,不管多么复杂的几何定理都可以从这五条公理和五条公设中推导出来.牛顿给出了三条定律,对整个力学做了本质上的概括.这些功绩都是开天辟地之功.傅里叶的定理具有同样的地位.自从有了傅里叶定理,世界上的乐音一下子变得简单了.不管是鸟啼、人语或是钢琴的鸣奏,都可以归结为简单声音的组合,这些简单声音用数学表示就是正弦函数.人们终于认识到,世界上的声音是如此丰富,却又如此简单!

分解而又组合,这不正是笛卡儿的方法吗?

6. 大自然的统一性

大自然充满了神奇的统一性.不仅乐音可以用正弦函数来描述,电流也可以用正弦函

数来描述.事实上,电流与时间的关系是

$$I=A\sin\omega t.$$

这与音叉的振动具有相同的形式.正是这种统一性使声音可以转变为电流.这就使声音的录制、传播、接收和复原成为可能.这样,你可以在元旦晚上坐在电视机旁欣赏维也纳的新年音乐会;你可以在散步时通过随身听接收中央台的音乐节目;你可以使用手机和你的朋友通话.但是,很少人想到傅里叶的贡献,想到数学的作用.数学是一种看不见的文化.

考察一下对人类生活的实际影响,我们会发现傅里叶的影响超过了牛顿.

7. 麦克斯韦的功绩

北京和维也纳相隔万里,但是元旦晚上你可以坐在家里欣赏维也纳的新年音乐会.这是谁的功绩?如果没有麦克斯韦(J. C. Maxwell, 1831—1879)预见到电磁波的存在(这又是数学的功绩!),并由赫兹(H. R. Hertz, 1857—1894)实现,声音的传送是不可能的.

8. 小结

(1) 在听音乐会的时候,大多数人是想不到音乐的数学分析的.但是需要指出,上面的介绍只涉及了音乐的数学分析的一部分,并没有涉及声音的录制、传播、接收和复原的问题——这是数学对音乐影响的另一部分.数学是一个本质因素,但是只有数学也不能奏效.

(2) 两个交互作用:

• 数学世界、物理世界、艺术世界的交互作用产生了音乐理论和音乐作品;

• 数学世界、物理世界、技术世界的交互作用产生了音乐技术和美妙的乐器,以及声音的录制、传播、接收和复原.

(3) 从认识论的角度看,任何复杂事物都由简单事物合成.音乐也是这样,不管多么复杂的音乐都可化归为音叉振动的组合.

第9章 非欧几何的诞生及影响

欧几里得的第五公设"也许是科学史上最重要的一句话".

C. J. Keyser

上个世纪最富有启发性和最值得注意的成就就是非欧几里得几何的发现.

D. 希尔伯特

罗巴切夫斯基的理论是他的同时代人无法理解的,因为它看来与一种仅仅被几千年来视若神明的偏见认为必要的公理相矛盾.

罗巴切夫斯基著作的编者

我已得到了如此奇怪的发现,使我自己也为此惊讶不已;我从无有中创造了另一个新世界.

J. 波尔约

§1 欧氏几何回顾

欧氏几何现在仍是中等教育中几何教育的核心. 认清欧氏几何的地位和作用,它的主要成果是什么,它的缺陷是什么,以及非欧几何的地位和作用,对几何教育的改革具有重要的意义. 所以我们需要先对欧氏几何做一认真回顾.

1. 欧氏几何的内容

《几何原本》共十三卷,除其中第五、七、八、九、十卷是讲授比例和算术理论外,其余各卷都是讲授几何内容的. 第一卷包含平行线、三角形、平行四边形的定理;第二卷主要是毕达哥拉斯定理及其应用;第三卷讲授圆的定理;第四卷讨论圆的内接与外切多边形定理;

第六卷的内容是相似形的理论;最后三卷是立体几何.

欧几里得在《几何原本》里列出了131个定义,5条公设,5条公理,465个命题和54道作图题,其具体的内容分布如表9-1所示.

表9-1 《几何原本》的主要内容

卷号 \ 内容	定义	命题	作图题
第一卷 几何基础	23	48	11
第二卷 几何与代数	2	14	2
第三卷 圆与角	11	37	6
第四卷 圆与正多边形	7	16	16
第五卷 比例	18	25	0
第六卷 相似	4	33	10
第七卷 数论(一)	22	39	0
第八卷 数论(二)	0	27	0
第九卷 数论(三)	0	36	0
第十卷 无理量	16	115	0
第十一卷 立体几何	28	39	4
第十二卷 立体的测量	0	18	2
第十三卷 建正多面体	0	18	0
总计	131	465	54

《几何原本》是由定义、公设、公理、定理组成的演绎推理体系,其中最引人注目的是5条公设和5条公理.它们依次是:

公设1 给定两点,可连接一线段.

公设2 线段可无限延长.

公设3 给定一点为中心和通过任意另一点可以作一圆.

公设4 所有直角彼此相等.

公设5 如一条直线与两条直线相交,并且在同侧所交出的两内角之和小于两个直角,则这两条直线无限延长后必在该侧相交(图9-1).

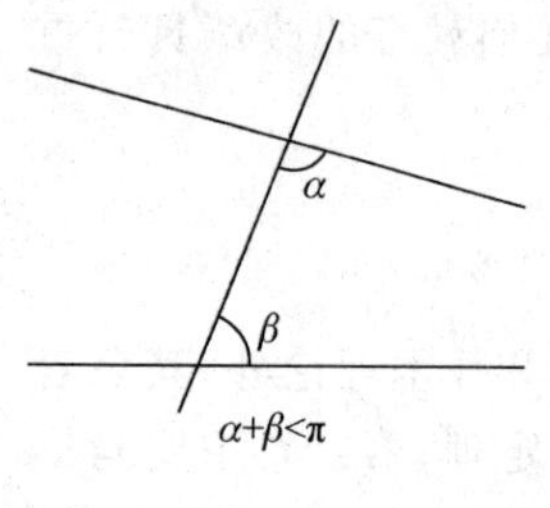

图 9-1

公理 1 等于同量的量彼此相等.

公理 2 等量加等量,其和相等.

公理 3 等量减等量,其差相等.

公理 4 彼此重合的东西一定相等.

公理 5 整体大于部分.

由此我们看到,前三条公设限定了用圆规和无刻度的直尺可以完成哪些作图.因此这两件仪器被称为欧几里得工具,使用它们可以完成的作图称为欧几里得作图.这种作图增加了几何学的趣味.人们曾花费了大量的精力去解决几何三大难题,尽管是徒劳的,但从各方面推动了数学的发展.

2. 欧氏几何的历史地位

欧几里得的《几何原本》被称为数学家的圣经,在数学史乃至人类科学史上具有无与伦比的崇高地位.它的主要贡献是什么呢?

(1) 成功地将零散的数学理论编为一个从基本假定到复杂结论的整体结构.

(2) 对命题做了公理化演绎.从定义、公理、公设出发建立了几何学的逻辑体系,并成为其后所有数学的范本.

(3) 几个世纪以来,已成为训练逻辑推理的最有力的教育手段.

欧氏几何是演绎数学的开始.演绎方法是组织数学的最好方法,它可以极大程度地消除我们认识上的不清和错误.如果有怀疑的地方,那就回归到基础概念和公理,看看在哪一步出了问题.德国学者赫尔姆霍斯说过:

"人类各种知识中,没有哪一种知识发展到了几何学这样完善的地步……没有哪一种知识像几何学一样受到这样少的批评和怀疑."

整个世界从这部经典中学到了证明的概念和数学知识整体的逻辑结构的概念,当然也学到了宝贵的知识.

3.《几何原本》在中国

《几何原本》除了在西方文明中影响深远外,在东方也有不小的影响力.《几何原本》最初传入中国是在明代,当时身在中国的意大利传教士利玛窦(R. Matteo, 1552—1610)与明代学者徐光启(1562—1633)合译了前六卷,于 1607 年出版,中文译文书名为《几何原本》.书的译者徐光启对其评价极高:

"此书有四不必:不必疑,不必揣,不必试,不必改;有四不可得:欲脱之不可得,欲驳之不可得,欲减之不可得,欲前后更置之不可得;有三至三能:似至晦实至明,故能以其明明他物之至晦；似至繁实至简，故能以其简简他物之至繁；似至难实至易，故能以其易易他物之至难. 易生于简，简生于明，综其妙在明而已.”

作为最早流入中国的西方科学著作，《几何原本》在中国的传播为这个有着古老灿烂文明的东方古国打开了通向西方文明的大门，中国人从此开始接触学习西方的先进文明.

§2　非欧几何的缘起

1. 平行公设引起的思考

欧几里得的公设1—4都很容易地被人们接受了，唯独公设5——平行公设或第五公设，从一开始就受到人们的怀疑. 实际上受到质疑的不是欧几里得的陈述，而是将它列为公设. 古代就有人说：“它完全应该从公设中剔除，因为它是一条定理……”的确，这一公设看起来确像一条定理，它的陈述性语言就占了一大半.

对平行公设的研究导致了非欧几何的诞生. 这段历史大致可以分为四个时期：

(1) 寻求平行公设的证明时期；

(2) 非欧几何的孕育时期；

(3) 非欧几何的诞生时期；

(4) 非欧几何的确认时期.

2. 从《几何原本》的诞生到18世纪

这期间对平行公设的研究有两种途径：一是用更为自明的命题代替平行公设；二是企图从欧几里得的其他几个公设中推导出平行公设来.

多年来提出的替代公设有：

(1) 存在一对同平面直线彼此处处等距离；

(2) 过已知直线外的已知点只能作一条直线平行于已知直线；

(3) 存在一对相似但不全等的三角形；

(4) 如果有一个四边形有一对对边相等，并且它们与第三边构成的角均为直角，则余下的两个角也是直角；

(5) 如果四边形有三个角是直角，则第四个角也是直角；

(6) 至少存在一个三角形，其三个内角之和等于二直角；

(7) 过任何三个不在同一直线上的点可作一个圆；

(8) 三角形的面积无上限.

今天中学几何课本中最喜欢用的是上述的(2). 人们把它归功于苏格兰物理学家和数学家普雷菲尔(J. Playfair, 1748—1819).

多少个世纪以来,从欧几里得的其他公设推出平行公设的尝试是如此之多,尝试者差不多够一个军团,所有这些尝试均告失败,其中绝大多数或迟或早依靠了与该公设本身等价的隐含假定. 这些工作的绝大多数对数学思想的发展没有什么现实意义. 直到 1733 年,意大利人萨谢利(G. Saccheri, 1667—1733)才做了关于平行公设值得注意的研究成果.

3. 非欧几何的孕育时期

在第一时期虽然没有得出实质性的成果,但却积累了大量的经验与资料. 第二时期的主要代表人物是萨谢利、兰伯特(J. H. Lambert, 1728—1777)和勒让德(A. M. Legendre, 1752—1833)等人.

萨谢利 1667 年出生于意大利的圣拉蒙,少年早熟,23 岁就完成了其耶稣会神职的见习期,然后一直在大学担任教学职务. 在米兰的耶稣会学院中讲授修辞学、哲学和神学时,他读了欧几里得的《几何原本》,并且醉心于强有力的归谬法. 稍迟,在都灵教哲学时,他发表了《逻辑证明》(*Logica Demonstrativa*)一书,其中的主要改进是应用归谬法来处理形式逻辑. 几年以后,在帕维亚大学任数学教授时,他把他喜爱的归谬法用于对欧几里得平行公设的研究. 他为这项工作做了很好的准备:在其较早的关于逻辑的著作中已经灵活地处理了定义和公设这类事物. 他还熟悉其他人讨论平行公设的著作,并且成功地指出了在埃得(N. Eddin, 1201—1274)和沃利斯(J. Wallis, 1616—1703)的尝试中的谬误.

在曾经研究过否定欧几里得平行公设会得到什么样的结果的人当中,萨谢利显然是第一个试图应用归谬法来证明这一著名公设的. 他的研究结果写在题为《排除任何谬误的欧几里得》的一本小书中,这本书是于 1733 年作者去世前几个月在米兰出版的. 在这一著作中,萨谢利承认《几何原本》的前 28 个命题,证明这些命题不需要平行公设. 借助于这些定理,他研究等腰双直角四边形,即四边形 $ABCD$(图 9-2),在其中 $AC=BD$,且 $\angle A$ 和 $\angle B$ 均为直角. 作对角线 AD 和 BC,再利用全等定理(包含在欧几里得的前 28 个命题中),萨谢利容易地证明了:$\angle C=\angle D$. 但无法确定这两个角的大小. 当然,作为平行公设的推论,可推出这两个角均为直角,但是他不想采用此公设的假定. 因此这两角可能均为直角、均为钝角或均为锐角. 萨谢利在这里坚持了开放的思想,并且把这三种可能性命名为直角假定、钝角假定

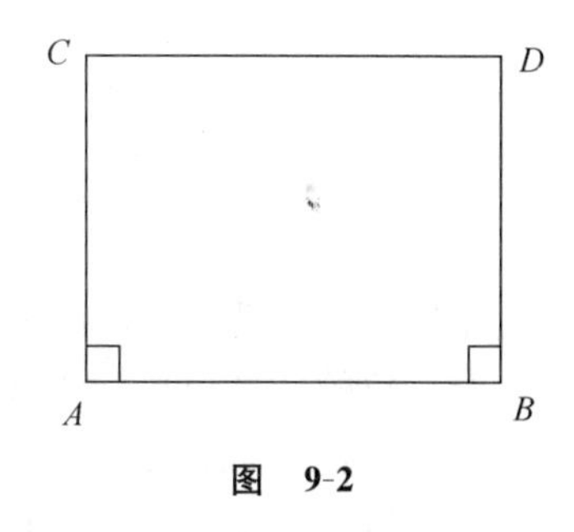

图 9-2

和锐角假定.他的计划是,以证明后两个假定导致矛盾来排除这两种可能,然后根据归谬法就只剩下第一个假定了.而这个假定等价于欧几里得平行公设,这么一来,平行公设就被证明了,欧几里得公设的缺陷就被排除了.

萨谢利以其娴熟的几何技巧和卓越的逻辑洞察力证明了许多定理.现将其中较重要者列举如下:

直角假定 ⟺ 三角形内角和等于两直角
⟺ 给定一条直线和线外一点,过该点有一条直线与该直线不相交
⟺ 立于固定直线上的定长垂线的顶点轨迹是一条直线;

钝角假定 ⟺ 三角形内角和大于两直角
⟺ 没有平行线
⟺ 立于固定直线上的定长垂线的顶点轨迹是凸曲线;

锐角假定 ⟺ 三角形内角和小于两直角
⟺ 给定一条直线和线外一点,过该点有无穷多条直线与该直线不相交
⟺ 立于固定直线上的定长垂线的顶点轨迹是凹曲线.

可惜的是,萨谢利的著作没有带来多大影响,并且没过多久就被人们遗忘了,直到1889年才被他的同胞贝尔特拉米(E. Beltrami, 1835—1900)戏剧般地给予了新的生命.

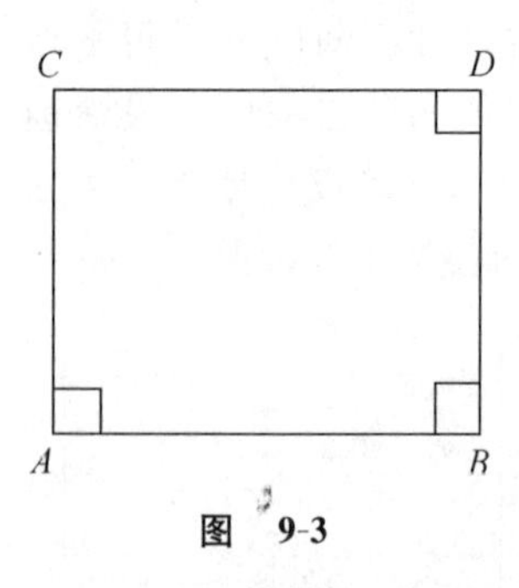

图　9-3

1766年,萨谢利发表其著作之后33年,瑞士数学家兰伯特写了一本题为《平行线理论》的著作,做了类似的研究;不过,这部著作在兰伯特死后11年才发表.兰伯特选作基础图形的是三直角四边形(图9-3),他按照三直角四边形的第四个角是直角、钝角或锐角做了三个不同的假定.

兰伯特和萨谢利都在钝角和锐角的假定下推演出了不少命题,然而,兰伯特走得更远.例如,和萨谢利一样,他证明了:在这三个假定下分别可推出三角形内角和等于、大于或小于两直角;然而,他进一步证明了:在钝角假定下大于两个直角的超出量和在锐角假定下小于两个直角的亏量均与三角形的面积成正比.他看到由钝角假定推出的几何与球面几何的类似之点:在球面几何中,三角形的面积与其球面角盈成正比.他还猜测:由锐角假定推出的几何也许能在虚半径的球上被证实.这也猜对了.

兰伯特和萨谢利一样,以默认直线为无限长这个假定来取消钝角假定.

兰伯特的几何观点是十分先进的.他认识到任何一组假设如果不导致矛盾的话,一定提供一种可能的几何.

用归谬法证明欧几里得平行公设的第三个卓越的贡献是由法国著名数学家勒让德作

出的.他对一特殊的三角形的内角和做出三个不同的假定:等于、大于或小于两直角.他隐含地承认直线的无限性,因而取消第二假定;但是,尽管他做了种种尝试,还是没法排除第三个假定.

勒让德的另一个重要贡献是他的备受欢迎的著作《几何学基本原理》(*Elements de Geometrie*)于1794年出版第一版.他对欧几里得的《几何原本》做了教学法上的改进,重新安排和简化了许多命题,成为现在流行的形式.

施韦卡特(F. K. Schweikart, 1780—1859),是一位法学教授,业余研究数学,他更迈进了一步,研究非欧几里得几何.1816年,他写了一份备忘录,于1818年送交高斯征求意见.他区分了两种几何:欧几里得几何与假设三角形内角之和不是两直角的几何.他称后一种几何为星空几何,因它可能在星空内成立.它的定理都是萨谢利和兰伯特根据锐角假设建立的定理.

陶里努斯(F. A. Taurinus, 1794—1874),是施韦卡特的外甥,接受舅父的建议继续研究星空几何.虽然他证实了一些新结果,但他仍做出结论:只有欧几里得几何对物质空间是正确的,而星空几何只是逻辑上相容.

兰伯特、施韦卡特、陶里努斯三人,还有当时一些其他人都承认欧几里得平行公设不能证明.这三人也都注意到实球面上的几何具有钝角假设为基础的性质,而虚球面上的几何则具有以锐角假设为基础的性质.这样,三个人都认识到非欧几里得几何的存在性,但他们都失去一个基本点,即欧几里得几何不是唯一的在经验能够证实的范围内来描述物质空间的性质的几何.

这段历史已清楚地表明非欧几何已是躁动于母腹中的婴儿了.

§3 非欧几何的确立

1. 非欧几何的诞生

从前面的论述我们看到,尽管经过长时间的艰苦努力,萨谢利、兰伯特和勒让德还是没有能以锐角假定为前提推出矛盾.在此假定下找不到矛盾,没有什么可惊讶的,因为现在我们已经知道,由前四条公设加上锐角假定推出的那套几何,和由前四条公设加上直角假定推出的欧几里得几何一样,是自相容的.换言之,平行公设不能作为定理从欧几里得的其他公设推出,它独立于其他公设.对于两千多年来受传统偏见的约束,坚信欧几里得几何是唯一可靠的几何,而任何与之矛盾的几何系统绝对是不可能相容的人来说,承认这样一种可能是要有不寻常的想象力的.

高斯

高斯(C. F. Gauss，1777—1855)是真正预见到非欧几何的第一人. 不幸的是，毕其一生高斯没有对此发表什么意见. 我们现在所知道的他的先进思想是通过他与好友的通信、对别人著作的几份评论以及在他死后从稿纸中发现的几份札记而得知的. 虽然他克制住自己，没有发表自己的发现，但是他竭力鼓励别人坚持这方面的研究. 把这种几何称为非欧几何的正是他.

虽然人们承认高斯是最先料想到非欧几何的人，但是俄国数学家罗巴切夫斯基实际上是发表此课题的、有系统著作的第一人. 罗巴切夫斯基一生中的大部分时间是在喀山度过的，先是学生，后来当数学教授，最后任校长. 他关于非欧几何的最早论文是于1829—1830年在《喀山通讯》上发表的，比J. 波尔约著作的发表早二三年. 这篇论文在俄国没有引起多大注意，因为是用俄文写的，实际上在别处也没有引起多大注意.

他发展的非欧几何现今被称为罗巴切夫斯基几何. 他赢得了**“几何学上的哥白尼”**的称号.

在罗巴切夫斯基之后，匈牙利的J. 波尔约(J. Bolyai，1802—1860)也独立地研究了这个问题. 他是数学家F. 波尔约的儿子. F. 波尔约与高斯有长期的、亲密的友谊. 小波尔约的这项研究受到他父亲的很大启发，因为老波尔约早就对平行公设问题感兴趣. J. 波尔约称他的非欧几何为**绝对几何**. 他写了一篇26页的论文《绝对空间的几何》，作为附录附于他父亲的一本几何学著作中，发表于1831年.

罗巴切夫斯基

在罗巴切夫斯基和J. 波尔约的著作发表若干年后，整个数学界才对非欧几何这个课题给予更多的注意. 几十年后这项发现的真正内涵才被理解. 下一个重要任务是证明新几何的内在相容性.

2. 罗巴切夫斯基的解答

罗巴切夫斯基在他的著作《论几何原本》里用以下一段话描述了他所给出的平行公设的解答要点：

“大家知道，直至今天为止，几何学中的平行线理论还是不完全的. 从欧几里得时代以来，两千年来的徒劳无益的努力，促使我怀疑在概念本身之中并未包括那样的真实情况，它是大家想要证明的，也是可以像别的物理规律一样单用实验（譬如天文观测）来检验的. 最后，我肯定了我的推测的真实性，而且认为困难的问题完全解决了. 我在 1826 年写出了关于这个问题的论证.”

这段话集中了罗巴切夫斯基的新观点，不仅给出了关于平行公设的问题的解答，而且使对几何学的全部注意力转移到新的方面，甚至还不单是几何学如此. 他的解答实质上包含这样三个方面：

(1) 平行公设是不能证明的.

(2) 几何学的其他基础命题添上否定公理以后，可以展开一种与欧几里得几何不同的、逻辑上完整而富有内容的几何学.

(3) 这种或那种逻辑上可能的几何学的结论，在应用到现实空间时的正确性只有用实验来做检验. 逻辑上可能的几何学不应该当做任意的逻辑体系来研究，而应该作为促成发展物理理论的可能途径和方法的理论来研究.

这后一观点在后来的爱因斯坦的相对论中得到了证实.

罗巴切夫斯基创立的新几何学以锐角假设为基础，包括了一系列新的性质和推论. 后人把这个新生物叫做**双曲几何**. 它与后来黎曼创立的椭圆几何一样都是区别于欧氏几何的新几何体系，开启了非欧几何学的大门. 他把主要相关的工作写在两篇论文里并发表在《喀山通讯》杂志上：第一篇题为《论几何基础》，发表于 1829—1830 年间；第二篇题为《具有平行完全理论的几何新基础》，发表于 1835—1837 年间. 这两篇论文是罗巴切夫斯基有关非欧几何思想的集中表达，在论文中他将自己创立的新几何叫做**虚几何**. 很快，他发现自己发表的这两篇文章在俄国国内并未引起多少人的关注，于是他尝试着把自己的成果介绍给西方人，以引起更多人的讨论. 显然，此时的他并不清楚在数千千米外的匈牙利已经有一位年轻军官做出了和自己类似的工作并且已经公开发表. 1840 年，执著的他用德文写出了一本名为《平行理论的几何研究》的书，并把它推介到西方. 随后几年他又在双目失明的情况下通过口述写出了一本法文书籍《泛几何》，力图吸引更多的读者关注他的工作.

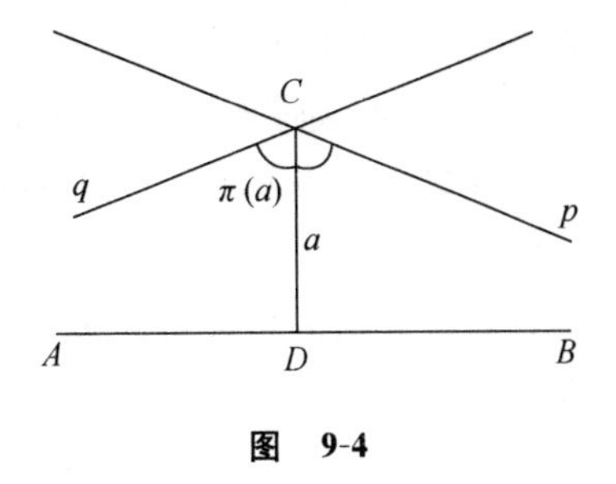

图 9-4

罗巴切夫斯基的工作是从一个这样的模型（图 9-4）开始的：给定一条直线 AB 和一个点 C，通过点 C 的所有直线关于直线 AB 而言可以分为两类：一类与 AB 相交，另一类不相交. p 和 q 属于第二类，构成两类的边界. p，q

这两条线被称为**平行线**.看到这个模型,不得不让人想到罗巴切夫斯基应该是从萨谢利那里得到了某种启示.

图9-4中点C到直线AB的距离是a,于是存在一个角$\pi(a)$,使得所有过点C的直线与线段CD所成的角小于$\pi(a)$的将与直线AB相交,其他的不与直线AB相交.$\pi(a)$叫做**平行角**.除平行线外,过点C而不与直线AB相交的直线称为不相交直线.在欧氏几何的体系中,它们与直线AB是平行的,所以在罗巴切夫斯基几何里,过点C有无穷条平行线.

根据这个模型,罗巴切夫斯基推导出了一些性质:若$\pi(a)=\frac{\pi}{2}$,则可得到平行公设;若$\pi(a)<\frac{\pi}{2}$,则三角形的内角和恒小于π.

3. 一个全新的世界

由于平行公设的不同而带来了欧氏几何与非欧几何的一些本质不同.例如,在罗巴切夫斯基的几何中,有

(1) 三角形的内角和总小于π;

(2) 不存在面积任意大的非欧三角形;

(3) 两个非欧三角形相似就全等;

(4) 毕达哥拉斯定理不成立.

为了理解这种几何的某些古怪论点,我们不妨看一看下面的定理:

定理 若一个三角形的三个内角分别与另一个三角形的三个对应角相等,则这两个三角形全等.

注 在欧氏几何中两个三角形的三个内角分别相等,则这两个三角形相似,但它们不一定全等.两个相似三角形可能有不同的边长、不同的面积,但是在双曲几何里却出现了奇怪的现象:两个三角形相似全等.

欧几里得的全等三角形的定理出现在平行公设之前.也就是说,它们没有用到平行公设,因而这些定理在非欧几何中依然有效.现在我们就用在欧氏几何和非欧几何中都成立的全等定理,来证明上面的奇怪定理.

证明 设$\triangle ABC$,$\triangle DEF$(图9-5)满足条件$\angle 1=\angle 4$,$\angle 2=\angle 5$,$\angle 3=\angle 6$,要证

$$\triangle ABC\cong\triangle DEF.$$

根据欧氏几何的角边角定理,我们只需证$AB=DE$.今用反证法.设$AB<DE$,作$DG=AB$,$\angle DGH=\angle 2$.由角边角定理,$\triangle ABC\cong\triangle DGH$,从而

$$\angle DGH=\angle 2=\angle 5,\quad \angle DHG=\angle 3=\angle 6.$$

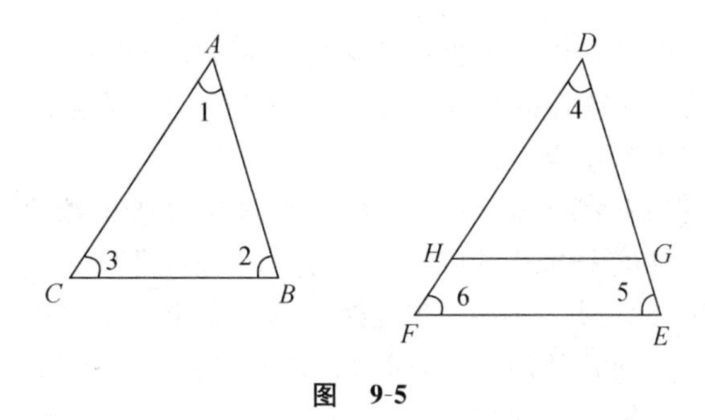

图 9-5

今研究四边形 $GEFH$. 在四边形 $GEFH$ 中,有

$$\angle EGH=180^\circ-\angle DGH=180^\circ-\angle 5,$$
$$\angle FHG=180^\circ-\angle DHG=180^\circ-\angle 6;$$

四边形 $GEFH$ 四内角之和为

$$(180^\circ-\angle 5)+(180^\circ-\angle 6)+\angle 5+\angle 6=360^\circ. \tag{9.1}$$

连接 GF 将四边形分为两个三角形. 每个三角形的内角和都小于 180°,所以两个三角形内角和小于 360°. 这与(9.1)式矛盾. 这说明,假定 $AB\neq DE$ 不正确. 所以 $AB=DE$. 再用角边角定理就知道

$$\triangle ABC\cong\triangle DEF.$$

证明中用的关键事实是,在双曲几何中每个三角形的内角和都小于 180°. 由此我们还可以看出,在双曲几何中,不同的三角形其内角和也不相同. 在欧氏几何中,已知三角形的两个角可确定它的第三个角. 在双曲几何中,已知三角形的两个角不能确定它的第三个角. 当时 L. 波尔约说,他创造了一个"全新的世界". 现在不难体会,他的确创造了一个全新的世界.

4. 双曲几何的相容性

虽然罗巴切夫斯基和 L. 波尔约在他们对于以锐角假定为基础的非欧几何的广泛研究中没有遇到矛盾,他们甚至相信不会产生矛盾,但是仍然有这种可能,如果这类研究充分地继续下去,会出现矛盾,或不相容. 平行公设对于欧几里得几何其他公设的独立性,无疑要在锐角假定相容性做出之后才能成立. 这些没有多久就做到了. 那是贝尔特拉米、凯利(A. Cayley, 1821—1895)、F. 克莱因(F. Klein, 1849—1925)、庞加莱等人的工作. 办法是在欧几里得几何内建立一个新几何的模型,使得锐角假定的抽象发展在欧几里得空间的一部分上得到表示. 于是,非欧几何中的任何不相容性会反映此表示的欧几里得几何中的对应的不相容性. 这是相对相容性证明的一种: 如果欧几里得几何是相容的,则罗巴切夫斯基几何也是相容的. 当然,每个人都相信欧几里得几何是相容的.

罗巴切夫斯基的非欧几何的相容性的成果之一是，古老的平行公设问题的最终解决. 相容性确定了下述事实：平行公设独立于欧几里得几何的其他公设，把此公设当定理，由其他公设推出它的可能性是不存在的.

1868 年，贝尔特拉米在《数学杂志》第 6 期上发表了他最重要的数学著作《非欧几何的实际解释》，系统总结了他在几何学研究中的成果，并用它们来建立非欧几何的模型. 贝尔特拉米这篇论著的发表是非欧几何发展史上的一个里程碑，它从理论上消除了人们对非欧几何的误解.

他构造了一个关于双曲几何的模型，叫做伪球面(图 9-6). 什么是伪球面呢？伪球面是由一条曲线绕一条固定轴旋转而成的旋转曲面. 这条曲线叫做**曳物线**. 直观地讲，设河中点 A 处有一条船，今用长度为 l 的绳子拉船，而人在岸边. 初始状态是，人在点 M 处，船在点 A 处. 然后人拉着船从点 M 向点 N 前进，并保持绳子始终是拉紧的，那么船运行的轨迹就是曳物线，如图 9-7 所示. 曳物线绕轴 MN 旋转一周得到伪球面，如图 9-6 所示. 贝尔特拉米指出，双曲几何可以在伪球面上得到实现. 但是，严格地说，这种实现是不完全的，伪球面不能代表整个罗巴切夫斯基平面，而只能代表它的一部分.

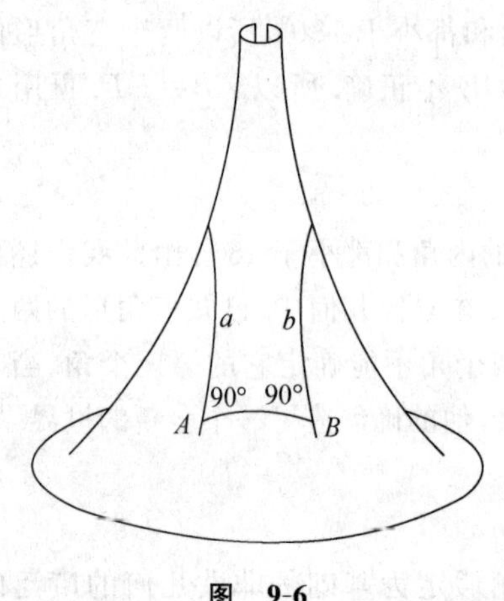

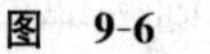
图　9-6

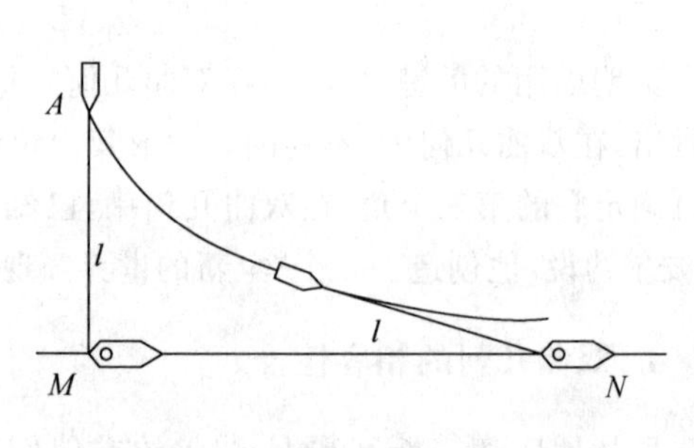

图　9-7

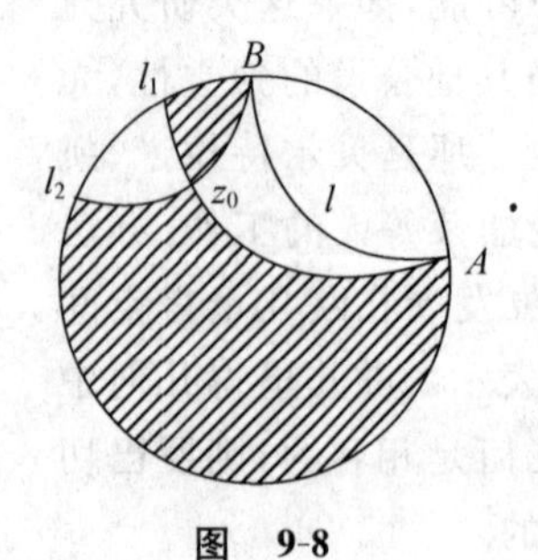

图　9-8

后来，克莱因和庞加莱在欧氏平面的圆内给出了罗巴切夫斯基平面. 我们来介绍庞加莱的模型. 在欧氏平面上取一个圆 C，圆 C 内作为非欧平面. 圆内的任意点 P 称为非欧点. 圆的边界用 ∂C 表示，∂C 上的点是非欧平面上的无穷远点. 在 C 内与 ∂C 垂直的圆弧或直线段称为非欧直线(图 9-8). 由此，所有过圆心的直线都是非欧直线. 两非欧直线间的夹角，由交点处两圆弧切线间的夹角来度量. 这样，我们在圆内建立了一个无限的非欧平面.

现在,我们来考察非欧平面上的平行公设.如图 9-8 所示,非欧直线 l 与 ∂C 的交点是 A,B.过 l 外的一点 z_0 作非欧直线 l_1,l_1 与 l 相切于点 A.过点 z_0 再作非欧直线 l_2,l_2 与 l 相切于点 B.l_1,l_2 在 C 内不与 l 相交.l_1,l_2 称为过点 z_0 与 l 平行的非欧直线.而且,在 l_1,l_2 所夹的阴影部分的任一点与 z_0 所决定的非欧直线都不与 l 相交,这些非欧直线叫做**超平行非欧直线**.

这说明庞加莱的模型满足罗巴切夫斯基的平行公设.

§4 椭圆几何

1. 黎曼的非欧几何

我们已经看到,钝角假定被所有在此课题上探索过的人所抛弃,因为它与直线无限长的假定相矛盾.给出以钝角假定为基础的第二种非欧几何的是德国数学家黎曼(G. F. B. Riemann, 1826—1866).这是他在 1854 年讨论无界和无限概念时得到的成果.虽然欧几里得的公设 2 断言:直线可被无限延长,但是并不必定蕴涵直线就长短而言是无限的,只不过是说它是无端的或无界的.例如,连接球上两点的大圆的弧可被沿着该大圆无限延长,使得延长了的弧无端,但确实就长短而言它不是无限的.现在我们可以设想:一条直线可以类似地运转,并且在有限的延长之后,它又回到它本身.由于黎曼把无界和无限的概念分辨清了,可以证明,人们能实现满足钝角假定的一种内相容的几何,如果欧几里得的公设 1,公设 2 和公设 5 依次做如下修正的话:

黎曼

公设 1′ 两个不同的点至少确定一条直线.

公设 2′ 直线是无界的.

公设 5′ 平面上任何两条直线都相交.

这第二种非欧几何通常被称做椭圆几何,是黎曼发现的.

由于罗巴切夫斯基和黎曼的非欧几何的发现,几何学从其传统的束缚中解放出来了,从而为大批新的、有趣的几何的发现开辟了广阔的道路.这些新几何并不是毫无用处的.例如,在爱因斯坦发现的广义相对论的研究中,必须用一种非欧几何来描述这样的物理空间,这种非欧几何是黎曼几何的一种. 再如，由1947年对视空间(从正常的有双目视觉的人心理上观察到的空间)所做的研究得出结论：这样的空间最好用罗巴切夫斯基非欧几何来描述.

2. 球面几何

直到人们对曲面的几何有了更多的了解以后，双曲几何和椭圆几何才变得容易理解. 双曲几何可以在伪球面上得到实现；椭圆几何可以在球面上得到实现.

如果将球面上的大圆视为直线，那么球面上的几何就展现了一种椭圆几何. 在这种几何中，任何两条直线都相交，而且交于两个交点(图9-9)；三角形的三个内角和大于π(图9-10). 另一个定理也容易推导出来：一条直线的所有垂线相交于一点. 事实上，赤道是一个大圆，所有的纬线也都是大圆，它们都与赤道垂直，并交于南、北极.

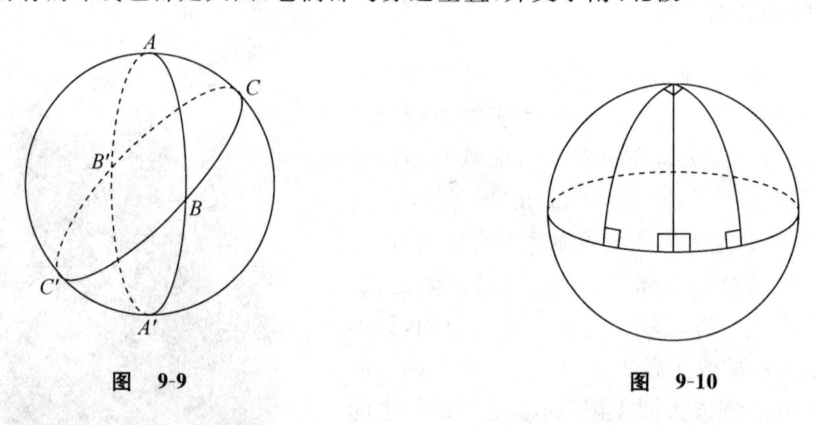

图 9-9　　图 9-10

黎曼几何的每一条定理都能在球面上得到令人满意的解释和意义. 换言之，自然界的几何或实用的几何，在一般经验意义上来说，就是黎曼几何. 几千年来，这种几何一直就在我们的脚下. 但是，连最伟大的数学家也没有想过通过检验球的几何性质来攻击平行公设. 我们生活在非欧平面上，却把它当成一个怪物，真是咄咄怪事！

3. 欧氏几何与非欧几何比较

先比较三种几何的平行公设：

欧氏几何：在平面内过已知直线外一点，只有一条直线与已知直线平行；

双曲几何：在平面内过已知直线外一点，可以作出不只一条直线与已知直线平行；

椭圆几何：在平面内过已知直线外一点，所作的任何直线都与已知直线相交.

这是它们的基本不同点，下面再举几例说明它们的同与异.

三种几何相同的定理：

若两个三角形对应边相等，则两个三角形全等；

若两个三角形两对应边夹一角对应相等，则两个三角形全等；

若两个三角形对应角及对应夹边相等，则两个三角形全等.

由于平行公设的不同而带来了欧氏几何与非欧几何的一些本质不同：

	双曲几何	欧氏几何	椭圆几何
三角形内角和：	$\alpha+\beta+\gamma<\pi$	$\alpha+\beta+\gamma=\pi$	$\alpha+\beta+\gamma>\pi$
圆周长与半径：	$2\pi r<C$	$2\pi r=C$	$2\pi r>C$
商高定理：	$a^2+b^2<c^2$	$a^2+b^2=c^2$	$a^2+b^2>c^2$

需要特别指出的是，在充分小的区域内非欧几何与欧氏几何的差异是非常小的；区域越小，这种差异就越小. 例如，在充分小的三角形里，普通三角学的公式相当精确地描述了三角形边与内角的关系. 在我们现实生活的领域内，我们还无法确定，究竟是欧氏几何还是非欧几何更符合我们的现实空间.

§5 新的里程碑

1. 非欧几何诞生的意义

非欧几何诞生的影响是巨大的，其重要性与哥白尼的日心说、牛顿的引力定律、达尔文的进化论一样，对科学、哲学、宗教都产生了革命性的影响. 在非欧几何学问世前，人类对世界的看法是统一、自信而明确的. 这之后发生了根本性的变化. 对此，美国数学史家M. 克莱因说：

“在19世纪所有的复杂技术创造中间，最深刻的一个——非欧几何学，在技术上是最简单的. 这个创造引起数学的一些重要新分支的产生，但它最重要的影响是迫使数学家们从根本上改变了对数学的性质的理解，以及对它和物质世界的关系的理解，并引出关于数学基础的许多问题. 对这些问题，在20世纪仍然进行着争论.”

遗憾的是，在一般思想史中，非欧几何的诞生没有受到应有的重视. 如何理解M. 克莱因这段话呢？

欧氏几何与真理观 我们知道，欧氏几何起源于测量土地. 当时古人活动的范围是极其有限的，在这样小的范围内，土地看起来是平坦的. 在一个平坦的表面上，两点间的距离是直线段，这就自然地发展出了欧氏几何的公设、公理和定理. 这些定理对人们的生产实践来说是足够精确的. 其后的物理学自然地就建立在欧氏几何的基础上了. 这样，数学家、物理学家和大众终于都接受了这一事实：欧氏几何就是我们空间的真理. 进而引申为数学定理就是真理.这种真理观的形成经历了两千多年的时间,因而它在人们的心目中是根深蒂固的.

数学真理观的衰落 非欧几何的一些定理令人惊讶.例如,三角形的内角和不等于π!那么,谁说出了真理?是非欧几何,还是欧氏几何?

通过实验确定物质空间的几何是否是欧氏几何是必不可少的.非欧几何的创立者已经考虑到这个问题.罗巴切夫斯基尝试过一种实验,用恒星的位置作为数据,但结果不得要领.L.波尔约也探索过究竟是非欧几何代表"现实",还是欧氏几何代表"现实",他认为是不能确定的.

高斯亲自进行了实验.他在三座山峰上每一处安置了一个观测员.每位观测员测量他所发出的光线到另外两位观测员所形成的角度.结果测得的三角形的内角和与180°差2″.因为误差太小了,高斯不能断定此误差是不是测量误差.

一向宣称描述数量和空间的真理的数学,怎么可以出现几种相互矛盾的几何学呢?新几何学的创立迫使人们认识到这样的事实:数学公理只是假设.

数学的真理性丧失了,但它获得了自由.

自由的新生 非欧几何的诞生解放了几何学,对于整个数学也有类似的影响."只有一种几何学"这个两千多年来根深蒂固的信念被推倒,创造许多不同体系的几何学的道路打开了.几何学的公设,对数学家来说,仅仅是假定,其物理的真与假用不着考虑.数学开始显现为人类思想的自由创造物.关于这件事,美国数学家E.T.贝尔(E.T.Bell)这样说:

"小说家虚构性格、对话和场景.他既是虚构对象的作者,又是其主人.数学家随心所欲地设计公设,并把他的数学体系奠基于其上——小说家和数学家简直是以同样方式工作的.小说家和数学家在选择和处理他们的素材方面也许要受到他们的环境的制约,但是,绝不是受什么超人的、永恒的、必然性的驱使去创造某种性格,或发明某种体系的.摧毁传统的信念,破除千百年来的思想习惯后,非欧几何才破土而出.它对数学的绝对真理观点来说是一场风暴.用康托的话来说,'数学的本质在于其自由'."

非欧几何在思想史上具有无可比拟的重要性.它使逻辑思维发展到了顶峰,为数学提供了一个不受实用性左右,只受抽象思想和逻辑思维支配的范例,提供了一个理性的智慧摒弃感觉经验的范例.

2. 微分几何

微分几何是几何学的一个分支,它使用数学分析作为工具来研究曲面的局部性质.在开始,它主要研究3维空间中的曲线和曲面在一点附近的性质,因而它与分析学的发展密不可分.函数与函数导数的概念实质上等同于曲线与曲线切线的斜率,函数的积分在几何上可解释为曲线下的面积.

微分几何学最早出现于18世纪，并且与欧拉和蒙日(G. Monge, 1746—1818)的名字联系在一起. 1736年，欧拉首先引进了平面曲线的内在坐标这一概念，即以曲线弧长作为曲线上点的坐标，从而开始了曲线的内在几何的研究. 蒙日在1807年出版的书《分析学在几何中的应用》是关于曲线和曲面理论的第一部独立的著作.

1827年，高斯出版了题为《关于弯曲曲面的一般研究》的论著，它奠定了现代曲面论的基础，在微分几何的发展史上具有重大意义. 高斯抓住了微分几何中最重要的概念和带有根本性的内容，建立了曲面的内在几何学.

更重要的发展属于德国数学家黎曼. 1854年，他在哥延根大学发表了题为《论作为几何基础的假设》的就职演讲. 这是黎曼几何的发凡. 在此文中，他将曲面本身看成一个独立的几何实体，而不是把它仅仅看做欧氏空间中的一个几何实体. 他发展了空间的概念，首先提出了n维流形的概念. 1915年，爱因斯坦创立了广义相对论，黎曼几何成为广义相对论的奠基石，并再一次使几何学处于物理学的中心地位.

3. 爱尔兰根纲领

正如前面指出的，由于非欧几何的诞生，几何学从其传统的束缚中解放出来，从而大批新的几何学诞生了. 于是出现了这样的问题：什么是几何学？几何学是研究什么的？

1872年，在爱尔兰根大学哲学教授评议会上，德国数学家F. 克莱因按照惯例作其专业领域的就职演讲. 演讲以他本人和挪威数学家李(S. Lie, 1842—1899)在群论方面的工作为基础，给**几何学**下了一个著名的定义. 就其本质而言，是对当时存在的几何学进行了整理，并为几何学的研究开辟了新的、富有成果的途径. 这个演讲连同他提倡的几何学研究的规划，已成为人们所熟悉的**爱尔兰根纲领**.

F. 克莱因

克莱因的基本观点是：所谓几何学，就是研究几何图形在某类变换群作用下保持不变的性质的学问. 每一种几何都由某类变换群所刻画，并且每种几何要做的就是考虑这个变换群的不变量. 此外，一种几何的子几何是原来变换群的子群下的一族不变量. 在这个定义下，相应于给定变换群的几何的所有定理仍然是子群中的定理.

克莱因也提出对一一对应连续变换下具有连续逆变换的不变量进行研究. 这是现在叫做同胚的一类变换，在这类变换下不变量的研究是拓扑学的主题. 把拓扑学作为一门重要的几何学科，这在1872年是一个大胆的行动.

克莱因的综合与整理指引几何思想已有五十年之久.

按照克莱因的说法,存在七种相关的平面几何,其中包括欧几里得几何、双曲几何和椭圆几何.1910年,英国数学家沙默维尔(D. M. Y. Sammerville)做了进一步细分,把平面几何的数目从七种增加到九种.

但是,不是所有的几何都能纳入到克莱因的分类方案中的.今日的代数几何和微分几何都不能置于克莱因的方案之下.虽然克莱因的观点不能无所不包,但它确能给大部分的几何提供一个系统的分类方法,并提示很多可供研究的问题.

他所强调的变换下不变的观点已经超出数学之外而进入到力学和理论物理中去了.变换下不变的物理问题,或者物理定律的表达方式不依赖于坐标系的问题,在人们注意到麦克斯韦方程在洛伦兹变换(仿射几何的4维子群)下的不变性后,在物理思想中都变得很重要.这种思想路线引向了相对论.

回顾几何与代数的差别,我们可以这样说:

几何学基本上是研究不变量的,而代数学基本上是研究结构的.

4. 几何学的进一步发展

《几何原本》是最早一本内容丰富的数学书,为所有的后代人所使用,它对数学发展的影响超过任何一本别的书.读了这本书之后,在对数学本身的看法、对证明的想法、对定理按逻辑顺序的排法等方面都会学到一些东西.它的内容也决定了其后数学思想的发展.

希尔伯特
20世纪最有影响力的数学家之一

直到19世纪大半段以前,数学家一般都把欧几里得的著作看成严格性方面的典范,但也有少数数学家看出了其中的严重缺点,并设法纠正.19世纪末,几何领域中最敏锐的思想家日益关心《几何原本》缺乏真正的严密性问题.非欧几何的创立更加激发人们去探索古典几何的正确而又完备的叙述.

《几何原本》的主要缺陷是什么呢?首先,欧几里得的定义不能成为一种数学定义,不是在逻辑意义下的定义.有的不过是几何对象,如点、线、面等的一种直观描述,有的含混不清.这些定义在后面的论证中实际上是无用的.其次,欧几里得的公设和公理是远不够用的,因而在《几何原本》许多命题的论证中不得不借助直观,或明或暗地引用了用它的公设或公理无法证明的东西.

1889年,德国数学家希尔伯特出版了《几何基础》.

该书中成功地建立了欧几里得几何的完整的公理体系，这就是希尔伯特公理体系. 他从叙述 21 条公理开始，其中涉及六个本原的或不定义的术语，即作为元素的点、直线和平面，以及它们之间的三种关系："属于"、"介于"和"全等于". 他把公理分为五类，分别处理关联、顺序、全等、平行和连续性.

对几何基础的研究以及由非欧几何学的发现所提供的启示，导致一门新的学科——**公理学**的诞生. 公理学是研究公设集合及其性质的学说.

§6 非欧几何学与艺术

文艺复兴时期，艺术家为创作透视画引出了一个新的数学分支——射影几何. 奇妙的是，19 世纪非欧几何的诞生为绘画艺术提供了新的领域. 这主要展现在埃舍尔（M. C. Escher，1898—1972）的绘画艺术中.

1. 艺术中的数学家

和大多数依靠神秘的感性来创作的艺术家不同，埃舍尔那些给人们留下深刻印象的带有数学意味的奇妙作品都是精确的理性产物. 他的创作过程俨然像一位数学家，然而就画面的美丽程度而言，又毫无疑问是一位真正的艺术家，是艺术史上最特别的绘画奇才. 他从事物的数学特性中发掘美，创造出空前绝后的奇妙之作.

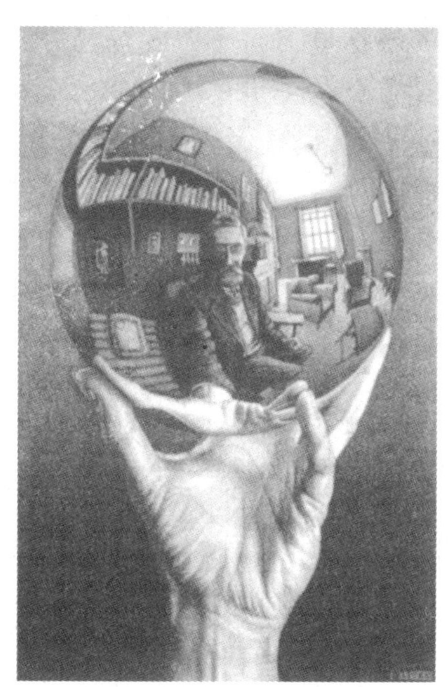

埃舍尔

埃舍尔生于荷兰北部的吕伐登（Leeuwarden），是水利工程师 G. A. 埃舍尔最小的儿子. 他从小就热衷于美术创作. 为了他的艺术梦想，他还曾经不辞劳苦辗转于意大利和瑞士进行艺术创作，直至二战爆发时才回到荷兰.

2. 双曲几何学与艺术

1958 年，埃舍尔遇到加拿大数学家考克斯特（H. S. M. Coxeter）. 在考克斯特的一本书中，他看到了考克斯特对庞加莱的双曲几何所绘的一个图示，从而意识到这可以作为他创作的一个主题. 此后，他连续创作了四幅"圆极限"作品，表现的都是非欧几里得空间.

图　9-11

图 9-11 是《圆极限 IV》，又被称为《天使与魔鬼》. 原作是木版画，是黑色和褐色的，直径为 416mm，天使和魔鬼交错的基本图案充满了整个圆面，显得错落有致而又丝丝入扣.

从欧几里得几何角度看来，基本图案的尺寸是不同的，从中间向边缘延伸的过程中，基本图案的尺寸会不断有序地变小. 如果用双曲几何的距离来度量基本图案，那么它们的尺寸是相同的. 从这一角度出发，基本图案仅仅是个在双曲空间内具有恒定尺寸和周期性的基本图案.

《圆极限Ⅲ》是四幅《圆极限》中最好的一幅(彩图 20)：同一系列的鱼都有同一种颜色，并且首尾相接地沿着白色路径从一边向另一边游动，从而达到了一种方向上的连续性. 每一条曲线的两端都和圆周垂直，彼此交叉，从而标出了这个非欧几里得空间的框架. 一队队的鱼从无限远的边缘游出来，越靠近中央越大，然后又游回圆周的边缘. 然而，它们永远游不到边缘. 对它们来说，那里就是宇宙的尽头，之外就是绝对的“无”.

第10章 重温代数学

代数是慷慨的，它提供给人们的常常比人们要求的还要多.

达朗贝尔

过去的三个世纪中，代数在两条轨道上延续：一条是走向更高层的抽象理论，另一条是走向具象的计算方法.

约翰·塔巴克

§1 符号代数的发展

微积分诞生前的两个重大事件是：符号代数的发展和解析几何的诞生.

在学习代数时，我们会觉得代数与几何学不同，它是一门高度符号化的学科. 在代数中充满了各种符号，例如加号、减号、乘号、除号、等号，以及表示未知量的 x,y,z，表示已知量的 a,b,c，等等. 但是，很少人知道，这些符号表示法仅仅有四百多年的历史，实际上大多数符号的出现还不到四百年.

代数符号化的过程经历了三个阶段：文字阶段、简写阶段和符号阶段.

1. 文字阶段

第一个阶段是文字表示的代数学，其中问题和问题的解法完全用文字叙述，而没有任何简写和符号. 我们举一个巴比伦的例子.

巴比伦人常常用长、宽、面积这些字代表未知量，并不一定因为所求的未知量是这些几何量，而可能是许多代数问题来自几何方面. 从下面的问题可以看出他们是怎样表述未知量和陈述问题的：

我把长乘宽得面积10；把长大于宽的量自乘，再把这个结果乘以9，这个面积等于长自乘所得的面积. 问：长和宽是多少？

我们用现代的代数符号来表达这一问题. 设长为 x，宽为 y，则问题可以化为下面的方程：

$$xy=10,$$
$$9(x-y)^2=x^2.$$

顺便说明一下，求解时得出 x 的四次方程，而实际上是 x^2 的二次方程.

2. 简写阶段

在西方，简写阶段出现在丢番图时代. 可以说，在丢番图以前，一切代数学都是文字表示的. 丢番图(Diophantus)对代数学发展的巨大贡献之一，就是简写了希腊代数学. 在丢番图的著作《算术》一书中，我们看到表示未知数、未知数的直到六次的幂以及相减、相等和倒数的简写符号. 例如，"未知数的平方"由 Δ^{γ} 来表示，"未知数的立方"由 K^{γ} 来表示. 这样，文字表示的代数学转变为简写的代数学，这是数学史上的一个里程碑. 丢番图因此被称为**代数学之父**.

中国和印度也出现了简写的代数学. 中国金、元时期的数学家李冶(1192—1279)的著作中出现了"天元术". "天元"表示未知数，相当于现在的 x. "天元术"很快被推广为"四元术". "四元术"就是以天、地、人、物四字作为元，分别代表四个未知数，相当于现在的 x,y,z,u.

3. 符号阶段

16世纪引进符号体系的压力来自迅速发展的科学对数学家提出的要求. 引进符号体系是代数学的一个根本性的进步. 事实上，由于采用了符号体系，才使代数成为一门科学.

1489年，维德曼(J. Widman，1462—1498)在莱比锡出版了一部算术书，其中第一次使用了加号"+"和减号"−"，用来表示箱子重量的超和亏，后来被数学家所袭用. "="号是1557年雷科德(R. Recorde，1510—1558)引入的. 他解释说："因为没有任何别的事物比这两条线段更相同的了."

我们在这里把部分数学符号和表示法使用的情况列成表以供参考(表10-1).

表 10-1 部分数学符号和表示法使用的情况

运算与关系	符号	使用者	时间
加,减	+,-	J. Widman(德国)	1489 年
等于	=	R. Recorde(英国)	1557 年
乘	$\times$	W. Oughtred(英国)	1631 年
除	$\div$	J. H. Rahn(瑞士)	1659 年
大于,小于	$>,<$	T. Harriot(英国)	16 世纪
根号	$\sqrt{\ }$	C. Rudolff(奥地利)	16 世纪
根号	$\sqrt[n]{\ }$	A. Girard(荷兰)	16 世纪
乘幂	a^n	N. Chuquer(法国)	1484 年
指数 a^3	a^3	P. Herigone(法国)	1634 年
指数 a^x	a^x	Descartes(法国)	1637 年
虚数单位 $\sqrt{-1}$	i	Euler(瑞士)	1777 年
圆周率	π	Euler(瑞士)	1737 年
积分符号	$\int$	Leibniz(德国)	1675 年
微分符号	$\mathrm{d}x$	Leibniz(德国)	1675 年

韦达是第一个有意识地、系统地使用字母的人,他不仅用字母表示未知量和未知量的乘幂,而且用字母来表示一般的系数.他严格区分了已知量与未知量,他用辅音字母表示已知量,用元音字母表示未知量.

韦达规定了算术和代数的分界.他说,代数是施行于事物的类或形式的运算方法,而算术是同数打交道的.这样代数就成为研究一般类型的形式和方程的学问了.

韦达通过使用字母来表示不同类型的对象,这实际上是发现了一种新的语言,这种语言能够用于表示所有类型的逻辑关系.尤其是,他找到了一种能够用于研究点、线、面、体和其他几何对象之间关系的语言,这对解析几何与微积分的诞生是必要的前奏.

笛卡儿改进了韦达的方法,他在 1637 年用字母表中前面的字母 a,b,c 等表示已知量,用字母表中后面的字母 x,y,z 等表示未知量.这就是我们目前仍然采用的惯例.

莱布尼茨的名字在符号史上是必须提到的.他对各种记法进行了长期研究,试用过一些符号,征求过别人的意见,然后选取他认为最好的符号.他清楚地认识到,好的符号可以大大地节省脑力劳动.微积分中使用的符号是莱布尼茨引进的.

欧拉对数学的符号化也作出了重大贡献.他采用 $f(x)$ 作为函数的符号,用 e 表示自然对数的底,用 $\sum$ 作为级数中的求和号.

符号化的主要优点是什么呢?

第一,它节省并帮助数学家进行思维,大大地促进了数学的发展.事实上,数学符号诞生后,数学发展的速度空前加快了.

第二,符号是交流和传播数学思想的媒介.这就使得数学很快深入到其他科学领域.而且,仅仅依靠符号的使用,而无须复杂工具和昂贵仪器,数学就能得到广泛的发展,这是其他领域做不到的.

第三,引进符号,在一般意义下处理参数,就能使我们把注意力集中到一般解法,而不是具体的解本身,集中到考虑不同问题之间的联系,强调的重点从特殊过渡到一般.这个转变,对于促进微积分算法的产生,是一个必不可少的因素.

数学语言与通常的语言有重大的区别,它把自然语言扩充、深化,而变为紧凑、简明的符号语言.这种语言是国际性的,它的功能超过了普通语言,具有表达与计算两种功能.物理学家赫兹说:

"我们无法避开一种感觉,即这些数学公式自有其独立的存在,自有其本身的智慧;它们比我们还要聪明,甚至比发明它们的人还要聪明;我们从它们得到的实比原来装进去的多."

数学语言具有单义性、准确性和演算性.

§2　代数学发展的三个不同时期

什么是代数?它的基本问题是什么?要回答这两个问题,需要进行历史的考察.

代数学是数学中的一个历史悠久的重要分支,它的研究对象、方法和中心问题都经历了重大的变化.代数学的发展分为三个不同的时期:代数学的诞生、代数方程式论、代数结构.在这三个不同的时期内,人们将三种很不相同的对象理解为代数学.

1. 代数学的诞生

第一个时期要追溯到9世纪.阿拉伯数学家穆罕默德·阿尔·花拉子米(al-Khowārizmī,约780—850)最重要的著作是《用 al-jabr 和 al-muqabala 解问题》(*On the Solution of Problems by Al-jabr and Al-muqabala*)."al-jabr"一词可译为"还原",它指的意思是,方程一边的负项可移到另一边,变为正项;"al-muqabala"一词可译为"比较",它指的意思是,同时在方程两边减去相等的正量所进行的简约.两个词结合起来,"al-jabr and wal-muqabala"表示更一般的意义，即执行代数运算. 英文"algebra"一词就来自"al-jabr". 而中文"代数"一词则是清朝著名数学家李善兰(1811—1882)首创的译名，并一直沿用到今天. 花拉子米的著作对代数思想和符号的建立有重要影响.

如前所述，16世纪末，法国数学家韦达用拉丁字母表示问题中的常数和变数. 大多数当代的代数符号在17世纪中叶已经知道了，这标志着代数学"史前时期"的结束. 从这个时期起，数学家们把代数学看成**字母计算、关于字母构成的公式的变换以及代数方程等的科学**. 它与算术的不同在于，算术永远是对具体的数字进行运算.

在这一时期，数学家们的研究并不局限于解方程，许多其他课题也引起他们的兴趣. 例如，各种代数式的运算、因式分解，二项式的展开公式，构造各种有用的恒等式，各种级数的求和，特别是前 n 个自然数的方幂和，等等，都进入代数学的研究范围. 这就是关于代数学的第一个观念.

2. 代数方程式论

20世纪考古发现的一个令人震惊的事实是，美索不达米亚人在公元前1700年已经获得了二次方程的求根公式. 文艺复兴时期，数学家们致力于寻找三、四次代数方程的求根公式，并获得成功. 在随后的年代里，人们试图遵循三、四次代数方程求解方法的思路去寻求五次以上代数方程的解法，但都遭到失败，以致在十七八世纪代数学处于沉寂的状况. 这个时期的一个重要成果是吉拉尔(A. Girard, 1590—1633)于1629年提出的代数基本定理，但他没有给出证明. 证明是二百年后高斯给出的.

一元高次代数方程是一个较难的课题. 在这个课题屡遭挫折的同时，数学家们在较容易的多元线性方程组的研究中取得了进展. 苏格兰数学家麦克劳林(C. Maclaurin, 1698—1746)和日本数学家关孝和(1642—1708)分别提出了行列式的概念. 瑞士数学家克莱姆(G. Cramer, 1704—1752)在1750年研究如何由一条代数曲线上已知点的坐标来确定该曲线方程的系数时，给出了 n 元线性方程组的公式，即克莱姆法则. 由此开始，行列式和矩阵的理论、二次型和线性变换的理论得到很大的发展，特别是不变量的理论也发展起来了.

高于四次的代数方程不可用根式求解的问题最终由挪威的年轻数学家阿贝尔(N. H. Abel, 1802—1829)所证明. 阿贝尔在他的工作中引入了两个新的数学概念：域和不可约多项式. 域是最早的数学结构.

进一步的辉煌成就是由另一位年轻的法国天才数学家伽罗瓦(Évariste Galois, 1811—1832)做出的. 他完满地解决了一元代数方程可用根式求解的充分必要条件. 但更重要的是，他的工作表明，代数方程式的理论不过是群和域的一般结构理论的一个应用而已.

18世纪和19世纪，代数学处理的主要问题是一元 n 次代数方程的求根问题. 在19世纪中叶，谢尔的两卷代数问世了. 在这部书里，代数被定义为代数方程式论. 这是关于代数学的第二个观念.

伽罗瓦的理论是方程式论的高峰，并标志代数学发展的第三个时期的开始.

3. 代数结构

19世纪早期发生在代数学的革命是，远离计算，朝着数学基础结构的识别和使用的方向发展. 从根本上说，任何一个数学体系都是一种逻辑结构，对这些结构进行研究才是理解数学体系本身的最直接的方法.

因此，代数学的核心研究对象不应当是代数方程，而应当是各类代数系统. 这些研究为代数学在19世纪末向近代发展转移开辟了道路，而近代发展阶段是对以前各孤立的代数学概念在共同的公理基础上进行提炼. 这样，第三个关于代数学是什么的观念是，代数学的目的是研究各种代数结构. 这就是公理化的抽象的代数. 重要之点仅仅是，在所考虑的系统里运算满足什么样的公理. 有趣的是，这样的代数系统无论就数学本身或它的应用都具有巨大的意义.

§3 代数方程式论

代数方程式的理论基本上沿着两个方向发展：一是寻求一元高次代数方程的解法；二是寻求线性方程组的解法. 沿着前者引出了群论和不变量的理论；沿着后者引出了行列式、矩阵论、二次型与线性变换及高维空间的理论.

1. 方程式论

我们在中学里已经熟悉了一元一次代数方程与一元二次代数方程的解法. 一元三次代数方程和一元四次代数方程的解法要困难得多，直到16世纪初，才由意大利数学家所解决.

意大利的数学家、力学家、军事学家塔尔塔利亚(N. Tartaglia，约1499—1557)，原名丰塔纳，以发现一元三次代数方程的解法而著称. 1534年，他执教于威尼斯，宣称已知一元三次代数方程的解法，这引起了菲奥尔(A. M. Fior)的不服. 菲奥尔是意大利数学家费罗(Scipione del Ferro，1465—1536)的学生，曾得到费罗关于解一元三次代数方程的秘传. 为此他向塔尔塔利亚提出挑战. 塔尔塔利亚起而应战，并用8天结束了这次竞赛，给出了解形如

$$x^3+px+q=0$$

的任何三次代数方程的解法.

米兰的数学和物理教授卡尔达诺(G. Cardano, 1501—1576)在得知塔尔塔利亚的发明后,就要求塔尔塔利亚将秘诀告诉他,并立下誓言永不泄露.可是他没有遵守诺言,1545年出版《大术》(*Ars Magna*)一书,将一元三次代数方程的解法公之于世.这激怒了塔尔塔利亚,导致一场争吵,结果不欢而散.

一元三次代数方程的解的公式虽然应该叫做塔尔塔利亚公式,但直到现在为止,仍然叫做卡尔达诺公式.

一元三次代数方程解出之后,一元四次代数方程很快就被费拉里(L. Ferrari, 1522—1565)解出.一元三次代数方程和一元四次代数方程的解出具有重大意义,文艺复兴时代的数学第一次超过了古代的成就.这就鼓舞了后面的数学家用根式解五次以上的代数方程.

2. 代数基本定理

到16世纪,人们已经知道,一元一次代数方程有一个根,一元二次代数方程有两个根,一元三次代数方程有三个根,一元四次代数方程有四个根.这样就自然地产生了一个问题:一元 n 次代数方程有 n 个根吗?数学史上第一位考虑这一问题的数学家是吉拉尔,他猜想每个一元 n 次代数方程都有 n 个根.花拉子米和韦达都不可能有这一论断,因为他们认为,只有正根才是合理的.这个极具洞察力的猜想就是代数基本定理.

代数基本定理是整个数学中最重要的定理之一.

代数基本定理 任何一元 n 次代数方程

$$f(x)=x^n+a_1x^{n-1}+\cdots+a_{n-1}x+a_n=0 \tag{10.1}$$

在复数域里有 n 个根,其中 $a_1,a_2,\cdots,a_n$ 是复数.

有了代数基本定理,我们就可断言,一元 n 次多项式 $f(x)$ 可以分解为一次因子的连乘积,即

$$f(x)=(x-x_1)(x-x_2)\cdots(x-x_n), \tag{10.2}$$

这里 $x_1,x_2,\cdots,x_n$ 为实数或复数,它们都是方程(10.1)的根.这样,方程的根的个数与方程的次数联系起来了.

代数基本定理的意义表现在以下三方面:

(1) 复数域包含了复系数代数方程的所有解;

(2) 任何多项式都能在复数域中分解为一次因子的连乘积;

(3) 方程的次数就是方程的根数(包括重根的个数).

代数基本定理是一个存在性定理，而非构造性定理.我们只知道，一元 n 次代数方程有 n 个根，但是不知道它们都是什么，也不知道如何把它们找出来.数学中的存在性问题是数学哲学中的深刻问题.存在性定理在数学中第一次出现的时候，曾在数学界引起了激烈的争论.

代数基本定理的第一个实质性证明是高斯于1799年在他的博士论文中给出的.因为证明依赖于对复数的承认，所以高斯巩固了复数的地位.其后又有多个证明，每一个新证明都建立了代数基本定理与其他数学分支的新的联系.

当然，人们对代数学的研究并没有随着代数基本定理的证明而完结，人们把焦点从对代数方程的解的研究转向了对数学体系逻辑结构的更一般的研究.

3. 根与系数的关系——韦达定理

将式子

$$(x-r_1)(x-r_2)\cdots(x-r_n)$$

乘开，并比较(10.2)式两端 x 的同次幂的系数，可得

$$\begin{aligned}
-a_1&=r_1+r_2+\cdots+r_n,\\
a_2&=r_1r_2+r_1r_3+\cdots+r_{n-1}r_n,\\
-a_3&=r_1r_2r_3+r_1r_2r_4+\cdots,\\
&\cdots\cdots\\
(-1)^n a_n&=r_1r_2\cdots r_n.
\end{aligned}\tag{10.3}$$

这就是**韦达公式**，它给出了根与系数的关系.

如果用 σ_k 表示(10.3)右边的多项式，则(10.3)可以写为

$$\sigma_k=(-1)^k a_k \quad (k=1,2,\cdots,n).$$

σ_k 称为 k 次**初等对称函数**或**初等对称多项式**.

定义 设 $F(x_1,x_2,\cdots,x_n)$ 是一个含 n 个变量的多项式.若 $F(x_1,x_2,\cdots,x_n)$ 对 n 个变量的任何排列都不变，则称 $F(x_1,x_2,\cdots,x_n)$ 为这 n 个变量的**对称多项式**.

由韦达定理可以证明，一个方程的根的任何对称多项式都可以用这个方程的系数表示.这一事实是伽罗瓦理论的基石.

4. 五次以上的代数方程

在意大利人解决了三次和四次代数方程之后，数学家就将注意力转向五次及五次以上的代数方程，其中一项重要的工作是法国数学家拉格朗日给出的.拉格朗日在1770—1771年所发表的长文《关于代数方程解法的思考》中讨论了二次、三次和四次代数方程的一切解法，而后被迫得出结论，这些解法对五次及五次以上的代数方程看来是不可能的.他确实给出了代数方程

的次数 $n\leqslant 4$ 时成功而 $n>4$ 时失败的道理.这种洞察力为阿贝尔和伽罗瓦所利用.

阿贝尔

1824 年,挪威的天才数学家阿贝尔证明了:对于一般的五次及五次以上的代数方程,根式解是不可能的.原来一切伟大的数学家三个世纪以来用根号去解五次或更高次数的方程之所以不能成功,其原因是这个问题在一般情况下没有根式解.

阿贝尔定理 不是所有的五次代数方程都有根式解.

然而这并不是问题的全部,代数方程式的理论的最美妙之处仍然留在前面.问题在于有多少种特殊形式的五次及五次以上的代数方程能用根式求解,而这些方程又恰恰有多方面的应用.例如,二项方程 $x^p=a$ 就可用根式求解.于是,用根式解代数方程的问题在新的基础上提出来了:找出代数方程能用根式解出的充分与必要的条件.

§4 三次代数方程与四次代数方程

1. 单位根

设 n 是正整数,a 是任意复数.考虑方程

$$z^n-a=0 \quad 或 \quad z^n=a. \tag{10.4}$$

其解为

$$z=\sqrt[n]{a}.$$

为了把 n 个根具体地表达出来,设 $z=\rho(\cos\theta+\mathrm{i}\sin\theta)$,$a=r(\cos\varphi+\mathrm{i}\sin\varphi)$,于是

$$\rho^n(\cos n\theta+\mathrm{i}\sin n\theta)=r(\cos\varphi+\mathrm{i}\sin\varphi).$$

由此得

$$\rho^n=r, \quad n\theta=\varphi+2k\pi \quad (k=\pm1,\pm2,\cdots),$$

从而

$$\rho=\sqrt[n]{r}, \quad \theta=\frac{\varphi+2k\pi}{n}.$$

这样一来,有

$$\sqrt[n]{a}=\sqrt[n]{r}\left(\cos\frac{\varphi+2k\pi}{n}+\mathrm{i}\sin\frac{\varphi+2k\pi}{n}\right). \tag{10.5}$$

令 $k=0,1,2,\cdots,n-1$,就可以得出 n 个不同的根. 这里 $\sqrt[n]{r}$ 取算术值.

在公式(10.5)中,令 $a=1$,就得到 1 的 n 次单位根:

$$\sqrt[n]{1}=\cos\frac{2k\pi}{n}+\mathrm{i}\sin\frac{2k\pi}{n}\quad(k=0,1,2,\cdots,n-1).$$

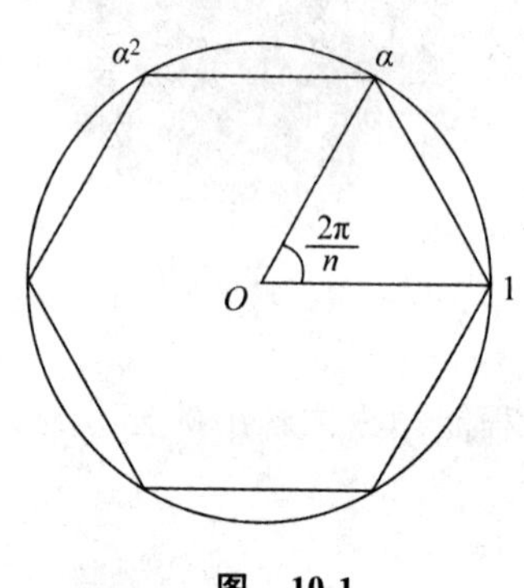

图 10-1

在复数域,1 恰有 n 个不同的 n 次方根,它们可以用单位圆的一个内接正 n 边形的顶点来表示(图 10-1). 当 $k=0$时,

$$\cos 0+\mathrm{i}\sin 0=1,$$

它是正 n 边形的第一个顶点. 正多边形的第二个顶点是

$$\alpha=\cos\frac{2\pi}{n}+\mathrm{i}\sin\frac{2\pi}{n}. \tag{10.6}$$

下一个顶点是 $\alpha\cdot\alpha=\alpha^2$,因为把向量 α 旋转 $\frac{2\pi}{n}$ 就得到它. 再下一个顶点是 α^3. 继续下去,第 n 步之后,我们回到顶点 1,即我们有

$$\alpha^n=1.$$

例 1 我们给出三次单位根. 显然,第一个顶点是 $z=1$. 设第二个顶点是 ω,则第三个顶点是 ω^2:

$$\omega=\cos\frac{2}{3}\pi+\mathrm{i}\sin\frac{2}{3}\pi=-\frac{1}{2}+\mathrm{i}\frac{\sqrt{3}}{2},$$

$$\omega^2=\cos\frac{4}{3}\pi+\mathrm{i}\sin\frac{4}{3}\pi=-\frac{1}{2}-\mathrm{i}\frac{\sqrt{3}}{2}.$$

这两个根后面将用到.

2. 化为缺项的方程

设三次代数方程为

$$y^3+a_1y^2+a_2y+a_3=0. \tag{10.7}$$

我们来证明,它可以化为如下形式的缺项的三次方程:

$$x^3+px+q=0. \tag{10.8}$$

事实上,令 $y=x-\frac{a_1}{3}$,把它代入方程(10.7),得

$$\left(x-\frac{a_1}{3}\right)^3+a_1\left(x-\frac{a_1}{3}\right)^2+a_2\left(x-\frac{a_1}{3}\right)+a_3$$

$$=x^3-3\cdot x^2\cdot\frac{a_1}{3}+\cdots+a_1x^2+\cdots=0,$$

式中“…”表示 x 的一次项和 0 次项.易见,上式中含 x^2 的项互相消掉了,再合并同类项,就得到方程(10.8),其中

$$p=-\frac{a_1^2}{3}+a_2,\quad q=\frac{2a_1^3}{27}-\frac{a_1a_2}{3}+a_3.$$

3. 三次代数方程的解

解三次代数方程(10.8)的方法是引进两个辅助未知量 u 和 v.设 $x=u+v$,把它代入方程(10.8),得到

$$(u+v)^3+p(u+v)+q=0.$$

把第一项展开,并合并同类项,得到

$$u^3+v^3+q+3uv(u+v)+p(u+v)=0,$$

进而得

$$(u^3+v^3+q)+(3uv+p)(u+v)=0.\tag{10.9}$$

因为我们用两个未知量 u 和 v 替代一个未知量 x,还可以再加一个条件:

$$3uv+p=0\iff uv=-\frac{p}{3}.\tag{10.10}$$

这样一来,方程(10.9)就变成了两个方程:

$$u^3+v^3=-q,\quad u^3v^3=-\frac{p^3}{27}.$$

由此立刻看出,u^3 和 v^3 是二次代数方程

$$z^2+qz-\frac{p^3}{27}=0$$

的两个根.解这个二次代数方程,得

$$z_1=-\frac{q}{2}+\sqrt{\frac{q^2}{4}+\frac{p^3}{27}},\quad z_2=-\frac{q}{2}-\sqrt{\frac{q^2}{4}+\frac{p^3}{27}}.$$

由此得出

$$\begin{aligned}u&=\sqrt[3]{z_1}=\sqrt[3]{-\frac{q}{2}+\sqrt{\frac{q^2}{4}+\frac{p^3}{27}}},\\ v&=\sqrt[3]{z_2}=\sqrt[3]{-\frac{q}{2}-\sqrt{\frac{q^2}{4}+\frac{p^3}{27}}}.\end{aligned}\tag{10.11}$$

这样，我们就得到方程(10.8)的解

$$x=u+v=\sqrt[3]{-\frac{q}{2}+\sqrt{\frac{q^2}{4}+\frac{p^3}{27}}}+\sqrt[3]{-\frac{q}{2}-\sqrt{\frac{q^2}{4}+\frac{p^3}{27}}}. \tag{10.12}$$

4. 解的确定

因为一个立方根在复数域中有三个值，所以(10.11)式给予 u,v 各三个值，互相搭配起来共有九个值. 而三次代数方程只有三个根，因此用(10.12)式求 x 的值时，不能取 u,v 值的任意组合，必须使它们满足(10.10)式才是解.

设 u_1 是 u 的三个值中的任一个，u 的另外两个值可用 1 的立方根 ω 与 ω^2 乘 u_1 得到：

$$u_2=u_1\omega,\quad u_3=u_1\omega^2.$$

用 v_1 表示 v 的三个值中乘 u_1 满足(10.10)式的那个值，即 $u_1v_1=-\frac{p}{3}$，v 的另外两个值是

$$v_2=v_1\omega,\quad v_3=v_1\omega^2.$$

现在的问题是：分别与 u_2,u_3 相对应的 v 是哪两个值？我们有

$$u_2v_3=u_1\omega\cdot v_1\omega^2=u_1v_1=-\frac{p}{3},$$

$$u_3v_2=u_1\omega^2\cdot v_1\omega=u_1v_1=-\frac{p}{3}.$$

所以，u_2 与 v_3 对应，u_3 与 v_2 对应. 这样一来，方程(10.8)的三个根是

$$\begin{aligned} x_1&=u_1+v_1,\\ x_2&=u_2+v_3=-\frac{1}{2}(u_1+v_1)+\mathrm{i}\frac{\sqrt{3}}{2}(u_1-v_1),\\ x_3&=u_3+v_2=-\frac{1}{2}(u_1+v_1)-\mathrm{i}\frac{\sqrt{3}}{2}(u_1-v_1). \end{aligned} \tag{10.13}$$

公式(10.13)称为**卡尔达诺公式**.

例 2 求解方程 $8x^3-6x-1=0$.

解 将方程化为

$$x^3-\frac{3}{4}x-\frac{1}{8}=0.$$

借助(10.11)式，我们得到

$$u=\frac{1}{4}\sqrt[3]{4+4\sqrt{-3}},\quad v=\frac{1}{4}\sqrt[3]{4-4\sqrt{-3}},$$

因而

$$x_1=u_1+v_1,\quad x_2=u_2+v_3,\quad x_3=u_3+v_2.$$

5. 三次代数方程解法小结

三次代数方程的成功解出为四次代数方程的求解开辟了成功之路. 所以值得将三次代数方程的解法做一小结：

(1) 将完全三次代数方程化为缺项的三次代数方程；

(2) 引进两个辅助变量 u,v 及一个辅助的二次代数方程；

(3) 解二次代数方程得到 u^3,v^3，由此得到缺项的三次代数方程的解；

(4) 解的确定.

6. 四次代数方程解法概要

解三次代数方程的要点是，解一个三次代数方程必须先解一个二次代数方程. 这个方法启发了意大利数学家费拉里，他给出了四次代数方程的解法. 其主要步骤如下：

(1) 将完全四次代数方程化为缺项的四次代数方程；

(2) 引进三个辅助变量 u,v,w，并引出一个辅助的三次代数方程；

(3) 解三次代数方程得到 u,v,w；

(4) 解的确定.

具体解法这里不再详述，有兴趣的读者可参看《数学的源与流》的第十章.

§5 群 和 域

在 19 世纪早期，代数学的性质又发生了一次重大的变化. 代数学中引进了一些非常新颖的思想，它们改变了每个依赖于代数学的数学分支. 这些思想的核心观念是，远离计算，朝着数学基础结构的识别和使用方向发展.

新代数学的最初应用涉及求解数学史中最古老、最棘手的问题：一是几何三大难题；二是求解任意五次及五次以上代数方程的算法问题.

1. 群的定义

群论在 18 世纪末才有雏形. 到 1830 年前后，通过阿贝尔和伽罗瓦关于代数方程的可解性工作，群论大大地发展了，并对整个数学作出了巨大贡献.

通往群的概念的基本思想是结构. 群的两个密切相关的特征是：元素的集合和这个集合上的二元运算. 为了使得某个具有二元运算的集合构成一个群，还必须假设这个二元运算具有几个涉及这个集合元素的基本性质. 刻画这些基本性质的假设就是群的公理，它们是：运算的封闭性公理、结合律公理、单位元素公理、逆元素公理.

定义 1　设 G 是一个非空集合，如果在 G 内定义了一种二元运算，即定义了映射

$$G\times G \to G,$$
$$(a,b) \mapsto ab \quad (a,b,ab\in G),$$

满足下面的公理：

(1) **封闭性**：若 a 与 b 是 G 的元素，则 ab 也是 G 的元素；

(2) **结合律**：任取 $a,b,c\in G$，都有 $(ab)c=a(bc)$；

(3) **单位元素**：G 中有一个元素 e，对任意的元素 $a\in G$，都有 $ea=ae=a$（e 称为单位元素）；

(4) **逆元素**：对 G 的任一元素 a，有唯一的元素 $a^{-1}\in G$，使得 $aa^{-1}=a^{-1}a=e$（a^{-1} 称为 a 的逆元素），

则称 G 构成一个**群**.

令人惊讶的是，代数学中结果最丰富的领域——群论，竟然建立在这样一组简单的公理之上. 群论就是研究这些公理蕴涵着什么. 为了证明一个给定系统是一个群，我们必须验证所有这些公理是否被满足.

群论在纯数学和应用数学中都发挥着根本的作用，大量非常不同的数学结构都是根植于群论的. 这种公理化表述的美在于，关于群公理性质的任何一般性定理均能应用于任何以某种抽象方式满足这些公理的系统.

带有交换二元运算的群叫做**交换群**，即满足若 $a,b\in G$，则 $ab=ba$ 的群，这种群也常常叫做**阿贝尔群**.

群这一术语是由群论的创始人、法国数学家伽罗瓦在 1832 年引入的. 就像基本的数学思想常有的那样，群论的思想在伽罗瓦之前已有流传. 拉格朗日实际上已经证明了群论的一些定理，虽然形式是朴素的. 伽罗瓦是第一个指出群可不用置换作元素来定义的人. 他的天才工作起初并没有被人理解. 直到 1854 年，凯利才指出，群的本质结构使得可以不管元素种类的特殊性和具体性而抽象地定义群.

熟悉群的公理的最快的办法是考察数的集合.

例 1　加法群.

数的加法使下面的每一个集合都构成群：

元素集合：**Z**：整数的集合；

Q：有理数的集合；

R：实数的集合；

C：复数的集合.

二元运算：通常的加法.

结合性：数的加法是可结合的.

单位元素：0 是这些集合的单位元素，也称为 0 元素.

逆元素：对每个元素 x，$-x$ 是 x 的逆元素.

因为这些群都有无限多个元素，我们称它们是**无限群**. 易见，这些加法群都是交换群.

例 2 乘法群.

数的乘法使下面的每一个集合都构成群：

元素集合：$\mathbf{Q}-\{0\}$：不含 0 的有理数的集合；

$\mathbf{R}-\{0\}$：不含 0 的实数的集合；

$\mathbf{C}-\{0\}$：不含 0 的复数的集合.

二元运算：通常的乘法.

结合性：数的乘法是可结合的.

单位元素：1 是这些集合的单位元素.

逆元素：对每个元素 x，$\frac{1}{x}$是 x 的逆元素.

这三个乘法群也都是交换群.

例 3 一个只有 2 个元素的群.

元素集合：$\{1,-1\}$.

二元运算：$(1)(1)=1,(-1)(-1)=1,(1)(-1)=(-1)(1)=-1$.

结合性：显然.

单位元素：1.

逆元素：$(1)^{-1}=1,(-1)^{-1}=-1$，即每个元素的逆元素是它自己.

这个群的元素的个数是有限的，我们称它是**有限群**. 一个有限群的阶就是群的元素的个数. 这个群的阶是 2.

例 4 正方形的对称群.

考虑正方形到自身的对称变换. 首先考虑一个正方形在平面上绕它的中心的转动，但是允许的转动只限于使这个正方形与自身重合的转动(图 10-2). 一个允许的转动是这个正方形绕中心沿顺时针方向旋转 90°. 把这个转动记为 a. 另外的允许转动是：

沿顺时针方向旋转 180°，记为 b；

沿顺时针方向旋转 270°，记为 c.

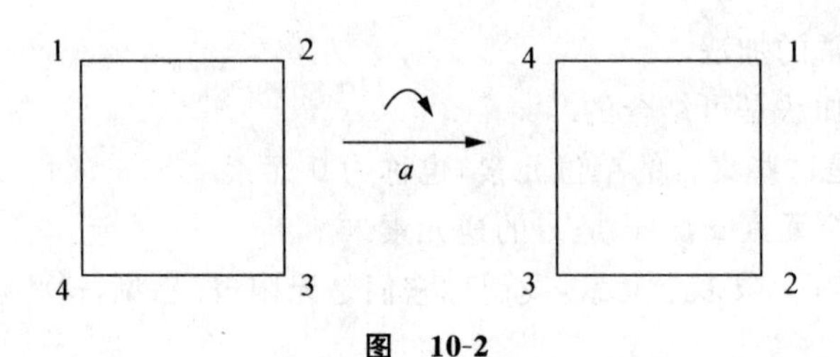

图　10-2

我们可以把转动 a,b,c 看成一个群的元素. 我们能够定义一个二元运算"×",使 $a\times b=c$ 有意义吗? 一种办法是按下面的方式去思考:

沿顺时针方向旋转 90°　接着　沿顺时针方向旋转 180°

等价于

沿顺时针方向旋转 270°,

或者

元素 a 接着元素 b 等于元素 c,

再或者

$$a\times b=c.$$

沿顺时针方向旋转 360°等于不旋转,它等同于恒等变换,用 e 表示恒等变换. 不难看出,

$$b=a\times a=a^2,\quad c=a\times b=a\times a^2=a^3.$$

a 的逆元素 a^{-1} 就是这个正方形绕中心沿逆时针方向旋转 90°,这正是 a^3,即 $a^{-1}=a^3$. 所以正方形的旋转变换构成一个群,这个群由 4 个元素构成:

$$C_4=\{e,a,a^2,a^3\}.$$

正方形到自身的对称变换除了上面的绕中心的旋转外,还有如图 10-3 的反射变换 t. 反射变换 t 与旋转变换复合起来,可以分别表示为 $\{t,ta,ta^2,ta^3\}$. 这样,正方形到自身的另一个对称变换群可以表述为

$$D_4=\{e,a,a^2,a^3,t,ta,ta^2,ta^3\},$$

共有 8 个元素.

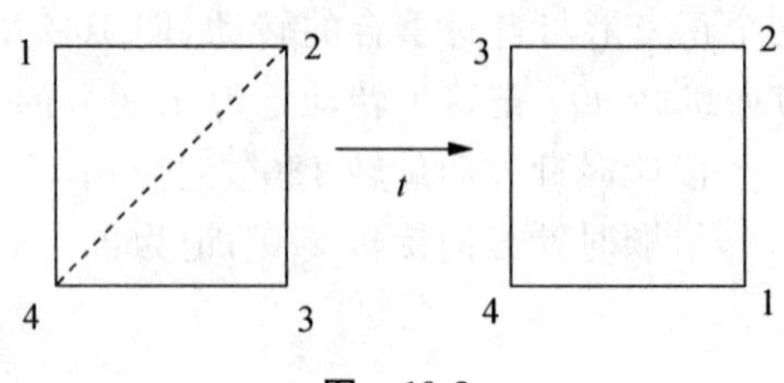

图　10-3

2. 置换群

一个集合 M 到自身的所有一一映射构成的群叫做**置换群**. 如果已知集合 M 有 n 个元素,就称这个置换群是 n **阶对称群**,用 S_n 表示. 含有 n 个元素的置换群的阶数是 $n!$.

置换群特别有用,其理由是:

(1) 它为我们提供了所有的有限群的具体表示,换言之,每个有限群都同构于某个置换群;

(2) 置换群在求解五次及五次以上代数方程的伽罗瓦理论中是重要工具.

令 M 表示一个非空的有限集,它的元素可以是任意对象. 例如,M 可以是由数 $1,2,\cdots,n$ 组成的集合,也可以是独立变量 $x_1,x_2,\cdots,x_n$ 的全体. 设存在 M 到自身的一一映射 σ,使得对集合 M 的每一个元素 p,都有一个完全确定的 M 中的元素 p' 与之对应,记做 $\sigma(p)=p'$. 这种映射称为**置换**. 置换群就是以置换为元素所构成的群.

对于有限集合 M,每一个置换都可以用表来给出. 例如,

$$\sigma_1=\begin{pmatrix}1&2&3\\3&1&2\end{pmatrix},\quad \sigma_2=\begin{pmatrix}1&2&3&4\\2&1&4&3\end{pmatrix},$$

σ_1 将 1 映到 3,3 映到 2,2 映到 1,我们把它更简单地表示为(1 3 2);σ_2 将 1 映到 2,2 映到 1,3 映到 4,4 映到 3,我们把它表示为(1 2)(3 4).

一般地,如果 n 元置换把 n 个元素的一部分 $x_1,x_2,\cdots,x_m(m\leqslant n)$ 作如下变换:

$$\sigma(x_1)=x_2,\quad \sigma(x_2)=x_3,\quad \cdots,\quad \sigma(x_m)=x_1,$$

而保持其余 $n-m$ 个元素不动,则称 σ 是一个长度为 m 的**轮换**,记做

$$\sigma=(x_1\ x_2\ \cdots\ x_m).$$

长度为 2 的轮换称为**对换**. 当 $m=1$ 时,σ 是恒等置换,记做(1).

两个轮换 $\sigma=(a_1\ a_2\ \cdots\ a_m)$ 和 $\tau=(b_1\ b_2\ \cdots\ b_l)$ 称为不相交的,如果它们不含有相同元素. 因为两个轮换没有公共的元素,所以谁也不影响谁,因此两个不相交的轮换的乘积是可交换的.

定理 1 每一个置换都可以表示为不相交的轮换的乘积.

证明 设 $\sigma\in S_n$,$\sigma\neq(1)$. 取 $i_1\in\{1,2,\cdots,n\}$,若 $\sigma(i_1)=i_1$,则 i_1 自己做成一个轮换 (i_1). 若 $\sigma(i_1)=i_2$,$\sigma(i_2)=i_3$,$\cdots$,由 M 只有有限个元素,必有 $\sigma(i_m)=i_1$. 于是我们得到轮换 $(i_1\ i_2\ \cdots\ i_m)$. 如果 $m=n$,那么我们的任务已完成. 如果 $m<n$,我们就再取 t_1,做同样的工作. 如此继续,最后必得

$$\sigma=(i_1\ i_2\ \cdots\ i_m)(t_1\ t_2\ \cdots\ t_k)\cdots(f_1\ f_2\ \cdots\ f_l).$$

例5　$\begin{pmatrix}1 & 2 & 3 & 4 & 5 & 6 & 7 & 8\\ 8 & 1 & 6 & 7 & 3 & 5 & 4 & 2\end{pmatrix}=(1\ 8\ 2)(3\ 6\ 5)(4\ 7)$.

系　每一个置换都可以表示为对换的乘积.

证明　只要证明,任一轮换都可以表示为对换的乘积.事实上,

$$(i_1\ i_2\ \cdots\ i_m)=(i_1\ i_m)(i_1\ i_{m-1})\cdots(i_1\ i_3)(i_1\ i_2).$$

例6　$\begin{pmatrix}1 & 2 & 3 & 4 & 5 & 6\\ 5 & 4 & 3 & 6 & 1 & 2\end{pmatrix}=(1\ 5)(2\ 4\ 6)=(1\ 5)(2\ 6)(2\ 4)$.

3. 对称中的对称——子群

对群的内部结构的研究,将有助于了解群的一些性质.某些群有一种内部结构,我们用“子群”这个词来刻画它.子群的含义是**一个群中的群**.

定义2　如果

(1) 集合 H 的每一个元素都是群 G 的一个元素;

(2) 在 G 的二元运算下 H 是一个群,

则称集合 H 是群 G 的一个**子群**.

例7　整数加法群 $\mathbf{Z}$ 是有理数加法群 $\mathbf{Q}$ 的子群,有理数加法群 $\mathbf{Q}$ 是实数加法群 $\mathbf{R}$ 的子群,实数加法群 $\mathbf{R}$ 是复数加法群 $\mathbf{C}$ 的子群.

例8　有理数乘法群 $\mathbf{Q}-\{0\}$ 是实数乘法群 $\mathbf{R}-\{0\}$ 的子群,实数乘法群 $\mathbf{R}-\{0\}$ 是复数乘法群 $\mathbf{C}-\{0\}$ 的子群.

假定我们有一个群 G 的子集 H,而且要问它是不是一个子群.设给定两个元素 $x,y\in H$,我们可以作 $xy\in G$.为了证明 H 在 G 的二元运算下是一个群,我们必须指出:

(1) xy 属于 H;

(2) 每一个 H 的元素的逆元素在 H 中;

(3) G 的单位元素在 H 中.

注意,结合律是不用验证的.因为,如果 $(xy)z$ 和 $x(yz)$ 对任何三个 G 的元素是相等的,那么对任何三个 G 的子集的元素也是相等的.

定理2　群 G 的非空子集 H 是群 G 的子群的充分必要条件是,若 $x,y\in H$,则 $xy^{-1}\in H$.

证明　若 H 是群 G 的子群,并且 $x,y\in H$,则我们必有 $y^{-1}\in H$,从而 $xy^{-1}\in H$.

反过来,设 H 是 G 的非空子集,并且只要 $x,y\in H$,就有 $xy^{-1}\in H$,则 H 是群.事实上,如果 $x\in H$,则 $e=xx^{-1}\in H$ 以及 $x^{-1}=ex^{-1}\in H$.最后,如果 y 也属于 H,则 $y^{-1}\in H$,从而 $xy=x(y^{-1})^{-1}\in H$.因此,H 是 G 的子群.

每一个群都有两个特殊的子群.群 G 的所有元素组成的集合是 G 的一个子集,而且在 G 的二元运算下是一个群.所以任意群都是它自己的子群.由单位元素 e 组成的子集 I 也满足定理的条件,所以每个群都有一个仅有单位元素的子群 I.

不是这两个特殊子群的子群叫做**真子群**.我们的兴趣在真子群.

在例1中,整数加法群 $\mathbf{Z}$ 是有理数加法群 $\mathbf{Q}$ 的真子群,有理数加法群 $\mathbf{Q}$ 是实数加法群 $\mathbf{R}$ 的真子群.

4. 域的概念

从内部结构看,域比群复杂,所以先讲群后讲域.但实际上域比群更普通、更容易理解,因为几乎每天我们都和实数域打交道.

定义3 设 E 是一个非空集合.若 E 中有两种二元运算,一种称做加法,另一种称做乘法,并且两种运算满足以下条件:

(1) 对于加法,E 是交换群;

(2) 对于乘法,E 是交换群;

(3) 乘法对加法满足分配律,即对于 $a,b,c\in E$,有

$$a(b+c)=ab+ac,$$

则称 E 是一个**域**.

加法群的单位元素或0元素称为域的0元素,乘法群的单位元素称为域的单位元素.

例9 全体有理数 $\mathbf{Q}$ 对通常的加法和乘法构成有理数域.

全体实数 $\mathbf{R}$ 对通常的加法和乘法构成实数域.

全体复数 $\mathbf{C}$ 对通常的加法和乘法构成复数域.

子域和扩域 如果 E 是一个域,$F\subseteq E$,并且 F 在 E 的运算下也是域,则称 F 是 E 的子域,E 是 F 的扩域.

显然,域 E 的0元素和单位元素都含于域 F 内,而且也是域 F 的0元素和单位元素.

例如,有理数域 $\mathbf{Q}$ 是实数域 $\mathbf{R}$ 的子域,所有的数域都是复数域 $\mathbf{C}$ 的子域.

5. 伽罗瓦理论

伽罗瓦的思想是将一个 n 次代数方程

$$x^n+a_1x^{n-1}+\cdots+a_{n-1}x+a_n=0 \tag{10.14}$$

伽罗瓦

的 n 个根 $r_1, r_2, \cdots, r_n$ 作为一个整体来考察，并研究根的置换群.

把方程(10.14)的系数看做给定的数值，例如一些复数. 对方程的系数做有限次加、减、乘、除可能得到的一切数的集合称为方程的**基本域**.

例如，若方程的系数是有理数，那么方程的基本域就是有理数域. 若方程是

$$x^2+\sqrt{2}=0,$$

那么它的基本域由一切形如 $a+b\sqrt{2}$ 的数组成，其中 a, b 是有理数.

由方程(10.14)的根 $r_1, r_2, \cdots, r_n$ 经过有限次加、减、乘、除可能得到的一切数的集合称为方程的**分裂域**.

根据韦达定理，方程的系数可以由它的根通过加、乘运算而得到，所以方程的分裂域永远包含它的基本域. 有时两个域是重合的.

定义 4 分裂域到自身的一个一一映射 A，叫做**分裂域关于基本域的自同构**，如果对于分裂域的每一对元素，它们的和映射到和，积映射到积，并且基本域的每一个元素映射到自身.

设 P 是方程(10.14)的基本域，K 是方程(10.14)的分裂域，则上面的定义可用公式表示：

$$(a+b)A=aA+bA, \quad (ab)A=(aA)(bA), \quad \alpha A=\alpha,$$

其中 $a, b\in K, \alpha\in P$.

同时，不难看出，$0A=0$.

分裂域关于基本域的所有自同构的集合构成一个群，这个群叫做给定方程的**伽罗瓦群**.

首先，我们要注意到，**伽罗瓦群中的自同构将给定方程的根仍然映射到这个方程的根**. 事实上，如果 r 是方程(10.1)的一个根，那么对方程的两端作用自同构 A，我们得到

$$(rA)^n+a_1A(rA)^{n-1}+\cdots+a_nA=0A.$$

因为 $a_iA=a_i, 0A=0$，所以

$$(rA)^n+a_1(rA)^{n-1}+\cdots+a_n=0,$$

即 rA 是方程的根. 这就是我们要证的.

由此我们看到，每一个分裂域关于基本域的自同构都导出方程根的集合的一个确

定的置换.另一方面,知道了这样一个置换,由于分裂域的所有元素都可由根经过算术运算得出,因此我们也就同时知道了一个分裂域的自同构.这就证明了,为了讨论自同构群,可以讨论与它相当的方程根的置换群.而根的置换群都是有限群,所以伽罗瓦群是有限群.

伽罗瓦的思想是,把研究代数方程中遇到的问题转化到分裂域上,把分裂域中遇到的困难转化到伽罗瓦群.伽罗瓦群与分裂域不同,分裂域包含四个运算和无穷多个元素,而伽罗瓦群只含一种运算和有限个元素.他用较容易的伽罗瓦群的问题代替了较复杂的域的问题.

保持根的代数关系不变,就意味着在此关系中根的地位是对称的.因此,伽罗瓦群刻画了根的对称性.方程是否可用根式解与方程的伽罗瓦群有着本质的联系.

1832 年,伽罗瓦证明了下面的定理:

伽罗瓦定理 当且仅当方程的伽罗瓦群是可解群时,方程才是根式可解的.

这就是说,伽罗瓦找到了方程根式可解的充分必要条件.可解群是一个复杂的对象,这里不再详述.这样一来,解方程的问题转化为研究群的结构问题.由此,代数学走上了抽象代数之路.

§6 代数与古典几何名题

1. 几何中的三大经典问题

在中学时代我们已经知道,欧几里得几何中几何作图的工具是直尺与圆规.这里的直尺与通常的尺子不同,通常的尺子上面有刻度,几何学中的直尺是没有刻度的.欧几里得的圆规也要与通常的两脚规加以区别.欧几里得的圆规只是为了以给定的点为圆心,通过定点而画圆用的.

仅用直尺和圆规的作图是一个非常古老的问题,早在古希腊就开始研究了.希腊人提出三个著名问题,它们是:

(1) 立方倍积问题:给定一个立方体,求作体积是这立方体体积两倍的立方体;

(2) 化圆为方问题:给定一个圆,求作一个与它面积相等的正方形;

(3) 三等分任意角问题:给定一个角,求作两条线三等分这个角.

要求用直尺与圆规将图作出来.

希腊人没能解决这些问题,因为这些问题是不可解的.到 18 世纪,数学家开始意识到这一点.伽罗瓦理论提供了可作图的一个判别法,这个判别法解决了三大几何难题.

2. 化为代数问题

证明三大几何难题不可解的工具在本质上不是几何的而是代数的,在代数学还没有发展到相当的水平时是不可能解决这些问题的.

我们需要可构造数的概念.给定一个长度为1的单位线段,如果用直尺和圆规可以作出长度为x的线段,我们就说x是**可构造数**(从现在起,提到作图时,就是指只用直尺和圆规的作图).

例如,给定一个长度为1的单位线段,我们很容易作出长度为2的线段.实现这一目标的一种方法是,把长度为1的线段延长,然后用圆规从第一条线段的终点量出另一条长度为1的线段,两条线段合起来就是长度为2的线段.这个作图过程说明2是可构造数.

用类似的方法,我们可以作出单位长度为n的线段,其中n是自然数,从而所有自然数都是可构造数.利用直尺和圆规可作出自然数的加、减、乘、除.这表明一切有理数都是可构造数.

有一些无理数也是可构造数.例如,我们可以利用直尺和圆规作出每边长度都是1的正方形.由商高定理,其对角线的长度是$\sqrt{2}$.这说明$\sqrt{2}$是可构造数.

借助解析几何我们可以将上面的几何问题化为代数问题.在用直尺和圆规的一切作图中,最终都取决于求:

(1) 两条直线的交点;

(2) 一条直线与一个圆的交点或切点;

(3) 两圆的交点或切点.

取初始点为(0,0)和(0,1),我们可以利用直尺和圆规作出其他点.我们知道,直线方程具有形式

$$Ax+By+C=0,$$

而圆的方程具有形式

$$x^2+y^2+Dx+Ey+F=0,$$

这里的系数A,B,C,D,E,F都以一种简单的方式依赖于已经作出来的点的坐标.因而求交点的问题就可转化为解联立方程的问题.解这种方程所用的运算只是加、减、乘、除以及正数的开方.由此我们得到如下的重要结论:借助直尺和圆规可以构造的点的坐标一定可以从0,1出发通过有限次加、减、乘、除以及有理正数的有限次开平方的运算而得到.可见,可构造数都是代数数.

3. 三大经典问题不可解的证明

1）立方倍积问题

设给定的立方体是单位立方体，即它的两个相邻顶点的距离是单位长度 1，再设体积为这立方体体积两倍的立方体的各相邻顶点的距离是 x（图 10-4），则有

$$x^3=2.$$

如果立方倍积问题可解，我们必须能用直尺和圆规构造出长度为 $\sqrt[3]{2}$ 的线段. 但 $\sqrt[3]{2}$ 不是平方根. 这样一来，立方倍积问题是不可解的.

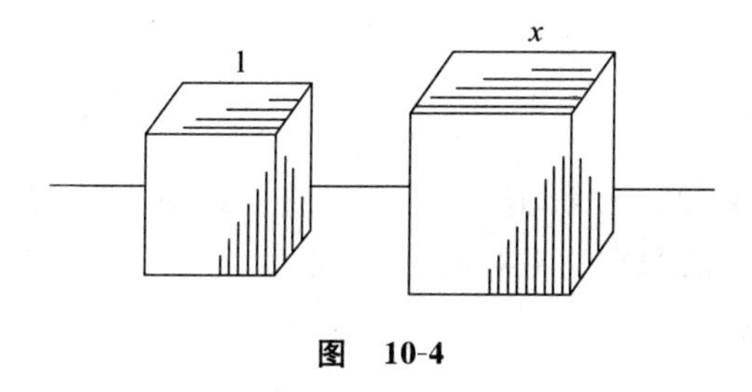

图 10-4

2）化圆为方问题

考虑半径为 1 的单位圆，它的面积为 π. 现在构造一个边长为 x 的正方形，它的面积也为 π（图 10-5），于是 $x^2=\pi$，$x=\sqrt{\pi}$. 由于 π 是超越数，它不可能是平方根. 因此，化圆为方问题是不可解的.

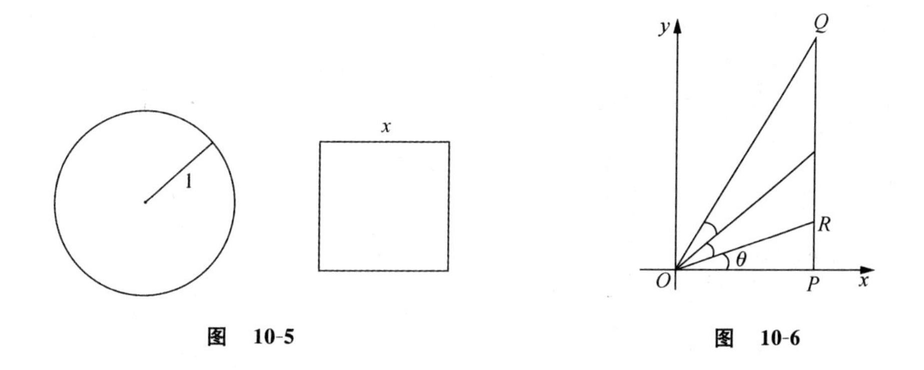

图 10-5　　图 10-6

3）三等分任意角问题

如图 10-6 所示，我们从 60°角入手. 设$\angle QOP=60°$，并设线段 OP 的长度为 1. 假定三等分任意角是可能的. 如图设$\angle ROP=\theta=20°$，那么点 R 的纵坐标一定是有理数或平方

根.这相当于说 $\cos\theta=\dfrac{1}{OR}$ 是有理数或二次根.借助

$$\begin{aligned}\cos3\theta+i\sin3\theta&=(\cos\theta+i\sin\theta)^3\\&=\cos^3\theta+3i\cos^2\theta\sin\theta-3\cos\theta\sin^2\theta-i\sin^3\theta,\end{aligned}$$

我们得到

$$\cos3\theta=\cos^3\theta-3\cos\theta\sin^2\theta=4\cos^3\theta-3\cos\theta.$$

现在,$\cos3\theta=\cos60^\circ=\dfrac{1}{2}$,所以

$$4\cos^3\theta-3\cos\theta=\frac{1}{2}.$$

令 $x=\cos\theta$,并代入上式,得到

$$8x^3-6x-1=0.$$

这个方程在前面§4的例2已经给出了解,它没有有理根,也没有平方根,即方程的根不是可构造数.这说明我们的假定是不对的.这就证明了三等分60°角是不可能的,自然三等分任意角也是不可能的.

第11章 数学的广阔用场

在未来的十年中领导世界的国家将是在科学的知识、解释和运用方面起领导作用的国家.整个科学的基础又是一个不断增长的数学知识总体.我们越来越多地用数学模型指导我们探索未知的工作.

H.菲尔

17世纪和18世纪数学创造最伟大的历史意义是:它们为几乎渗透到所有文化分支中的理性精神注入了活力.

M.克莱因

由于最近二十年的进步,社会科学的许多重要领域已经发展到不懂数学的人望尘莫及的阶段……我们向读者提出,在社会科学中不断扩大的数学语言的应用是具有重要意义的.

A.卡普兰

§1 数学与自然科学

力学是物理学中发展最早的一个分支,到了18世纪,已经成为自然科学中主导和领先的学科.伽利略和牛顿之所以能够取得如此伟大的成就,是因为他们将数学和科学实验很好地结合在一起,为力学的发展开辟了一条正确的道路.尤其是牛顿,他的自然哲学观以及归纳法和演绎法、模型和数学相结合的科学研究方法,不仅使他成功地建立经典力学体系,实现物理学史上的第一次大综合,而且推动了近代科学的大发展.

19世纪海王星的发现,表明我们的物质世界有了极大的扩展.到19世纪下半叶,物质世界又出现了另一次扩展.像海王星的发现一样,如果没有数学的帮助,这次扩展也是不可能的.但是与海王星不同的是,这次扩展的是非实体性的东西.它没有重量,看不见,摸不着，尝不到，嗅不出.这就是电磁波的发现.

1. 电磁现象

电磁现象自古就为人们所知.最早的观察出现在中国，也出现在古希腊，并对航海事业产生巨大影响.

磁现象的第一位研究者是吉尔伯特(W. Gilbert，1540—1603)，他是英国女王伊丽莎白的宫廷物理学家.他发现了：

(1) 地球是个大磁体，解释了指南针的运动；

(2) 电与磁是本质上不同的，电分正负，磁极不可分；

(3) 同性相吸，异性相斥.

这些发现使他荣获磁学之父的美名.但他的研究是定性的.

在科学研究中，没有量化就没有深化.对电磁现象的研究进入数量化阶段开始于英国的米歇尔(J. Michell，1724—1793)和法国的库仑(C. A. Coulomb，1736—1806). 1750年，他们各自独立地发现了磁的平方反比定律：

$$F = K_m \frac{p_1 p_2}{r^2}, \quad p_1, p_2 \text{ 是磁极强度}. \tag{11.1}$$

1785年，库仑发现了静电的平方反比定律：

$$F=K_e \frac{q_1 q_2}{r^2}. \tag{11.2}$$

令人惊讶的是，它们竟然与万有引力定律具有相同的形式！可见，大自然充满了统一性.

由此得到两条静电磁定律：电学的高斯定律和磁学的高斯定律.

著名物理学家劳厄(Max von Lauc，1879—1960)指出，到库仑定律发现的时候，电学才进入科学的行列.

到此为止，电与磁仍然被认为是本质上不同的现象，而且彼此没有联系.

电与磁之间的第一个重要联系是丹麦的奥斯特(A. M. Oersted，1777—1851)在1820年发现的.他发现了电流的磁效应，即电流周围有磁场存在.当电流通过导线时，导线就像一块磁铁一样发生作用.也就是说，电流在导线附近建立了一个磁场.这样的磁场就像天然磁铁矿石一样，吸引或排斥其他的磁块.

下一个电与磁之间的基本联系是安培(A. M. Ampere，1775—1836)在1821年发现的.这是对电流磁效应的深入研究.物理学家、数学家安培被奥斯特的重大发现深深地吸引住了，他不仅重复了奥斯特的实验，而且做了进一步的实验和理论研究.安培问道：既然磁体与磁体、电流与磁体之间有力的作用，那么电流之间有力的作用吗？这种对称性存在吗？安培通过实验发现，两个载流导线类似于两个磁体，它们之间确实有相互作用力．由此他得到了安培定律．

法拉第

奥斯特和安培关于电流磁效应的研究结果，促使科学家开始寻找其逆效应．奥斯特的发现是"电生磁"，其逆效应是"磁生电"．1831 年，英国的法拉第（M. Faradayl，1791—1867）和美国的亨利（J. Henry，1797—1878）发现了电磁感应定律．法拉第同时发现了磁力线．

2. 物理学新的里程碑

法拉第发现了电磁感应定律，并发现了磁力线．这是人类科学史上的伟大发现，但有局限性．他认识到，单从物理现象分析不可能把他带到更远的地方去．他需要数学的帮助，但数学不是他的长处．这个任务历史地落到了麦克斯韦的肩上．

麦克斯韦

麦克斯韦是 19 世纪最伟大的理论物理学家，他开辟了科学的一个新时代，使我们的世界区别于前人的世界许多要归功于他．他蔚为壮观的发现是理论研究，而非实验成果．他被视为完全用纸和笔建立起自己体系的那种科学家的杰出典范．但这个看法是片面的，因为他利用了前人的实验结果．他的过人之处在于，他能把深刻的物理直觉与令人敬畏的数学能力结合起来．

麦克斯韦寻求将所有的电磁现象统一起来的理论．1865 年，麦克斯韦发表了关键性的论文《电磁场的动力理论》，对经典电磁学做了总结，把物理模型转化为数学方程，建立了著名的麦克斯韦方程组．

（1）电学的高斯定律．在真空中通过任一闭曲面的电场强度通量，等于该曲面所包围的所有电荷的代数和 Q 除以 ε_0：

$$\oiint_S E \cdot \mathrm{d}S = \frac{Q}{\varepsilon_0},$$

其中 E 为电场强度，ε_0 是真空介电常量．

（2）磁学的高斯定律．因为不存在磁单极，所以穿过任何闭曲面的磁通量恒等于零：

$$\oiint_S B \cdot \mathrm{d}S = 0.$$

其中 B 为磁场强度．

（3）法拉第电磁感应定律. 变化的磁通量产生电动势：

$$\varepsilon_i = -\frac{\mathrm{d}\Phi_B}{\mathrm{d}t},$$

其中 $\Phi_B = \iint_S B \cdot \mathrm{d}S$，用积分表示为

$$\oint E \cdot \mathrm{d}r = -\frac{\mathrm{d}}{\mathrm{d}t}\iint_S B \cdot \mathrm{d}S.$$

（4）麦克斯韦-安培定律：

$$\oint B \cdot \mathrm{d}r = \mu_0 (I + I_d),$$

式中

$$I_d = \varepsilon_0 \frac{\mathrm{d}\Phi_E}{\mathrm{d}t},$$

Φ_E 是电通量，

$$\Phi_E = \iint_S E \cdot \mathrm{d}S.$$

电流或变化的电场产生蜗旋磁场.

麦克斯韦方程组的第四个方程是对安培定律

$$\oint B \cdot \mathrm{d}r = \mu_0 I$$

的修改. 这个公式有时不对. 麦克斯韦加了一项，变为

$$\oint B \cdot \mathrm{d}r = \mu_0 (I + I_d).$$

I_d 叫做**位移电流**，指的是变化电场；而磁场是由变化电流（导线中的电流）与位移电流共同产生的. 两种场结合在一起就是众所周知的**电磁场**. 这一小小的变动给后来的电磁理论的发展带来了深远的影响.

由此出发，麦克斯韦得到两项伟大的发现：

第一项：**电磁波的存在**. 由麦克斯韦方程组可导出，变化的磁场可产生一个变化的电场，变化的电场可产生一个变化的磁场，二者结合起来就产生了电磁波. 在自由空间中，没有电荷，也没有电流去激发电场和磁场，但变化的电场和磁场却能产生电场和磁场. 这就是电磁波的本质. 所以麦克斯韦最伟大的发现是预见电磁波的存在，并且电磁波可以传送到几千千米之外，为此后的无线电事业奠定了理论基础. 但是，如果没有实验的证实，人们是不会相信存在电磁波的.

1887 年，在麦克斯韦预见电磁波存在的 22 年后，德国的赫兹（H. R. Hertz，1857—

1894)正是用麦克斯韦的方法产生出了这种电磁波,从而证明了电磁波的存在.此后,引起了无线电报和真空管收音机的诞生.

第二项:**光波是电磁波**.法拉第的电磁感应实验激发了麦克斯韦,他想到,如果电和磁是相关的,那么公式(11.1),(11.2)中的常数 K_m 和 K_e 之间应当存在某种关系.库仑测量的结果是

$$K_e = 9\times10^9\,\mathrm{N\cdot m^2/C^2},$$

而

$$K_m = 1.00\times10^{-7}\,\mathrm{N\cdot s^2/C^2},$$

这里 m 表示米,s 表示秒.麦克斯韦发现,比值 $\dfrac{K_e}{K_m}$ 的单位是 $\mathrm{m^2/s^2}$.由此他得到

$$\text{速率}=\sqrt{\frac{K_e}{K_m}}=\sqrt{\frac{9\times10^9}{1\times10^{-7}}}\ \mathrm{m/s}=3\times10^8\,\mathrm{m/s}.$$

这正是光速!光与电磁波的速度相同,启发麦克斯韦宣布:光也是一种电磁波.它们之间的差别仅是波长不同.当麦克斯韦发现光的速率埋藏在电荷和磁铁之间的力中时,他知道自己做出了重大发现.1865 年,他说:“把它当大炮握住.”

把光学纳入电磁理论是力求达到物理学基础的统一的最大胜利之一.1895 年,伦琴发现了 X 射线,接着在放射性物质中又发现了 γ 射线.如此众多的新现象都统摄在精确的数学公式之中,因此宇宙的数学设计是毋庸置疑的.

麦克斯韦的功绩 牛顿定律能够描述和预测从沙砾到天体的行为,麦克斯韦方程组能够把看不见的电子和太阳光进行描述和预测.这充分展示了数学的穿透力.电流、电磁效应、无线电波、红外线、可见光线、紫外线、X 射线、γ 射线,从 60 周/秒到 10^{24} 周/秒的各种频率的正弦波都可用统一的数学公式来描述.**麦克斯韦的电磁理论在综合体系方面甚至超过了牛顿的万有引力定律**.这种伟大综合是人类的最顶尖的成就之一,它揭示了大自然的构造和规律,它甚至比自然界更丰富.人类不是造出了许多新的电磁波吗?

法拉第和麦克斯韦的场理论把物理学的基础完全革命化了,并导致牛顿物理学基础的根本转变.牛顿物理学曾牢固地根植于中心力学的概念,而现在则代之以场的概念.这场革命还打开了通向相对论物理学的道路.这是牛顿以来最深刻、最富成果的理论.

关于麦克斯韦方程组的重要性,费曼说:

“从人类历史的长远观点看,比如说,从一万年前至今,也许不那么肯定地说,19 世纪最有意义的事件当属麦克斯韦对电动力学定律的发现.在同一年代里,与这一重大事件相比,连像美国南北战争这样的事件都因其地域的限制而显得相形见绌.”

3. 概率论与太空旅行

美国"挑战者"号在1986年的悲惨遭遇，人们仍然记忆犹新. 这件事告诉我们，太空旅行和导弹系统对安全度的要求是非常高的. 我们知道世界上没有绝对安全的东西，只有相对安全的东西，即使安全度高达0.9999，仍然有万分之一的可能出错. 于是，如何提高安全度就是一个重要问题了. 可靠性工程在近年来取得了很大发展，主要依据是概率论的简单计算.

假定如图11-1所示，三个电气部件串联起来. 为了使系统工作，所有三个部件都必须工作. 如果部件工作的概率分别是

$$P(A)=0.95,\quad P(B)=0.90,\quad P(C)=0.99,$$

那么依照乘法公式，系统工作的概率(可靠性)是

$$0.95\times0.90\times0.99=0.84645.$$

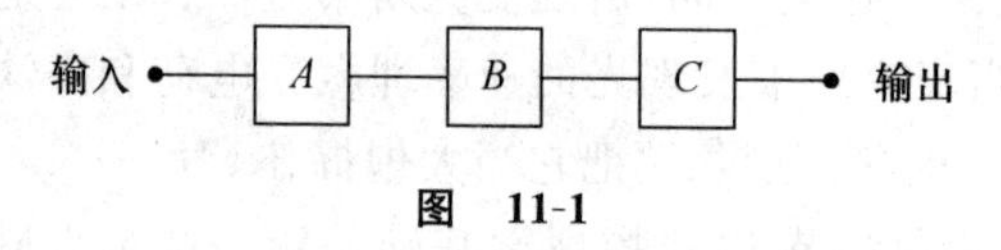

图 11-1

为了提高系统的可靠性，我们可以采用并联线路，如图11-2所示. 在这种电路中，系统的可靠性是

$$\begin{aligned}P(\alpha\cup\beta)&=P(\alpha)+P(\beta)-P(\alpha\cap\beta)\\&=0.84645+0.84645-0.84645^2\\&=0.97642.\end{aligned}$$

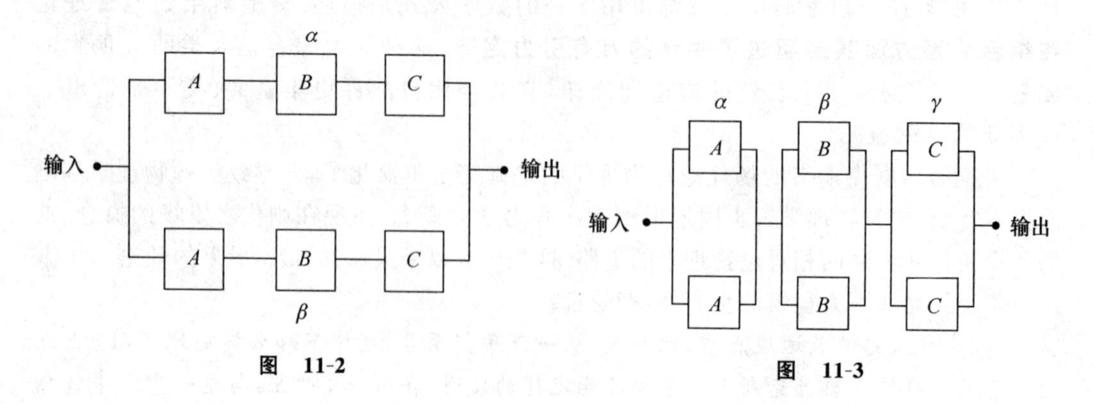

图 11-2　　图 11-3

我们还可以用图 11-3 所示的线路. 在这种电路中,系统的可靠性是

$$P(\alpha\cap\beta\cap\gamma)=P(\alpha)P(\beta)P(\gamma),$$

而

$$P(\alpha)=0.95+0.95-0.95^2=0.9975,$$
$$P(\beta)=0.90+0.90-0.90^2=0.99,$$
$$P(\gamma)=0.99+0.99-0.99^2=0.9999,$$

因而系统的可靠性是 0.98743. 这说明图 11-3 的系统更为可靠.

4. 化学

1) 元素周期表的发现

数学对化学的早期应用,当属元素周期表的发现. 到 1860 年,大约有 60 种不同的元素已为人所知. 就在那个时候,俄国化学家门捷列夫着手按照原子的重量来排列已知的元素. 他注意到,在前 16 种元素中,第 8 种元素和第 16 种元素具有相似的化学性质. 然而他发现,再往后,如果按原子重量增加的顺序来排列,并且使具有相似化学性质的元素相距 8 位,他就不得不空出一些位置. 门捷列夫猜想,有一些未知元素属于那些空位置. 这一猜想引导人们去寻找新的元素. 不久化学家们就发现了 3 种,现在叫做钪、镓、锗. 这些元素的性质恰恰是门捷列夫预言的. 这样,周期律逐渐为化学家所接受.

尽管后来的发现修正了门捷列夫的周期律,但他的排列方法仍是**现代周期律的精髓**.

极其简单的数学思想——**周期性导致了极为深刻的化学定律,这是科学史上的一大奇迹**.

2) 晶体结构的确定

确定晶体的结构既是物理学家的任务,也是化学家的任务,但是它的最后解决却落在了数学家的身上. 19 世纪末科学家就开始研究晶体的结构,但一直弄不清楚.

困难在什么地方? 科学家探测晶体的结构需要用 X 射线,但是当 X 射线穿过晶体时,光线碰到晶体中的原子而发生散射或衍射. 当化学家把胶卷置于晶体之后,X 射线会使随原子位置而变动的衍射图案处的胶卷变黑,因而他们不能准确地确定晶体中原子的位置. 20 世纪初化学家们就知道,这是因为 X 射线也可以看做波,它们有振幅和相位. 这个衍射图只能探清 X 射线的振幅,而不能探测相位. 化学家们对此困惑了四十多年.

大约在 1950 年,一个名叫豪普曼的数学家对晶体的结构这个谜产生了兴趣. 豪普曼认识到,这件事能形成一个纯粹的数学问题,并有一个优美的解.

他借助傅氏分析找出了决定相位的办法,并进一步确定了晶体的几何. 结晶学家只见

过物理现象的影子，豪普曼却利用一百年前的古典数学从影子来再现实际的现象，最终确定了晶体的结构．后来，在一次谈话中，他回忆说，1950年以前人们认为他的工作是荒谬的，并把他看成一个大傻瓜．事实上，他一生只上过一门化学课——大学一年级的化学．但是，由于他用古典数学解决了一个难倒现代化学家的谜，而在1985年获得了诺贝尔化学奖．

当前，交叉学科是获得成就的重要领域．记住：

在老领域做老问题，你做不过老专家；

在新领域做新问题，你可能成祖师爷．

5. 生物科学

数学在生物学中的应用使生物学从经验科学上升为理论科学，由定性科学转变为定量科学．它们的结合与相互促进必将产生许多奇妙的结果．

我们重点谈谈概率论与数理统计在生物学中的应用．其特点是：

计算是简单的，思想是深刻的．

如果把数学区分为纯粹数学与应用数学，那么评价学术水平的高低有不同的标准：

纯粹数学：新工具解决旧问题，工具越高级，水平越高；

应用数学：旧工具解决新问题，工具越低级，水平越高．

1）生命的奥秘

揭开生命的奥秘，是人类智力探险史上的另一个伟大的历程．数学在生物学中的应用可以追溯到11世纪．中国科学家沈括已观察到出生性别大致相等的规律，并建立出"育胎之理"的数学模型．在西方，1865年奥地利人孟德尔（G. J. Mendel，1822—1884）发表一篇文章，通过植物杂交实验提出了"遗传因子"的概念，为遗传提供了科学的解释，并发现了生物遗传的分离定律和自由组合定律．由此引发了一场人类对生命认识的革命．

孟德尔

孟德尔是如何发现遗传定律的呢？在他那个时代，科学实验的水平还达不到细胞的内部，他怎么可能发现"遗传因子"？是什么工具使他获得如此巨大的发现？令人惊奇的是，是数学的洞察力使他获得了这一划时代的成就．

这怎么可能？故事是这样的：孟德尔是一个男修道院的院长，他利用黄色和绿色两种不同种系的豌豆做杂交实验．他在修道院的花园里完成了自己的实验，并由此做出重大发现．他的发现虽然十分重要，却非常简单．

2）孟德尔的杂交实验

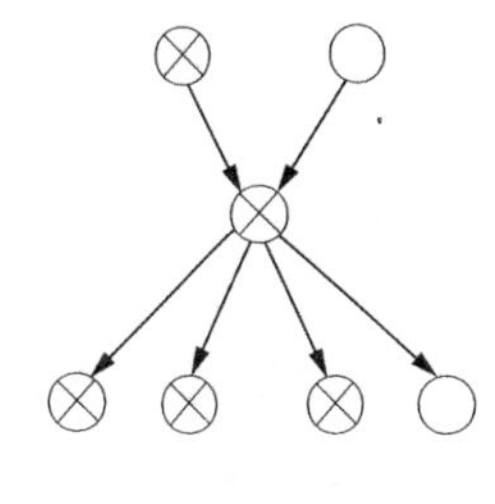
图 11-4

原始代：纯粹黄色的品系，纯粹绿色的品系.

第一代杂交：产生的种子全是黄色的，绿色似乎完全消失了.

第二代杂交：大约75%是黄色的，25%是绿色的，见图11-4，其中⊗表示黄色，○表示绿色.

问题：为什么第一代杂交后，种子全是黄色的？为什么第二代杂交后，黄色的种子占四分之三？

孟德尔的解释：

孟德尔假定 （1）存在一种实体——基因. 颜色是由基因控制的. 用 y 表示黄色种子的基因，用 g 表示绿色种子的基因.

在一般细胞中都含有确定颜色的基因对. 在黄色种子中，基因对是 $y|y$，在绿色种子中，基因对是 $g|g$. 必须指出的是，**性细胞，不论是精子细胞还是卵细胞，只包含基因对中的一个基因.**

包含基因对 $y|y$ 的植物将产生含基因 y 的精子细胞和含基因 y 的卵细胞.

包含基因对 $g|g$ 的植物将产生含基因 g 的精子细胞和含基因 g 的卵细胞.

（2）黄、绿两种不同的种就有两种不同的基因. 第一代杂交后，种子的基因是 $y|g$.

问：为什么第一代杂交后，种子全是黄色的？

答：第一代杂交后，产生基因对 $y|g$ 和基因对 $g|y$ 的植物. 它们将产生一半精子细胞包含 y，一半精子细胞包含 g 及一半卵细胞包含 y，一半卵细胞包含 g. 而 y 呈显性性状，g 呈隐性性状，故全部是**种子都是黄色的.**

问：为什么第二代杂交后，黄色的种子占四分之三？

答：第二代杂交后，存在四种不同的基因对：

$$y|y,\quad y|g,\quad g|y,\quad g|g.$$

基因对按下述规则控制种子的颜色：

$$y|y, y|g, g|y\text{：黄色}\left(\text{占}\frac{3}{4}\right);\quad g|g\text{：绿色}\left(\text{占}\frac{1}{4}\right).$$

孟德尔使用了概率论. 这样种子的杂交问题可以转化为简单的概率计算问题. 当第二代植物交配时，受精细胞从每一个亲本中随机地得到一个基因. 我们可以把两个生殖细胞的随机相遇与任意摸球的随机实验相比了.

概率问题 今有两个盒子，各盛数量相等的黄、绿两色球. 随机地从两个盒子中各取一球. 求（黄、黄），（黄、绿），（绿、黄），（绿、绿）各搭配的概率.

通过简单的计算，我们立刻就会明白，这就是为什么第二代杂交后，黄色的种子占四分之三. 计算是简单的,不必说了.

评注 种子的杂交问题与摸球的随机实验是完全不同的两个领域,但却有相同的数学模型. 这正是数学抽象性的伟大意义,数学应用的广泛性的具体实例. 数学模型既是理论联系实际的桥梁,又是理论联系实际的工具. 孟德尔的原理在所有的生命形式中都起作用,从植物到动物,从苍蝇到大象.

遗传学之父 孟德尔的成果是概率论在生物学上一个卓有成效的应用. 这是第一个仅能用概率语言来表述的自然法则. 一个源于赌博的学科居然产生了这样的伟大成果,真是出人意料. 孟德尔因此被称为**遗传学之父**. 他的伟大在于,他的大胆、深刻的洞察力和敏锐的概率论头脑.

英国广播公司的一次广播说:"常常像牛顿所说的,继承者能比先驱者看得远一些,因为他们站在先驱者的肩膀上,当然比先驱者看得远. 但对孟德尔不能这么说,因为他根本没有先驱者的肩膀好站."

3) 其他新应用

1899年,英国人皮尔逊(K. Person, 1857—1936)在1902年创办《生物统计学》杂志是数学大量进入生物学的序曲. 哈代和费希尔(R. A. Fisher, 1890—1962)在20世纪20年代创立了群体遗传学,成为生命科学中最活跃的定量分析方法和工具. 意大利数学家沃尔泰拉(V. Volterra, 1860—1940)在第一次世界大战后不久创立了生物动力学. 而这几位都是当时的一流数学家.

我们再介绍一些数学对生物学的新应用.

一是**生命科学**. 当代数学对生物学最有影响的分支是生命科学. 1953年,沃森(J. Watson)和克里克(F. H. C. Crick)发现了DNA的双螺旋结构,为在分子水平上描绘生物的蓝图奠定了基础. 目前,拓扑学、形态发生学、纽结理论和DNA重组机理受到很大重视. 新西兰数学家琼斯(V. F. R. Jones)在纽结理论方面的工作使他获得1990年的菲尔兹奖. 生物学家很快就把这项成果用到了DNA上,对弄清DNA结构产生重大影响.《科学》为此发表了文章"数学打开了双螺旋的疑结".

DNA分子双螺旋结构的发现,一方面将生命科学的基础置于分子的水平之上,置于坚实的物理学、化学和信息科学的原理上,更多地得到数学的支持,从而导致理论生物学的出现;另一方面又导致了生物工程的大发展.

二是**生理学**. 人们已建立了心脏、肾、胰腺、耳朵等许多器官的计算模型. 此外,生命系统在不同层次上呈现出无序与有序的复杂行为,如何描述它们的运作体制对数学和生物学都构成挑战. 在生理学方面,以肾脏为例. 肾的功能是保持关键物质,如盐等的理想水平以规范血液的组成. 一个人食用了过量的盐,肾就必须排除盐浓度高于血液中盐浓度的尿.在肾脏的周围有上百万个小管,负责从血液中吸取盐分.在这个过程中,渗透压力和过滤起了作用.生物学家已将过程的精确规则初步弄清楚了,对运作过程建立了数学模型.虽然初步,但却说明了尿的形成以及肾做出的选择.

三是**脑科学**.目前网络学的研究对神经网络极其重要.

四是**生物的进化**.达尔文的自然选择原理已经开始用数学模型来刻画.数学上已经证明,像眼睛这样的精密器官可以逐步地、自然地进化,这个进化过程可以通过电脑来显示.

为了让数学发挥作用,最重要的是对现有的生物学研究方法进行改革.如果生物学仍满足于从某一实验中得出一个很局限的结论,那么生物学就变成生命现象的记录,失去了理性的光辉,更无法去揭开自然之谜.

由于目前的研究已深入到分子层次,生物科学与物理科学已经逐渐融合到一起了.1998年,诺贝尔物理奖得主朱棣文在北京大学的报告题目是"生物学及其与物理学的统一",报告中详谈了这种发展现状与未来.

血液循环正在成为流体力学的课题,致癌是一个随机过程,遗传学充满了高等数学,中枢神经系统的研究要用控制论,甚至种水稻要用偏微分方程.可见:

科学发展的趋势是综合、交叉与数学化.

§2 数学与人文科学

1. 人文科学与数学教育的历史

回顾历史会对我们有启发作用.在西方,人文科学作为独立的学科是什么时候诞生的呢?诞生于古罗马时代,最早起源于西塞罗(M. T. Cicero,公元前106—前43).西塞罗是罗马的政治家和演说家,他的方案后来成为古典教育的基本纲领,到中世纪这个纲领转变为基督教的基础教育.在这段时间内,人文科学主要包括数学、语言学、历史、哲学等.数学之所以成为那时人文科学的基本内容,其原因是:那时要培养雄辩家和传教士,而雄辩家和传教士对思维能力和推理能力要求很高,因此几何训练是不可少的.直到今天,这一要求仍是文科讲授数学的主要因素之一.

文艺复兴时期,教育发生了很大的变化.令人惊讶的是,数学一直是学校教育的主要内容.数学与人文科学的鸿沟是19世纪才形成的.法国哲学家在19世纪提出了人文科学的一般理论,把人文科学作为独立的知识领域,与自然科学相对立.而当时大多数人认为数学是自然科学的一个门类,因而也就将数学与人文科学对立起来.

法国著名哲学家李凯尔特(H. Rickert,1863—1939)把人文科学称为"文化科学",并提出两种基本对立：**自然与文化的对立；自然科学与历史文化科学的对立**. 关于数学，他说："自然科学和文化科学之间的区别仅仅对真实对象的科学才是适用的. 像数学那样的关于观念存在的科学，既不属于自然科学，也不属于文化科学，因此在这一方面就不再加以考虑了."

李凯尔特的观点反映了19世纪末20世纪初学术界的状况. 当时的人们已经注意到**自然科学和人文科学在方法论上有重大区别**：数学和自然科学是"抽象的"，目的是得到一般规律；而人文科学是"具体的"，目的是探讨人的个别的和独特的价值观. 数学方法不为当时的人们所重视.

李凯尔特把数学从自然科学和人文科学中分离出来，这是对的. 数学是人脑的产物，存在于观念世界，而不是自然界. 自然界没有数学圆，没有直角三角形，也没有 $\sqrt{2}$ 和 π. 但是，他没有看到数学对人文科学的作用.

第二次世界大战以后，数学应用的面貌发生了巨大的变化. 数学已经从自然科学扩展到从社会科学到艺术的各个领域.

2000年，美国出版了一本名为《为新世纪学习数学》的书. 书中说，数学的作用比以往任何时期都大，而且在将来将起更大的作用，对学生的数学要求随时间而剧烈地增加. 对此，看看过去三百年间美国课程表对数学的要求就清楚了.

哈佛大学于1636年建立，当时没有一个数学教授. 到1726年，哈佛大学任命了第一位数学教授. 当时的入学考试只考算术. 1820年，要求考代数；1844年，要求考几何. 1912年，美国数学家斯米思在国际数学教师联合会上作报告时说，当时美国仅有一半的高中讲一年的代数和一年的几何，其他学校只要半年的代数. 第二次世界大战使人们的数学观发生了深刻的变化. 数学课成了中学最重要的课程之一. 1971年2月，美国卡尔·多伊奇等人在《科学》上发表一项研究报告，列举了1900—1965年间在世界范围内社会科学方面的63项重大成就，其中数学化的定量研究占三分之二，而这些定量研究中的六分之五是1930年以后做出的. 美国著名社会科学家 D. 贝尔(D. Bell，1919—2011)在《第二次世界大战以来的社会科学》一书中指出：**社会科学正在变成像自然科学那样的硬科学**.

数学在人文科学中的应用是多方面的，我们只举几个典型的事例.

2. 数学和人文科学之间的桥梁

数学与语言文学是整个中小学时代最基础、最重要的两门学科. 语言学是所有人生活、学习和工作最必需的，而数学是所有科学技术、社会统计、商业贸易等所必需的，因而这两个学科的结合是自然的. 但是,很多人并不认识这一点.

哈达玛(J. Hadamard, 1865—1963)说:“语言学是数学和人文科学之间的桥梁.”事实上,数学通过语言学与所有的人文科学建立了联系. 数学和语言学还有更深刻的联系,数学是研究语言学的不可缺少的重要工具.

1847 年,俄国数学家布里亚可夫斯基提出,利用数学进行语法、词源和语言历史的比较研究. 1894 年,瑞士语言学家索绪尔指出:“在基本性质方面,语言中的量和量的关系可以用数学公式有规律地表达出来.”1904 年,波兰语言学家库尔特内认为,语言学家不仅应当掌握初等数学,而且还必须掌握高等数学. 这些历史事实说明,首先是语言学家提出了数学与语言学“联姻”的必要. 1907 年,俄国数学家马尔可夫(Markov, 1856—1922)对俄语字母的语序进行研究,而提出了随机过程(现在称为马尔可夫随机过程),开始了数学家对语言学的研究. 计算机的出现,使数学与语言学的联系更加密切.

1946 年,第一台电子计算机诞生. 英国工程师布斯和美国工程师韦弗在讨论计算机的应用时,提出了机器翻译的问题. 此后,机器翻译就成了数学、语言和计算机的联合行动的一个重要方面.

在进行机器翻译前,必须研究语言结构和构词法,从而促进了形态学的研究. 在自动形态分析中,数学方法起着重要的作用. 例如,采用离散数学的有限自动机理论来设计形态分析模型,控制切分过程,实现单词的自动形态分析. 在切分过程中,有限自动机把词典中的各个构词成分——词干、前缀、后缀、词尾相应的语法信息记录到输入词中去. 这样,在切分结束时,每一个输入词就都附上了有关的语法信息,为进一步的分析提供了数据.

3. 数理语言学

用数学方法研究语言现象给语言以定量化与形式化的描述,称为**数理语言学**. 它既研究自然语言,也研究各种人工语言,例如计算机语言. 其目的有三:

(1) 创立新的语言,如国际语、计算机语言等,以适应人类的新需要;

(2) 探索语言发展的规律,建立更为合理的语言;

(3) 破译古语.

数理语言学包含三个主要分支:

(1) 统计语言学. 它用统计方法处理语言资料,衡量各种语言的相关程度,比较作者的文体风格,确定不同时期的语言发展特征,等等.

(2) 代数语言学. 它借助数学与逻辑方法提出精确的数学模型,并把语言改造为现代科学的演绎系统,以便适用于计算机处理.

(3) 算法语言学. 它借助图论的方法研究语言的各种层次,挖掘语言的潜在本质,解决语言学中的难题.

语言的作用有二：一是思维，用语言去思维、去探索、去推理；二是交流，用语言表达感情、收获，去交流感情和信息. 这就要求：语言有丰富性；语言有准确性.

谈到语言的准确性，就要提数学语言. 它是超国界的，是由各国最优秀的人才，花费了几百年的时间才创立的. 如果你没有学过真正的科学语言，特别是数学语言，你将是语言学上的残废人，不能成为一个真正的语言学家.

4. 选票分配问题

选票分配问题属于民主政治的范畴. 选票分配是否合理是选民最关心的热点问题. 这一问题早已引起西方政治家和数学家的关注，进行了大量深入的研究，并得到令人震惊的结果.

选票分配的基本原则是什么呢？首先是公平合理.

问题：能不能做到公平合理？如何做到公平合理？

你或许这样想，这是个愚蠢的问题. 只要立场公正，不怀私念，一定能做到公平合理. 事实是否如此，咱们走着瞧！

要做到公平合理，一个简单的办法是选票按人数比例分配. 但是会出现这样的问题：人数的比例常常不是整数. 怎么办？一个简单的办法是四舍五入. 四舍五入的结果可能会出现名额多余，或名额不足的情况. 因为有这个缺点，美国乔治·华盛顿时代的财政部长亚历山大·汉密尔顿（Alexander Hamilton，1757—1804）在1790年提出一个解决名额分配的办法，并于1792年为美国国会所通过.

1）美国国会的议员的选举

每届美国国会的议员数按各州选民的比例分配. 假定美国人口的总数是 p，各州的选民数分别是 $p_1, p_2, \cdots, p_l$，再假定议员的总数是 n. 记

$$q_i = \frac{p_i}{p} \cdot n,$$

称它为第 i 个州分配的份额. 汉密尔顿方法的具体操作如下：

(1) 取各州份额 q_i 的整数部分 $[q_i]$，让第 i 个州先拥有 $[q_i]$ 个议员；

(2) 考虑各个 q_i 的小数部分 $\{q_i\}$，按从大到小的顺序将余下的名额分配给相应的州，直到名额分配完为止.

这个方案——汉密尔顿方法得到了国会的通过.

我们举例来说明这一方案. 假定某学院有三个系，总人数是200，学生会需要选举20名委员. 表11-1是按汉密尔顿方法进行分配的结果：

表 11-1 分配结果

系别	人数	所占份额	应分配名额	最终分配名额
甲	103	51.5	10.3	10
乙	63	31.5	6.3	6
丙	34	17	3.4	4
合计	200	100	20	20

汉密尔顿方法看起来十分合理,并执行多年.但是后来发现了问题,使美国的选民为之震惊.**到底是什么问题**?

按照常规,假定各州的人口比例不变,议员名额的总数由于某种原因而增加的话,那么各州的议员名额数或者不变,或者增加,至少不应该减少.可是汉密尔顿方法却不能满足这一常规.这里还以某学院学生会的选举为例给以说明.由于考虑到 20 名委员在表决提案时会出现 10∶10 的结局,所以学生会决定增加 1 名委员.按照汉密尔顿方法分配名额得到表 11-2.

表 11-2 分配结果

系别	人数	所占份额	应分配名额	最终分配名额
甲	103	51.5	10.851	11
乙	63	31.5	6.615	7
丙	34	17	3.570	3
合计	200	100	21	21

委员名额增多了,丙系反而减少 1 名.结果令人惊奇!

2) 亚拉巴马悖论

1880 年,亚拉巴马州曾面临这种状况:当美国的议员总数增加时,亚拉巴马州的议员数反而减少了.人们把汉密尔顿方法产生的这一矛盾叫做**亚拉巴马悖论**.汉密尔顿方法侵犯了亚拉巴马州的利益.其后,1890 年和 1900 年人口普查后,缅因州和科罗拉多州也极力反对汉密尔顿方法.所以,从 1880 年起,美国国会就针对汉密尔顿方法的公正合理性展开了争论.因此,必须改进汉密尔顿方法,使之更加合理.新的方法不久就提出来了,并消除了亚拉巴马悖论.但是新的方法引出新的问题,新的问题又需要消除.于是,更新的方法,当然是更加公正合理的方法又出现了.人们当然会问:有没有一种一劳永逸的解决办法呢？

这个问题从诞生之日起，就一直吸引着众多政治家和数学家去研究．他们首先制定了公平原则．

公平四原则．

（1）多数原则．票数过半，且排在第一位，此候选人当选．

（2）择优原则．候选人中两两比较，他总占多数，则他获胜．

（3）单调性原则．某候选人在第一轮选举中获胜，在第二轮选举中票数更领先，则他获胜．

（4）独立性原则．某候选人在第一轮选举中获胜，并进入第二轮选举．有一些候选人出局了，而选举人没有改变他们的优劣排序，则此候选人获胜．

3）阿罗不可能定理

在公平原则下，1952 年数学家阿罗（K. Arrow）证明了一个令人吃惊的定理——**阿罗不可能定理**，即不可能找到一个公平合理的选举系统．这就是说，只有更合理，没有最合理．原来世上无"公"！

哈哈，当在生活中出现不公的时候，你要仔细考察一下了：是客观无公，还是主观无公？

阿罗不可能定理是数学应用于社会科学的一个里程碑．

阿罗不可能定理不仅是一项数学成果，也是十分重要的经济成果．因此，作为一名数学家，阿罗于 1972 年获得了诺贝尔经济奖．选举问题吸引经济学家的因素主要有两个方面：策略与公平性．而策略的研究又引出了**博弈论**．

客观世界与人类社会是奥妙无穷的，要敞开胸怀，迎接新知识．

5．文学与统计学

新视角　统计学不仅是为了寻求答案，处理数据，更重要的是它提供了一种新的思路，新的推理方法．这正是我们需要学习的东西．

用数学方法研究文学是近五十年的事．今举几个具有国际影响的著名事例，这些问题都是文学家非常关心并且需要迫切解决的问题，但文学家却无能为力．

• **《红楼梦》的研究**．自从俞平伯先生发现《红楼梦》的后 40 回是高鹗所续后，《红楼梦》的作者是谁的问题就成了《红楼梦》研究的重要问题．20 世纪 70 年代数学家就开始用统计语言学研究《红楼梦》了，而且得出了令传统红学界吃惊的结论，而这些结论是用传统方法难以得到的．

• **《静静的顿河》作者真伪的研究**．它的作者是萧洛霍夫，1965 年获得诺贝尔文学奖．

有人说,他剽窃了他人的成果.他是不是剽窃他人的成果?这个疑问引起了全世界的关注.

表 11-3 是解决问题的依据.

表 11-3 抽样结果

著作	抽样的单词数	不同的字
Marking Time(Kryukov)	1000	589
The Way and the Road(萧洛霍夫)	1000	656
《静静的顿河》	1000	646

表 11-3 中的数据是 Kjetsaa 的研究结果.表中给出三部书中每 1000 个单词里所用的不同的单词的个数.这里两部书的作者是已知的,一本的作者就是那个有争议的作者.数据证明,《静静的顿河》的作者应是萧洛霍夫.从简单的计算,得出了关键的结果.

- **莎士比亚的新诗**. 1985 年 11 月 14 日,研究莎士比亚的学者泰勒在 Bodelian 图书馆中发现了一首新诗,9 节 429 个字,但没有作者.这是谁的诗?两位数学家 Thisted 和 Efron 在 1987 年借助统计方法指出,在几乎同样长度的作品中,对莎士比亚风格所含不同单词与其他作者风格所含不同单词的频率分布做了精细研究,从而发现诗的作者是莎士比亚.

- **《错中错》和《空爱一场》的出版年月**. 莎士比亚的《错中错》和《空爱一场》是什么时间写成的?莎士比亚的绝大多数作品均有记录记载出版年月,但也有没有留下出版年月的作品.如何利用已知出版年月的作品来估计没有留下出版年月的作品呢?1946 年,亚地利用纯度量化的方法解决了这个问题.他考察了莎士比亚长时间内风格上的一般变化,并利用插值法推断出,《错中错》的发表时间大约在 1591—1592 年冬,《空爱一场》的发表时间大约在 1592 年春.

- **联邦主义者的论文集**. 这个论文集共有 77 篇,是 1787—1788 年由哈密尔顿、杰伊和马德森所写,笔名为"公众".文集的大多数文章的作者已经判明,但有 12 篇仍在争论到底是哈密尔顿的,还是马德森的.两位数学家莫斯特雷和华莱士利用统计方法解决了这一问题,得出了有争议的文章的最有可能的作者是马德森.

- **《卡尔特亚与〈印度经典〉》的作者问题**.

- **柏拉图著作系统排列**. 这个问题在 19 世纪就已经提出来了,直到 1971 年,统计学家介入这个问题才有了合理的答案.

6. 诺贝尔经济学奖与数学

数学在经济学中广泛而深入的应用是当前经济学最为深刻的变革之一.现代经济学的发展对其自身的逻辑和严密性提出了更高的要求,这就使得经济学与数学的结合成为必然.

首先,严密的数学方法可以保证经济学中推理的可靠性,提高讨论问题的效率.

其次,具有客观性与严密性的数学方法可以抵制经济学研究中先入为主的偏见.

再次,经济学中的数据分析需要数学工具,数学方法可以解决经济生活中的定量分析.

最后,经济学中的决策问题也有赖于博弈论.

事实上,从诺贝尔奖经济学奖的获奖情况可以看到数学对经济学的影响是何等巨大.1968年,瑞典银行为庆祝建行300周年,决定从1969年起以诺贝尔的名誉颁发经济奖.获奖人数每年最多为3人.到2001年共有49位经济学家获此殊荣.北京大学的史树中教授把得奖者应用数学的程度分为四等：特强、强、一般和弱."特强",指应用数学的程度大致与理论物理相当,即数学方法在获奖者的研究中起着相当本质的作用.按这个标准,获奖者中有27位可以评为特强,占全体获奖者的一半以上."强",指使用较多的数学工具,但没有较深刻的数学内容.这样的获奖者有14位.这就使人有这样的印象,诺贝尔经济学奖是颁发给经济学界的数学家的.特别是,在2000年,电影《美丽心灵》获得奥斯卡奖之后,更使人们认为诺贝尔经济学奖是颁发给数学家的.《美丽心灵》是根据1994年荣获诺贝尔经济学奖的大数学家纳什的传记拍摄的.但是,必须认识到,经济学有经济学的规律,数学只是它的工具,绝对不能用数学替代经济学.

7. 数学与西方政治

自然界的规律和秩序井然有序,一年四季往复循环,行星按照确定的轨道周期运行,不出半点偏差.自然界具有理性、规律性和可预见性.即使有些规律目前还不掌握,科学家仍然相信,经过努力,他们总能发现藏在事物背后的规律.造物主数学化地设计了宇宙.

人类不也是自然界的一部分吗？人的肉体属于物质世界,而唯物主义告诉我们,意识起源于物质.在自然界存在普遍规律,可以用数学公式来刻画,人类社会同样也应当存在自然规律,也可以用数学公式来刻画.一旦发现了这些规律,人类的社会将变得更加美好,腐败和罪恶更加容易根除,社会将更加稳定而公正.因此需要有这样一门人文科学,去探索人类社会的自然规律.

在自然科学成功的鼓舞下,社会科学家们开始以空前的热情投入了这项研究.卢梭指出,这门科学不能通过实验来研究,我们可以找出主要的原理,用演绎的方法推导出真理.

康德也同意有必要设立一门社会科学，他还说，发现人类文明的定律应该有开普勒和牛顿才行. 社会科学家们希望，在这一领域内，数学取得在其他纯科学领域内同样辉煌的成就.

假定存在社会规律，社会科学家们如何发现它们呢？欧几里得几何为他们树立了榜样. 首先，他们必须发现一些基本公理，然后通过严密的数学推导，从这些公理中得出人类行为的定理. 公理如何产生呢？借助经验和思考. 公理自身应该有足够的证据说明它们合乎人性，这样人们才会接受. 一时出现了一股狂热的势头，社会科学家们纷纷探索人类行为科学的公理. 18—19 世纪这方面的著作有洛克的《人类理智论》、贝克莱的《人类知识原理》、休谟的《人性论》和《人类理解研究》、边沁的《道德与立法原理引论》及穆勒的《人性分析》等.

在这些著作中，有些关于人类行为的公理很值得重视. 这些公理的一部分已融合于人类的社会意识中，并成为推动社会前进的力量. 例如，边沁（J. Bebtyham，1748—1832）提出如下的公理：

（1）人生而平等；

（2）知识和信仰来自感觉经验；

（3）人人都趋利避害；

（4）人人都根据个人利益行动.

当然这些公理并不都为当时的人们所接受，但却十分流行.

趋利避害需要做解释. 一个特殊的行为可能对一些人有利，而对另一些人有害，所以边沁又加上一条“最大多数人的最大利益是衡量是非的标准”.

这样，以边沁为代表的社会科学家们勇敢地把理性的旗帜插到了以前由风俗和权威统治的领域. 他们还为伦理学体系寻求理性主义观点. 这种伦理学不是建立在宗教教义上，而是建立在人文科学的基础上. 以边沁为代表的伦理学家们成功地完成了他们的计划. 他们利用人性的规律和人与人之间相互关系的公理，创建了富于逻辑性的伦理学体系.

政治学家们也开始仿效他们. 休谟满怀信心地说：“政治可以简化为一门科学.”于是他们就寻求自己学科的公理. 在各种政治学理论中，至少有两种学说至今仍有非常重要的意义，它们分别是由洛克（J. Locke，1632—1704）和边沁提出的.

洛克对政府的起源和政府存在的理由及目的进行了探讨，即寻求政府存在的逻辑基础. 我们知道，关于政府的起源主要有两类理论：一类理论是君权神授的理论. 差不多在一切初期的文明各国中，为王的都是神圣人物，例如在中国皇帝被称为真龙天子. 国王们自然把它看成绝妙的好理论. 这个理论强调世袭制. 但是当资本主义兴起的时候，这个理论就受到商人们的质疑. 另一类理论以洛克为代表，他的理论是社会契约论. 他在 1689—

1690年写出的《政府两论》中阐述了这一理论.在第一篇论文中他驳斥了君权神授的理论,在第二篇论文中他提出了自己的理论.洛克的理论获得了巨大的成功.正像牛顿的物理学永远废除了亚里士多德的权威一样,洛克也否定了君权神授的理论.这个理论对此后各国的政府形式产生重大影响,特别是新独立的国家.

洛克的理论是从认识论出发的.他认为,所有的人在生下来时头脑是一片空白的,人的知识和性格都是后天形成的.既然人与人的区别是环境所致,所以人生来都是平等的.所有的人都拥有天生的、不可剥夺的权利,如自由等,这就是著名的"天赋人权论".另一方面,为了获得生命、自由和财产的保障,人们制定"社会契约"赋予政府对犯罪行为予以惩罚.一旦接受这一契约,人们就同意按照大多数人的意愿行事,而政府就应该照章办事.如果统治者背叛了选民,那么选民的反叛就是理所当然的了.对政府本质所做的上述探讨回答了下面的问题:为什么政府存在?它从哪里获得了权力?它在什么时候超出了这一权力?如何对待暴政?

美国的"独立宣言"是一个著名的例子.独立宣言是为了证明反抗大英帝国的完全合理性而撰写的.美国第三任总统杰斐逊(T. Jefferson,1743—1826)是这个宣言的主要起草人,他引用了不少洛克的话.他试图借助欧几里得的模型使人们对宣言的公正性和合理性深信不疑."我们认为这些真理是不证自明的……"不仅所有的直角都相等,而且"所有的人生来都平等".这些自明的真理包括,如果任何一届政府不服从这些先决条件,那么"人民就有权更换或废除它".宣言主要部分的开头讲,英国国王乔治的政府没有满足上述条件"因此……我们宣布,这些联合起来的殖民地是,而且按正当权力应该是,自由的和独立的国家."顺便指出,杰斐逊爱好文学、数学、自然科学和建筑艺术.

边沁在《道德与立法原理引论》(1789)一书中阐述了关于人性的观点和他的伦理学体系.这部书还涉及对政府的研究,实际上创立了政治学.他认为,政治领域的首要真理或基本公理是,政府应当追求绝大多数人的最大幸福.边沁意识到这里有一个明显的矛盾:统治者通常只追求自己的幸福,而不顾人民的利益.这当然与对政府的要求相矛盾.如何协调这两个矛盾呢?要做到这一点,就应当使每一个人都享有权利,因而民主制是组织政府的最好形式.

理论家们在对政府的研究中取得了成就,并对人类社会产生深刻影响.边沁的为绝大多数人的最大幸福和洛克的天赋人权论及社会契约论共同铸造了美国的民主制.此外,在欧氏几何中有一个著名的定理:三角形的任意两边之和大于第三边.这个定理构成了美国的三权分立中权力分配的理论基础.

当然,数学在人文科学中的成就绝对不能与数学在宇宙学中取得的成就媲美.这是因为社会现象要复杂得多.

参 考 书 目

[1] 克莱因 M. 古今数学思想. 张理京,张锦炎,等,译. 上海:上海科学技术出版社,1979.

[2] 亚历山大洛夫 A,等. 数学——它的内容、方法和意义. 孙小礼,赵孟养,等,译. 北京:科学出版社,1984.

[3] 克莱因 M. 西方文化中的数学. 张祖贵,译. 台北:九章出版社,1995.

[4] 克莱因 M. 数学与知识的探求. 刘志勇,译. 上海:复旦大学出版社,2005.

[5] Olenik R P, Apostol T M, Goodstein D L. 力学世界:力学和热学导论. 李椿,陶如玉,译. 北京:北京大学出版社,2002.

[6] Olenik R P, Apostol T M, Goodstein D L. 力学以外的世界:从电学到近代物理. 梁竹健,喀蔚波,译. 北京:北京大学出版社,2002.

[7] 张顺燕. 数学的源与流. 北京:高等教育出版社,2003.

[8] 张顺燕. 数学的美与理. 北京:北京大学出版社,2006.

[9] 拉斐尔. 西洋巨匠美术丛书. 北京:文物出版社,1998.

[10] 达·芬奇. 西洋巨匠美术丛书. 北京:文物出版社,1998.

[11] 乔托. 西洋美术家画廊. 长春:吉林美术出版社,2002.

[12] 姚钟华. 佛罗伦萨的巨人. 北京:北京工艺美术出版社,2000.

[13] 世界传世名画. 济南:济南出版社,2002.

[14] Escher M C. 埃舍尔大师图典. 西安:陕西师范大学出版社,2003.